硫化氢防护培训教材

龚建华　谭龙华　主编

石油工业出版社

内 容 提 要

本书是为油田职工编写的培训教材,主要包括硫化氢基础知识、硫化氢场所安全防护设施设备、钻井作业硫化氢防护、井下作业硫化氢防护、天然气采输作业硫化氢防护、含硫天然气净化作业硫化氢防护、涉硫危险作业硫化氢防护、硫化氢事故应急管理、硫化氢中毒现场急救等内容。本书设置大量复习题,结合案例解析答疑,以利于更好地对在含硫化氢环境中工作的人员进行指导培训。

本书具有较强的针对性、实用性和可操作性,可作为对硫化氢作业环境从业人员进行硫化氢防护培训的专业教材,也可供相关专业技术人员及管理人员参考。

图书在版编目（CIP）数据

硫化氢防护培训教材/龚建华,谭龙华主编 . —北京：石油工业出版社,2022.7
ISBN 978–7–5183–5488–7

Ⅰ.①硫… Ⅱ.①龚…②谭… Ⅲ.①油气钻井–硫化氢–防护–技术培训–教材 Ⅳ.①TE28

中国版本图书馆 CIP 数据核字（2022）第 125341 号

出版发行：石油工业出版社
（北京市朝阳区安华里 2 区 1 号楼 100011）
网　　址：www.petropub.com
编辑部：（010）64523733
图书营销中心：（010）64523633
经　　销：全国新华书店
排　　版：三河市聚拓图文制作有限公司
印　　刷：北京中石油彩色印刷有限责任公司

2022 年 7 月第 1 版　2022 年 7 月第 1 次印刷
787 毫米×1092 毫米　开本：1/16　印张：14.25
字数：345 千字

定价：65.00 元
（如发现印装质量问题,我社图书营销中心负责调换）
版权所有,翻印必究

《硫化氢防护培训教材》
编委会

主　任：朱　进

委　员：李　静　　文　明　　龚建华　　刘润昌　　杨轲舸
　　　　谭龙华　　雍崧生　　申　俊　　卓先德

《硫化氢防护培训教材》
编写组

主　编：龚建华　　谭龙华

副主编：卓先德　　陈奕波

成　员：雍崧生　　申　俊　　钱　成　　杜德飞　　张　平
　　　　曾燕光　　曾维烁　　曾　灵　　唐逸欣　　黄　宇
　　　　张　燃　　董　琴　　徐　俊　　黄　勇　　鲁　宁
　　　　刘　晋　　刘克辉　　刘　刚　　黄　雨　　赵一姝
　　　　杨圆鉴　　范小花　　张　兰

前　言

石油和石化行业中，硫化氢中毒及死亡人数位居中毒及死亡人数的第一位。因此，油田和炼化企业应对可能形成硫化氢气体的各种因素加以重视，提高现场工作人员的安全防护意识，加大对硫化氢安全防护设施的投入力度，制定一系列应急管理措施，从而在降低硫化氢安全生产事故发生概率的前提下，提高企业整体的硫化氢防护处理能力，最终达到企业经济效益及社会效益最大化。

中石油西南油气田分公司是我国西南地区最大的天然气生产供应企业，也是中石油唯一一家具有天然气上中下游一体化特色优势的地区公司。公司一直以来高度重视安全生产工作，严格按照要求进行硫化氢防护培训，持续强化硫化氢中毒安全管理工作，防范硫化氢中毒事故发生，实现含硫生产作业场所安全可控。

为确保人身安全，防止硫化氢中毒事故的发生，必须了解硫化氢气体的性质和危害，制定并实施硫化氢事故应急预案，掌握预防硫化氢中毒的基本方法和现场急救知识。本书正是基于上述目的编写的。

本书共十章内容，涵盖天然气场站、钻井、井下、采输、净化等全流程硫化氢作业防护，分别是硫化氢基础知识、硫化氢场所安全防护设施设备、钻井作业硫化氢防护、井下作业硫化氢防护、天然气采输作业硫化氢防护、含硫天然气净化作业硫化氢防护、涉硫危险作业硫化氢防护、硫化氢事故应急管理、硫化氢中毒现场急救、事故案例等。全书由龚建华、谭龙华担任主编，卓先德、陈奕波担任副主编。

本书以石油天然气行业标准《硫化氢防护安全培训规范》（SY/T 7356—2017）为基础，参照国家、石油天然气行业其他最新标准及西南油气田分公司生产实际，由西南油气田分公司相关专家及重庆科技学院安全工程学院（应急管理学院）相关专家编写，既贴近学科前沿，又贴近生产一线，是一本规范严格、标准详细、理论简洁、结构完整、操作实用、案例丰富的培训教材。

由于编者水平所限，书中难免存在疏漏之处，欢迎广大作者批评指正。

编者
2022 年 5 月

目 录

第一章 硫化氢基础知识 ... 1
- 第一节 概述 ... 1
- 第二节 硫化氢的毒性及致病机理 ... 7
- 第三节 硫化氢的腐蚀与防护 ... 9
- 第四节 硫化氢浓度单位换算 ... 15
- 复习题 ... 16
- 参考答案 ... 18

第二章 硫化氢场所安全防护设施设备 ... 21
- 第一节 硫化氢场所安全防护器材的要求 ... 21
- 第二节 呼吸防护设备及其使用 ... 26
- 第三节 硫化氢监测设备及其使用 ... 43
- 复习题 ... 52
- 参考答案 ... 54

第三章 钻井作业硫化氢防护 ... 56
- 第一节 人员资质及相关要求 ... 56
- 第二节 地质工程设计 ... 57
- 第三节 钻井作业过程中硫化氢的防护 ... 61
- 复习题 ... 67
- 参考答案 ... 70

第四章 井下作业硫化氢防护 ... 73
- 第一节 上修前技术交底与井史、井场调查 ... 73
- 第二节 地质工程设计 ... 74
- 第三节 井下作业过程中硫化氢的防护 ... 77
- 复习题 ... 81
- 参考答案 ... 83

第五章 天然气采输作业硫化氢防护 ... 86
- 第一节 天然气站场及设备布置 ... 86
- 第二节 采输作业过程中硫化氢的防护 ... 91
- 复习题 ... 96
- 参考答案 ... 99

第六章　含硫天然气净化作业硫化氢防护 …… 102
第一节　含硫天然气净化工艺及主要设备 …… 102
第二节　含硫天然气净化工艺中硫化氢危害 …… 103
第三节　含硫天然气净化作业安全管理要求 …… 106
复习题 …… 109
参考答案 …… 112

第七章　涉硫危险作业硫化氢防护 …… 115
第一节　受限空间作业硫化氢防护 …… 115
第二节　设备打开作业硫化氢防护 …… 124
第三节　设备维修作业硫化氢防护 …… 127
复习题 …… 130
参考答案 …… 133

第八章　硫化氢事故应急管理 …… 135
第一节　概述 …… 135
第二节　应急救援与应急预案 …… 143
第三节　硫化氢现场应急处置 …… 148
第四节　硫化氢应急设备管理及处置措施 …… 160
第五节　典型硫化氢事故应急处置 …… 166
复习题 …… 172
参考答案 …… 175

第九章　硫化氢中毒现场急救 …… 178
第一节　概述 …… 178
第二节　现场救护程序 …… 180
第三节　转移搬运技术 …… 182
第四节　心肺复苏术 …… 184
复习题 …… 192
参考答案 …… 195

第十章　事故案例 …… 199

参考文献 …… 219

第一章 硫化氢基础知识

硫化氢是一种无色、剧毒、强酸性气体,生产过程中硫化氢一旦发生泄漏,会导致灾难性后果。硫化氢泄漏不仅严重威胁人们的生命安全,也会给企业造成严重的经济损失。为确保人身和财产安全,防止硫化氢中毒事故的发生,必须掌握硫化氢性质、毒性、致病机理和防护措施。

第一节 概述

一、硫化氢的性质

硫化氢(H_2S)分子由两个氢原子和一个硫原子组成,它的分子量为34.08。H_2S分子结构成等腰三角形,H—S键长为134pm,键角为92°,如图1-1所示。

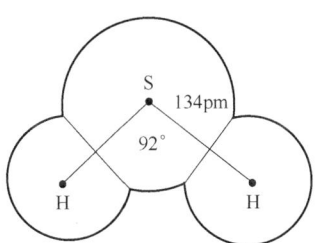

图1-1 H_2S分子结构示意图

硫化氢基本性质见表1-1。

表1-1 硫化氢基本性质

理化性质	外观与性状	无色有臭鸡蛋味气体		
	溶解性	易溶于水、醇类、石油溶剂和原油中		
	主要用途	用于化学分析,如鉴定金属离子		
	熔点(℃)	-85.5	饱和蒸气压(kPa)	2026.5(25.5℃)
	沸点(℃)	-60.4	相对密度(空气=1)	1.189
	临界温度(℃)	100.4	临界压力(MPa)	9.01
毒性及健康危害	侵入途径	呼吸道吸入,皮肤吸收,消化道吸收		
	毒性	大鼠吸入致死中浓度:444ppm($622mg/m^3$)		
	健康危害	(1)H_2S为强烈的神经性毒物,对黏膜有强烈的刺激作用; (2)高浓度时可直接抑制呼吸中枢,引起迅速窒息而死亡; (3)长期接触低浓度的硫化氢,引起神衰症候群及神经紊乱等症状		

续表

<table>
<tr><td rowspan="9">燃烧爆炸危险性</td><td>燃烧性</td><td>易燃</td><td>建规火险等级</td><td>甲</td></tr>
<tr><td>闪点(℃)</td><td><-50</td><td>爆炸下限(%)</td><td>4.3(体积分数)</td></tr>
<tr><td>自燃温度(℃)</td><td>260</td><td>爆炸上限(%)</td><td>46.0(体积分数)</td></tr>
<tr><td>稳定性</td><td>稳定</td><td>燃烧产物</td><td>二氧化硫</td></tr>
<tr><td>禁忌物</td><td>强氧化剂、碱类</td><td>聚合危害</td><td>不会出现</td></tr>
<tr><td>危险特性</td><td colspan="3">(1) 与空气混合能形成爆炸性混合物,当在爆炸极限范围内遇明火、高热能引起燃烧爆炸;
(2) 若遇高热,容器内压增大,有开裂和爆炸的危险</td></tr>
<tr><td>腐蚀性</td><td colspan="3">(1) H_2S 溶于水后形成弱酸,对金属的腐蚀形式有电化学腐蚀、氢脆和硫化物应力腐蚀开裂,以后两者为主,一般统称为氢脆破坏;
(2) 一般性的均匀腐蚀材料在 H_2S 水溶液中发生电化学腐蚀,生成硫化铁腐蚀产物,这种腐蚀产物具有导电性能好、氢超电势小等特点,继而使基体构成一个十分活跃的电池,对基体继续腐蚀,此腐蚀产物和基体结合力差,易脱落,造成钢材减薄;
(3) 根据美国腐蚀工程师协会 MR-01-75 或《天然气地面设施抗硫化物应力开裂和应力腐蚀开裂金属材料技术规范》(SY/T 0599—2018),如果含硫天然气总压等于或大于 0.448MPa,H_2S 分压等于或大于 0.343kPa,就可能发生硫化物应力腐蚀开裂</td></tr>
<tr><td>灭火方法</td><td colspan="3">(1) 立即切断气源;
(2) 若不能立即切断气源,则不允许熄灭正在燃烧的气体;
(3) 喷水冷却容器,如果可能应将容器从火场移至空旷处;
(4) 采用雾状水、泡沫灭火器和二氧化碳灭火器等</td></tr>
</table>

下面从硫化氢气体的颜色、气味、密度、燃爆极限、分解性、可燃性、可溶性、沸点等方面具体描述其性质。

(1) 颜色：硫化氢是无色、剧毒、酸性气体，人的肉眼看不见，无法用眼睛判断其是否存在。因此无法用眼睛判断硫化氢气体是否泄漏，危险性较大。

(2) 气味：硫化氢有一种特殊的臭鸡蛋味，即使是低浓度的硫化氢，也会损伤人的嗅觉。因此，用鼻子判断这种气体会致命。

(3) 密度：硫化氢是一种密度比空气大的气体，其相对密度为 1.189（15℃，0.010133MPa）。它会存在于地势低的地方，如地坑、地下室、圆井里，因此，该部分作业必须采取个体防护措施。硫化氢泄漏时，应向上风向、地势较高的地方疏散。

(4) 爆炸极限：硫化氢气体的爆炸极限为 4.3%～46%，在该浓度范围内遇到火源易引发爆炸，造成安全事故。因此，含有硫化氢气体存在的作业现场应配备硫化氢检测仪，严格控制硫化氢浓度。

(5) 分解性：硫化氢气体稳定性较高，在 1700℃ 时才能直接分解成氢气和硫：

$$H_2S = H_2 + S \tag{1-1}$$

(6) 可燃性：完全干燥的硫化氢在室温下不与空气中的氧气发生反应，但点火时能在空气中燃烧，燃烧产生蓝色火焰。在空气充足时，生成二氧化硫和水：

$$2H_2S + 3O_2 = 2SO_2 + 2H_2O \tag{1-2}$$

空气不足或温度较低时，硫化氢不完全燃烧，生成水和单质硫：

$$2H_2S + O_2 = 2S + 2H_2O \tag{1-3}$$

在硫化氢中，硫为-2价，是最低化合价，它能失去电子生成单质硫或高价硫的化合物。上述两个反应中，硫的化合价升高，发生氧化反应。

硫化氢能与容器中的铁反应生成硫化铁，当硫化铁暴露在空气中，会自燃或燃烧。硫化氢能使银、铜制品表面发黑，能与多种金属离子作用，生成不溶于水或酸的硫化物沉淀，它和许多非金属作用生成游离硫。

（7）可溶性：硫化氢气体能溶于水、乙醇及甘油中，化学性质不稳定，在20℃时1体积水能溶解2.6体积的硫化氢，生成的水溶液称为氢硫酸，饱和溶液的浓度为0.1mol/L。氢硫酸比硫化氢气体具有更强的还原性，易被空气氧化而析出硫，使溶液变混浊。在酸性溶液中，硫化氢能使 Fe^{3+} 还原为 Fe^{2+}，Br_2 还原为 Br^-，I_2 还原为 I^-，MnO_4^- 还原为 Mn^{2+}，$Cr_2O_7^{2-}$ 还原为 Cr^{3+}，HNO_3 还原为 NO_2，而它本身通常被氧化为单质硫。当氧化剂过量时，H_2S 还能被氧化为 SO_4^{2-}。有微量水存在的 H_2S 能使 SO_2 还原为 S：

$$2H_2S+SO_2 = 3S+2H_2O \tag{1-4}$$

硫化氢能在液体中溶解，这意味着它能存在于某些存放液体（包括水、油、乳液和污水）的容器中。硫化氢的溶解度与温度、气压有关，只要条件适当，轻轻地振动含有硫化氢的液体，可使硫化氢气体挥发到大气中。

（8）沸点：液态硫化氢的沸点很低，通常情况下硫化氢是气态，其沸点为-60.4℃，熔点为-85.5℃。

二、硫化氢相关常用名词

（一）含硫化氢天然气（natural gas with hydrogen sulfide）

含硫化氢天然气指天然气的总压等于或大于0.4MPa，且天然气中硫化氢分压等于或大于0.0003MPa，或硫化氢含量大于75mg/m³（50ppm）的天然气。

（二）酸性天然气—油系统（acid natural gas-oil system）

含硫化氢天然气—油系统是否属于酸性天然气—油系统，划分方法如下：

（1）当天然气与油之比大于1000m³/t时，按含硫化氢天然气的条件划分。

（2）当天然气与油之比小于或等于1000m³/t时：

① 若系统的总压力大于1.8MPa，则按含硫化氢天然气的条件划分；

② 若系统的总压力小于或等于1.8MPa，天然气中硫化氢分压大于0.07MPa或硫化氢体积分数大于15%时，则为酸性天然气—油系统。

（三）石油天然气站场（petroleum and gas station）

石油天然气站场是具有石油天然气收集、净化处理、储运功能的站、库、厂、油气井的统称，简称油气站场或站场。

（四）阈限值（threshold limit value）

阈限值指工作人员在硫化氢环境中未采取任何人身防护措施，不会对人体健康产生伤害的空气中硫化氢最大浓度值。《硫化氢环境人身防护规范》（SY/T 6277—2017）中规定硫化氢的阈限值为15mg/m³（10ppm）。阈限值为硫化氢检测的一级报警值。

（五）安全临界浓度（safety critical concentration）

安全临界浓度指工作人员在硫化氢环境中8h内未采取任何人身防护措施，可接受的空气中硫化氢最大浓度值。《硫化氢环境人身防护规范》（SY/T 6277—2017）中规定硫化氢的安全临界浓度为 30mg/m³（20ppm）。

说明：安全临界浓度，通常认为是允许的浓度，被认为所有工作人员在此浓度中暴露工作 8h 能适应，只是个别人敏感性较强，会感到不适。当人们失去嗅觉后，往往会产生错误的安全感。在有硫化氢的现场中，往往不易控制，且空气中含硫化氢的浓度有时变化是很快的，为了作业人员的安全和健康，超过该浓度值时，应立即佩戴正压式空气呼吸器，并采取其他适宜的安全防护措施。

（六）危险临界浓度（dangerous threshold limit value）

危险临界浓度指工作人员在硫化氢环境中未采取任何人身防护措施，对人身健康产生不可逆转的或延迟性影响的空气中硫化氢最小浓度值。《硫化氢环境人身防护规范》（SY/T 6277—2017）中规定硫化氢的危险临界浓度为 150mg/m³（100ppm）。

说明：在一定时间内，吸入此浓度的气体可导致死亡。

（七）搬迁区域（remove area）

搬迁区域指假定发生硫化氢泄漏时，经模拟计算或安全评价，空气中硫化氢浓度可能达到 1500mg/m³（1000ppm）时，应形成无人居住的区域。

（八）应急撤离区域（emergency evacuate area）

应急撤离区域指发生硫化氢泄漏时，人员应进行撤离的区域；当空气中硫化氢浓度达到安全临界浓度时，无任何人身防护的人员应进行撤离的区域；当空气中硫化氢浓度达到危险临界浓度时，有人身防护的现场人员，经应急处置无望，可进行撤离的区域。

（九）呼吸区（breathing zone）

呼吸区指肩部正前方直径 15.24~22.68cm（6~9in）的半球型区域。

（十）封闭设施（enclosed facility）

封闭设施指一个至少有 2/3 的投影平面被密闭的三维空间，并留有足够尺寸保证人员进入。对于典型建筑物，意味着 2/3 以上的区域有墙、天花板和地板。

（十一）不良通风（noadequately ventilated）

不良通风指通风（自然或人工）无法有效地防止大量有毒或惰性气体聚集，从而形成危险。

说明：这里指不良通风造成硫化氢浓度达到或超过 15mg/m³（10ppm）。

（十二）受限空间（confined spaces）

受限空间指具有已知或潜在危险，且时间或者空间受到一定限制的设施及场所。

（十三）就地庇护所（shelter-in-place）

就地庇护所指通过让居民待在室内直至紧急疏散人员到来或紧急情况结束，避免暴露于有毒气体或蒸气环境中的公众保护措施。

说明：针对有害化学气体扩散后，可能造成损害，指定就地庇护所让受到硫化氢泄漏威胁人员临时性地停留在里面等待救援。

（十四）硫化氢作业（hydrogen sulfide operations）

硫化氢作业指在油气生产作业过程中，存在或可能产生硫化氢的作业。

（十五）硫化氢作业人员（hydrogen sulfide operations）

硫化氢作业人员指所有准备或已经进入含硫化氢区域施工或生产工艺的管理人员、专业技术人员、现场作业人员和现场监督等。

说明：根据《硫化氢防护安全培训规范》（SY/T 7356—2017）规定，在硫化氢环境中从事石油天然气工作活动的人员，包括机关管理人员、基层管理人员、基层人员、设计人员、应急救援人员、现场服务人员及相关公众人员等、应纳入硫化氢安全防护培训。

（十六）氢脆（hydrogen embitterment）

氢脆指化学腐蚀产生的氢原子，在结合成氢分子时体积增大，导致低强度钢和软钢发生氢鼓泡，高强度钢产生裂纹，使钢材变脆。

（十七）硫化物应力腐蚀开裂（sulfide stress corrosion cracking）

硫化物应力腐蚀开裂指钢材在足够大的外加拉力或残余张力下，与氢脆裂纹同时作用发生的破裂。

（十八）工业动火（hot work）

工业动火指在油气、易燃易爆危险区域内和油（气）容器、管线、设备或盛装过易燃易爆物品的容器上，进行焊割、加热、加温、打磨等能直接或间接产生明火的施工作业。

三、石油天然气工业硫化氢的来源

在石油天然气工业的生产中，硫化氢存在于各个环节，如钻井、试油、采油（采气）、修井、注水、酸洗、油气集输、原油处理、油气化工及其辅助过程等。

（一）钻井施工中硫化氢的来源

（1）当热作用于油层时，油中的有机硫化物分解产生硫化氢。

（2）石油中的碳氢化合物和有机质通过储层水中硫酸盐的高温还原作用而产生硫化氢。

（3）下层硫酸盐层中的硫化氢通过裂缝等通道向上运移。

（4）部分钻井液处理剂在高温热分解作用下产生硫化氢，如：

① 磺化酚醛树脂达到100℃时可以分解生成硫化氢；

② 三磺（丹煤、褐煤、环氧树脂）在150℃时可以分解生成硫化氢；

③ 磺化褐煤在130℃时可以分解生成硫化氢；

④ 木质素硫酸铁铬盐在180℃时可以分解生成硫化氢；

⑤ 螺纹脂高温与游离硫反应生成硫化氢（注意：在含硫化氢油气井中严禁使用红丹螺纹脂）。

（5）含硫的地层流体（油、气、水）流入井内。

（6）某些洗井液中的添加剂（如木质磺酸盐）在高温（170℃以上）时热分解生成硫化氢。

（7）在被无水石膏浸污的钻井液中，存在的硫酸盐类生物分解生成硫化氢。

（8）某些含硫原油或含硫水被用于钻井液系统。

（二）井下作业施工中硫化氢的来源

对于含硫化氢油气井，井下作业时循环洗井、循环压井、抽吸排液、放喷排液都会释放出硫化氢气体，所以循环罐、油罐和储液罐的周围硫化氢气体可能超标。这是由液体的循环、自喷或抽吸井内的液体进入罐中造成的。

注意：油罐的顶盖、计量孔盖和封闭油罐的通风管，都是硫化氢向外释放的途径。在井口、压井液、放喷管、循环泵、管线中也可能有硫化氢气体。

另外，在对地层酸化压裂时，地层中的一些含硫矿石，如硫化铁，与酸接触也会产生硫化氢。此外，通过修井过程中液体的流入，产生的硫酸盐细菌可能进入以前未受污染的地层，这些细菌会分解硫酸盐并产生硫化氢。

（三）采油采气中硫化氢的来源

在采油采气作业中，以下场所或装置可能有硫化氢气体的泄漏：

（1）水、油或乳化剂的储藏罐；

（2）用来分离油和水、乳化剂和水的分离器；

（3）空气干燥器；

（4）输送装置、集油罐及其管道系统；

（5）用来燃烧酸性气体的放空池和放空管汇；

（6）提高石油回收率也可能会产生硫化氢气体；

（7）装载场所，油罐车长时间装油，装卸管线时管理不严，违章作业，引起硫化氢气体泄漏；

（8）计量站或仪表检维修；

（9）空气压缩机、气体输入管线系统之前用来提高空气压力的设备。

（四）酸洗作业中硫化氢的来源

酸洗输油输气管道时也可产生硫化氢气体。酸洗一个高 30.48m、直径 1.83m 的容器时，约 0.45kg 的硫化铁将产生含量大约为 2250mg/m^3（1500ppm）的硫化氢。在对地层进行酸化或酸压时，地层中某些含硫的矿石如硫化亚铁与酸液接触也会产生硫化氢。

注水作业时，注入作业液中的硫酸盐被细菌及微生物分解后，造成对地层的污染，在地层中产生硫化氢气体，使硫化氢的含量增加。

（五）油气化工中硫化氢的来源

对于油气化工企业，硫化氢通常出现在炼油厂、化工厂、脱硫厂、油（气、水）井或下水道、沼泽地及其他存在腐烂有机物的地方。

（1）原始有机质转化为石油和天然气的过程中会产生硫化氢。

（2）在炼油化工过程中，硫化氢一般是以杂质形式存在于原料中或以反应产物的形式存在于产品中。

（3）硫化氢可能来自辅助作业或检维修作业过程。例如用酸清洗含有硫化亚铁（FeS）的容器，发生酸碱反应生成硫化氢，或将酸排入含硫废液中，发生化学反应生成硫化氢。

（4）水池管道中长期注入含氧水（如海水、含盐水、地下水），在注入过程中由于硫酸盐还原菌的作用，会导致水池中的溶液酸化而产生硫化氢。

（六）石油企业辅助生产过程中硫化氢的来源

硫化氢的存在范围很广，石油（天然气）企业辅助生产过程中也会产生硫化氢。例如，污水处理中的硫化氢主要来自含硫有机物、硫酸盐的分解和厌氧还原。厌氧条件下，含硫有机物分解产生大量硫化氢，污泥层中的硫酸盐还原菌将硫酸盐还原为硫化氢，部分硫化氢从水面上逃逸，但大量的硫化氢溶解在水中，当污水池的水被搅动时，水中的硫化氢逃逸到表面，造成硫化氢中毒。硫化氢在污水处理系统中主要分布在以下场所：污水池、污油池、格栅、污油泵房、进水泵房、阀井、流量计出口、各种收集坑、储罐及所有低洼场地和不良通风处，污水化验分析及各化验取样港，硫酸加载和卸载系统。

第二节 硫化氢的毒性及致病机理

一、硫化氢的毒性

硫化氢是一种剧毒气体，与它接触可以使人从极微弱的不舒适到死亡。硫化氢侵入人体的途径主要有：（1）通过呼吸道吸入；（2）通过皮肤吸收；（3）通过消化道吸收。

硫化氢主要通过人的呼吸器官进入人体，只有少量经过皮肤和消化道进入人的肌体。吸入低浓度的硫化氢使人眼睛刺痛、怕光、流泪、咽喉痒和咳嗽等；吸入高浓度的硫化氢可出现头昏、头痛、全身无力、心悸、呼吸困难、口唇及指甲青紫，严重者可出现抽筋，并迅速进入昏迷状态，常因呼吸中枢麻痹而致死。硫化氢中毒具体表现为以下特点：

（1）硫化氢气体浓度越低，对呼吸道及眼的局部刺激作用越明显；浓度越高，全身性作用越明显，表现为中枢神经系统症状和窒息症状。

（2）硫化氢气体对中枢神经系统损害的表现有：头痛、头晕、乏力、动作失调、烦躁、面部充血、抽搐、昏迷和脑水肿。

（3）硫化氢气体对呼吸系统损害的表现有：流涕、咽痒、咽痛、咽干、胸闷、咳嗽（剧烈咳嗽）、呼吸困难、有窒息感、支气管炎、肺炎、肺水肿、急性呼吸道综合征等。

（4）硫化氢气体对心肌损害的表现有：心律失常、心肌炎。

（5）硫化氢气体对眼睛损害的表现有：双眼刺痛、流泪、灼热、畏光、充血、视力模糊、角膜水肿。

（6）硫化氢气体对消化系统损害的表现有：恶心和肠胃反应等症状。

硫化氢的毒性等级见表1-2。

表1-2 硫化氢的毒性等级

序号	空气中的浓度		暴露于硫化氢环境的典型特性
	百万分之体积比 ppm	mg/m^3	
1	0.13	0.18	通常，在大气中含量为 0.195mg/m^3（0.13ppm）时有明显和令人讨厌的气味，在大气中含量为 6.9mg/m^3（4.6ppm）时就相当明显；随着浓度的增加，嗅觉就会疲劳，气体不再能通过气味来辨别

续表

序号	空气中的浓度		暴露于硫化氢环境的典型特性
	百万分之体积比 ppm	mg/m³	
2	10	14.41	有令人讨厌的气味,眼睛可能受到刺激;推荐的阈限值(8h 加权平均值)
3	15	21.61	推荐的 15min 短期暴露范围平均值
4	20	28.83	在暴露 1h 或更长时间后,眼睛有灼烧感,呼吸道受到刺激;美国职业安全和健康局的可接受的上限值
5	50	72.07	暴露 15min 或 15min 以上的时间后嗅觉就会丧失,时间更长可能导致头痛、头晕和(或)摇晃;超过 50ppm 将会出现肺浮肿,也会对人的眼睛产生严重刺激或伤害
6	100	144.14	3~15min 就会咳嗽、眼睛受到严重刺激和失去嗅觉。在 5~20min 过后,进入眼睛,就会疼痛并昏昏欲睡,1h 后就会刺激喉道。延长暴露时间将逐渐加重这些症状
7	300	432.40	明显的结膜炎和呼吸道刺激 注:考虑将此浓度定为立即危害生命或健康浓度,参见(美国)国家职业安全和健康学会 DHHSNo85-114《化学危险袖珍指南》
8	500	720.49	短期暴露后就会不省人事,如果不迅速处理就会停止呼吸;头晕、失去理智和平衡感;需要迅速进行人工呼吸和(或)心肺复苏技术
9	700	1008.55	意识快速丧失,如果不迅速营救,呼吸就会停止并导致死亡,必须立即采取人工呼吸和(或)心肺复苏
10	1000+	1440.98+	知觉立刻丧失,结果将会产生永久性的脑伤害或脑死亡。必须迅速进行营救,应用人工呼吸和(或)心肺复苏

注:参照标准《硫化氢环境人身防护规范》(SY/T 6277—2017)。

二、硫化氢致病机理

硫化氢是一种神经毒剂,也是窒息性和刺激性气体。其中毒致病的主要靶器官是中枢神经系统和呼吸系统,也可伴有心脏等多器官损害,对中毒致病最敏感的组织是脑和黏膜接触部位,主要表现如下:

(1) 硫化氢接触到眼睛和呼吸道黏膜表面的水分后会分解,它们与人体中的碱性物质发生反应生成氢硫基、硫、氢离子、氢硫酸和硫化钠,这些物质对黏膜有强烈刺激和腐蚀作用,引起不同程度的化学性炎症反应,加剧细胞内窒息,对较深的组织损伤最重,可导致严重的水肿现象。急性硫化氢中毒致死病例中最常见的为脑水肿和肺水肿。硫化氢可直接作用于脑,低浓度起兴奋作用,高浓度起抑制作用。

(2) 低浓度的硫化氢在人体内大部分经氧化代谢形成硫代硫酸盐和硫酸盐而解毒,在代谢过程中谷胱甘肽可起激发作用,少部分可经甲基化代谢形成毒性较低的甲硫醇和甲硫醚,但是较高浓度的甲硫醇对中枢神经系统有麻醉作用。这些体内代谢产物可在 24h 内随着人的排泄物排出体外,少数硫化氢会以原形经肺呼出,在体内无蓄积。

(3) 高浓度的硫化氢在血液中不仅可直接刺激颈动脉窦和主动脉弓的化学感受器,导致反射性呼吸抑制,还可以直接作用于大脑引起昏迷、呼吸中枢血管运动中枢麻痹。原因是硫化氢是细胞色素氧化酶的强抑制剂,能与线粒体内膜呼吸链中的氧化型细胞色素氧化酶中的三价铁离子结合,从而抑制电子传递和氧的利用,引起细胞内缺氧,造成细胞内窒息。这两种作用发生得很快,均可引起呼吸骤停造成电击样死亡。如果在中毒者发病初期能够及时停止接触,则可以迅速或完全恢复。急性中毒早期,实验观察脑组织细胞色素氧化酶的活性即受到抑制,谷胱甘肽含量增高,乙酰胆碱酯酶活性未见变化。硫化氢引起的继发性缺氧也是由于呼吸暂停和肺水肿导致血氧含量降低,使中毒者病情加重、神经系统症状持久,以及发生多器官功能衰竭。

总之,硫化氢对黏膜的局部刺激作用系由接触湿润黏膜后分解形成的硫化钠及本身的酸性所引起。对机体的全身作用为硫化氢与机体的细胞色素氧化酶及这类酶中的二硫键(—S—S—)作用后,影响细胞色素氧化过程,阻断细胞内呼吸,导致全身性缺氧。由于中枢神经系统对缺氧最敏感,因而首先受到损害。但硫化氢作用于血红蛋白,产生硫化血红蛋白而引起化学窒息,被认为是主要的致病机理。

(4) 硫化氢引起呼吸暂停或肺水肿等导致血氧含量降低,继而导致继发性缺氧,可使病情加重、神经系统症状持久并发生多器官功能衰竭。

(5) 心肌损害,尤其是迟发性损害的机制尚不清楚。急性中毒出现心肌梗死样表现,可能由于硫化氢的直接作用使冠状血管痉挛、心肌缺血、水肿、炎性浸润及心肌细胞内氧化障碍所致。

第三节 硫化氢的腐蚀与防护

一、硫化氢腐蚀的原理

硫化氢对金属的腐蚀是氢去极化过程,反应式如下:

阳极:$Fe \longrightarrow Fe^{2+}+2e$

$H_2S+H_2O \longrightarrow H^++HS^-+H_2O$

$HS^-+H_2O \longrightarrow H^++S^{2-}+H_2O$

阴极:$2e+2H^++Fe^{2+}+S^{2-} \longrightarrow H_2+FeS$

Fe 与 H_2S 总的腐蚀过程的反应:$xFe+yH_2S \longrightarrow yH_2+Fe_xS_y$

上述反应式简化表示了硫化氢对金属材料的电化学失重腐蚀机理,而实际腐蚀机理要复杂得多。Fe_xS_y 表示各种硫化铁通式,钢材受到硫化氢腐蚀以后阳极的最终产物就是硫化铁。该产物通常是一种混合物,包括硫化亚铁(FeS)、二硫化铁(FeS_2)、三硫化二铁(Fe_2S_3)等物质。它是一种有缺陷的结构,与钢铁表面的黏结力差,易脱落,易氧化,且电位较高,于是作为阴极与钢铁基体构成一个活性的微电池,其电位差可达 0.2~0.4V,对钢铁基体继续进行腐蚀,导致油气田设备、工具产生很深的"溃烂"。金属的电化学失重腐蚀集中在金属局部区域——阳极区,阴极区没有金属腐蚀,因此硫化氢引起的电化学失重腐蚀实质上是局部腐蚀。局部腐蚀是设备腐蚀破坏的一种常见形式,工程中重大突发腐蚀事故多是由局部腐蚀造成的。

由此可见,硫化铁是一种硫化氢与铁或废海绵铁的反应产物,当暴露在空气中时,会自燃或燃烧。当硫化铁暴露在空气中时,要保持潮湿直到其按适用的规范要求进行了废弃处理。硫化铁垢会在容器的内表面和脱硫过程的过滤元件上积累下来,当暴露在大气中时,就有自燃的危险。硫化铁的燃烧产物之一是二氧化硫,也是一种有毒物质。

硫化铁自燃现象在装置检修、清管等作业时最容易发生。因此,在含硫天然气生产及输送设备开、停、检修及清管等过程中,应采取有效措施,防止硫化铁自燃并引发火灾、爆炸事故。

二、硫化氢腐蚀的类型

在常温常压下,干燥的硫化氢对金属材料无腐蚀破坏作用,但是硫化氢易溶于水而形成湿硫化氢环境,钢材在湿硫化氢环境中才易引发腐蚀破坏,影响油气田开发和石油加工企业正常生产,甚至会引发灾难性的事故,造成重大的人员伤亡和财产损失。

硫化氢水溶液对钢材发生电化学腐蚀的产物之一就是氢。一般认为反应产物氢有两种去向:一是氢原子之间有较大的亲和力,易相互结合形成氢分子排出;另一个去向就是由于原子半径极小的氢原子获得足够的能量后变成扩散氢而渗入钢的内部并溶入晶格中,因溶于晶格中的氢有很强的游离性,在一定条件下将导致材料的脆化(氢脆)和氢损伤。目前氢脆较公认的机理是氢压理论,一般认为,湿硫化氢环境中的开裂有硫化物应力开裂(sulfide stress cracking)、应力腐蚀开裂(stress corrosion cracking)、氢致开裂(hydrogen-induced cracking)三种形式。酸性环境指含有硫化氢并能够引起金属材料发生硫化物应力开裂、应力腐蚀开裂、氢致开裂等开裂形式的油气田环境。

(1) 硫化物应力开裂:在有水和硫化氢存在的情况下,与腐蚀、残留的和(或)施加的拉应力相关的一种金属开裂。

(2) 应力腐蚀开裂:在有水和硫化氢存在的情况下,与局部腐蚀的阳极过程、残留的和(或)施加的拉应力相关的一种金属开裂。

注:氯化物和(或)氧化剂和高温能增加金属产生应力腐蚀开裂的敏感性。

(3) 氢致开裂:氢原子扩散进钢铁中并在陷阱处结合成氢分子(氢气)时所引起的在碳钢和低合金钢中的平面开裂。

三、硫化氢腐蚀的影响因素

(一) 材料因素

接触含硫化氢物料的设备采用何种材料是非常关键的,所以在工程建设中,选择合适的防腐材料对于设施的保护非常重要。材料因素影响情况具体如下。

1. 显微组织

材料显微结构的变化会对其应力腐蚀开裂情况产生影响。一般情况下,金属材料经过淬火和回火处理后,它的应力状态更加平衡,材料的韧性更强,所以发生脆性腐蚀的概率会降低。

2. 强度和硬度

金属的强度和硬度与材料的应力腐蚀敏感性呈正相关关系,硬度和强度越高,金属发生应力破裂腐蚀的可能性越强。一般的应力腐蚀发生断裂多出现在硬度大于 HRC20 的材料中。

3. 合金元素及热处理

对于合金材料来说,硫化氢腐蚀的促进元素有 Ni、Mn、S、P,含有这些元素时硫化氢腐蚀开裂的倾向会提高。硫化氢腐蚀的抑制元素有 Cr、Ti,这些元素会对硫化氢的腐蚀开裂有一定的改善。

(二) 环境因素

1. 硫化氢的浓度

硫化氢浓度与腐蚀速率呈类抛物线关系:浓度较小时,随着浓度增大,腐蚀速率也变大;但达到极值后(一般是在400ppm左右时达到最大),随着浓度继续增加,腐蚀速率反而会减小。

2. 介质的 pH 值

硫化氢的腐蚀主要发生在酸性环境下,介质 pH<6 时,应力腐蚀比较严重,随着 pH 值的降低,腐蚀速率会加快。pH 值在 6~9 之间时,硫化氢腐蚀敏感性降低,但是断裂的时间却很短。介质 pH>9 时,硫化氢基本上不具有腐蚀性。

3. 介质温度

对电化学腐蚀,由于温度升高,原子的运动加快,电化学腐蚀的速率会随之升高。但是对于应力腐蚀来说,在低温时,由于钢材的硬度较大,发生脆性腐蚀开裂的风险会较大,而随着温度的上升,钢材的韧性增强,所以应力腐蚀的风险会降低。在22℃左右时,应力腐蚀发生的概率比较高,随着温度升高会逐步降低,在100℃以上时,应力腐蚀发生的概率很小。

四、硫化氢腐蚀的防护措施

根据硫化氢腐蚀机理,参照标准《天然气地面设施抗硫化物应力开裂和应力腐蚀开裂金属材料技术规范》(SY/T 0599—2018),工程实践硫化氢腐蚀防护措施主要采用以下方法。

(一) 加注防腐剂

防腐剂通常有缓蚀剂、除硫剂、除氧剂、灭菌剂等。各种防腐剂的作用不相同,应视腐蚀程度大小及油气井生产要求添加,以抑制硫化氢、二氧化碳、氧及盐类对材料的腐蚀。添加防腐剂具有使用方便、效果显著、用量少、经济等优点,缺点是不能除去腐蚀源。最好的做法是在距离采气现场近的地方进行脱硫。微生物的生化作用生成硫化氢或二氧化碳,对油气井管材产生腐蚀。合理地选择各种防腐添加剂,并配合使用,可以达到更好的防腐效果,并延长管材钻具的使用寿命。

(二) 电化学防护

金属的腐蚀本质是金属在腐蚀介质中电化学差异或外界环境的不均匀性,导致形成腐蚀原电池,从而使金属离子溶入电解液中。电化学防护分为阴极防护和阳极防护。其中阴极防护主要是通过调整金属的极性,降低腐蚀电位,从而达到保护金属的目的。

多年的实践证明,最为经济有效的腐蚀控制措施主要是覆盖层(涂层)加阴极保护。与国外相比,我国75%的防蚀费用用在涂装上,而电化学保护使用得相对较少。阴极保护作为防腐层保护的一种必不可少补充手段,它的原理就是使被保护的金属阴极化,以减少和防止金属腐蚀。阴极保护操作简便、投资少、维护费用低、保护效果好。其投资一般占管道总投资的1%左右。

阴极保护技术有两种：牺牲阳极阴极保护和强制电流（外加电流）阴极保护。其原理如图1-2所示。

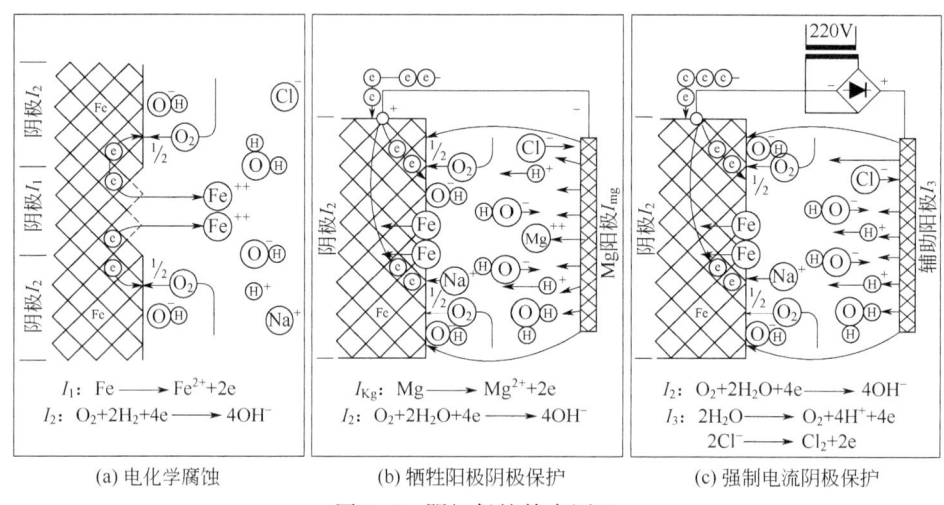

图1-2 阴极保护技术原理

1. 牺牲阳极阴极保护技术

牺牲阳极阴极保护技术用一种电位比所要保护的金属还要低的金属或合金与被保护的金属电极连接在一起，依靠电位比较低的金属不断地腐蚀溶解所产生的电流来保护其他金属，如图1-3所示。

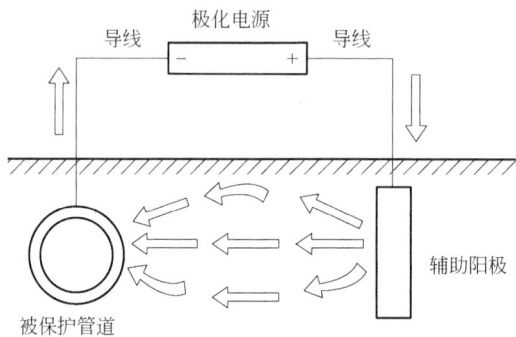

图1-3 牺牲阳极阴极保护技术原理图

其优点如下：

（1）一次投资费用偏低，且在运行过程中基本上不需要支付维护费用。

（2）保护电流的利用率较高，不会产生过保护。

（3）对邻近的地下金属设施无干扰影响，适用于厂区和无电源的长输管道，以及小规模的分散管道保护。

（4）具有接地和保护兼顾的作用。

（5）施工技术简单，平时不需要特殊专业维护管理。

其缺点如下:
(1) 驱动电位低,保护电流调节范围窄,保护范围小。
(2) 使用范围受土壤电阻率的限制,即土壤电阻率大于 $50\Omega \cdot m$ 时,一般不宜选用。
(3) 在存在强烈杂散电流干扰区,尤其受交流干扰时,阳极性能有可能发生逆转。
(4) 有效阴极保护年限受牺牲阳极寿命的限制,需要定期更换。

2. 强制电流阴极保护技术

强制电流阴极保护技术在回路中串入一个直流电源,借助辅助阳极,将直流电通向被保护的金属,进而使被保护金属变成阴极,实施保护,如图 1-4 所示。

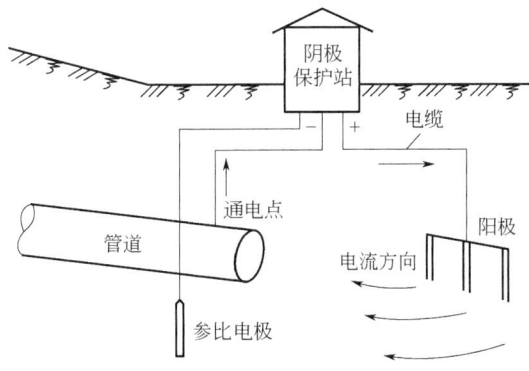

图 1-4 强制电流阴极保护技术原理图

其优点如下:
(1) 驱动电压高,能够灵活地在较宽的范围内控制阴极保护电流输出量,适用于保护范围较大的场合。
(2) 在恶劣的腐蚀条件下或高电阻率的环境中也适用。
(3) 选用不溶性或微溶性辅助阳极时,可进行长期的阴极保护。
(4) 每个辅助阳极床的保护范围大,当管道防腐层质量良好时,一个阴极保护站的保护范围可达数十千米。
(5) 对裸露或防腐层质量较差的管道也能达到完全的阴极保护。

其缺点如下:
(1) 一次性投资费用偏高,而且运行过程中需要支付电费。
(2) 阴极保护系统运行过程中,需要严格的专业维护管理。
(3) 离不开外部电源,需常年外供电。
(4) 对邻近的地下金属构筑物可能会产生干扰作用。

3. 阴极保护效果的判据

(1) 普通钢阴极保护准则:施加阴极保护时被保护结构物的电位负移至少达到 $-850mV$ 或更低(相对饱和硫酸铜参比电极 CSE);在构筑物表面与接触电解质的稳定参比电极之间的阴极极化值最小为 $100mV$;存在硫酸盐还原菌的环境,被保护结构物的电位负移至 $-950mV$(CSE)或更低。

(2) 铝合金阴极保护准则:构筑物与电解质中稳定参比电极之间的阴极极化值最小为 $100mV$,准则适用于极化建立或衰减过程;极化电位不应低于 $-1200mV$(CSE)。

(3) 铜合金阴极保护准则：构筑物与电解质中稳定参比电极的阴极极化值最小为100mV，极化建立或衰减过程均可以被应用。

(4) 异种金属阴极保护准则：所有金属表面与电解质中稳定参比电极之间的负电压等于活性最强的阳极区金属的保护电位。

(5) 高强钢阴极保护准则：700MPa以上的钢腐蚀速率降低至0.0001mm/a的保护电位为−760～−790mV（Ag/AgCl）；在存在硫酸盐还原菌的环境下，钢屈服强度大于700MPa，保护电位应在−800~950mV（Ag/AgCl）的范围内；屈服强度大于800MPa，保护电位应不低于−800mV（Ag/AgCl）。

（三）内外防腐层

1. 外防腐层

防止埋地管道腐蚀的第一道防线是涂层，如果涂层的质量可靠，没有施工缺陷或缺陷很少，管道会受到很好的保护。正确涂敷的涂层应该为埋地构件提供99%的保护需求，而余下的1%才由阴极保护提供。

但涂层作用的发挥受诸多因素影响，如涂层材料的耐电性、抗老化及耐久性、抗根茎穿透能力、抗土壤应力、温度、湿度、应力等。实践证明有严重外腐蚀的地方，首先是涂层被破坏失去保护作用，其次是涂层屏蔽CP电流（有一定占空比的脉冲电流）不能给予管道有效的保护，形成局部阳极造成坑蚀。

常用的防腐材料有石油沥青、聚乙烯黏胶带、熔结环氧/挤塑聚乙烯等。

2. 内防腐层

高含硫化氢气田集输系统的内腐蚀控制设计、运行中管线系统的腐蚀控制、腐蚀控制效果的评定等要求，均应符合《高含硫化氢气田集输系统内腐蚀控制规范》（SY/T 0611—2018）的要求，具体要求和方法等内容参见标准。

（四）降低介质腐蚀性

因为硫化氢腐蚀的条件是与水结合，同时介质呈酸性，所以通过降低介质中的水分和硫化氢的含量、调整介质的酸碱度来降低介质的腐蚀性。通常的做法是在加工环节，通过添加脱硫药剂和脱水工艺减少流体中的硫化氢和水分含量、添加碱性物质降低介质酸度，从而降低介质的腐蚀性。常用的脱硫药剂有碱式碳酸锌和海绵铁。介质的pH值一般会调节在9~11，这个区间介质的腐蚀性会很小。

（五）采用新型材料

1. 油管及集气管道内壁涂层防腐

涂层材料一般为溶剂型耐蚀涂料和耐蚀粉末涂料，涂敷时应注意以下几点：

(1) 选择适合的涂料。

(2) 做好钢管表面的处理。

(3) 要有好的涂敷工艺，确保涂层质量（厚度达标，外观平整无鼓泡，无涂漏、流挂等缺陷，针孔检查合格，端部裸露宽度达标）。

(4) 解决好焊口裸露部分的修补。但是焊接补口技术仍是一个难点，清管作业也可能损伤涂层，因此，还必须进一步开展研究。

2. 管道衬里技术

管道衬里技术适用于输送含腐蚀介质的气田水管道，也适用于集气管道。衬里方法多样，主要目的是将耐蚀的聚乙烯塑料或尼龙软管均匀地紧密地贴在金属管道的内壁，形成完整的隔离层。

3. 采用耐蚀玻璃钢油管和玻璃钢输气管道

例如，川中油气矿为解决磨溪气田的腐蚀问题，引进了美国STAR公司耐蚀玻璃钢油管，在井下进行了较长时间的试验，较好地解决了井下腐蚀问题。同时，在川中和蜀南气矿还采用了Smith公司生产的玻璃钢输送管，使用在含硫集气支线上，通过室内试验和现场一年的试验，生产正常，尚未发现问题。因此，玻璃钢输气管道在低压、低含硫化氢、小口径、边远地区、地形平缓的集气支线上使用，是有一定优势的。只要保证玻璃钢管的质量、在设计和施工上考虑扬长避短、防止外压和冲击载荷、平时加强检查和管理，还是具有一定的推广价值的。

（六）控制气质、流速及定期清管

1. 控制气质

要防止腐蚀发生，最好的办法是脱除天然气中的H_2S和H_2O等腐蚀性介质，控制进入管道天然气的气质达到管输标准。

对原料气管线，天然气脱水结合缓蚀剂能有效控制含硫天然气管线的失重腐蚀。脱水工艺一般在气田都采用三甘醇脱水工艺、冷冻法脱水和分子筛脱水工艺。

2. 控制流速

设计和选择合理的集输管线管径、管输压力、气体流速，使管内无积液或少积液，以减轻腐蚀。

3. 管线建成后严格执行清管和干燥措施

在管线施工过程中，有可能进水或在低洼处形成积水，一时不易清除干净，在硫化氢条件下，就会产生腐蚀。如何在管道投产前减少管内壁的腐蚀，也是应当考虑的一个问题。应当用清管器对管线多次清管，把管内积液尽量清除。然后对管线进行干燥。干燥的方法有：通入氮气、干燥空气、净化天然气及抽真空等。干燥后的管线应充满净化天然气，要避免湿的空气再进入。

4. 腐蚀监测

在管输系统建立气质监测系统，监测进气点天然气中的H_2S含量、H_2O含量，控制进气气质。

第四节 硫化氢浓度单位换算

描述某种流体中的硫化氢浓度有以下三种方式。

（1）体积分数：指硫化氢在某种流体中的体积比，单位为%或mL/m^3，现场所用硫化氢监测仪器通常采用的单位是ppm，$1ppm=1mL/m^3$。

（2）质量浓度：指硫化氢在$1m^3$流体中的质量，常用mg/m^3或g/m^3表示，该单位为我国的法定计量单位。

(3) 硫化氢分压：指在相同温度下，一定体积天然气中所含硫化氢单独占有该体积时所具有的压力。

单位之间的换算关系如下：

在 20℃下，$1\% = 14414 mg/m^3$，$1ppm = 1.4414 mg/m^3$；

硫化氢分压 = 硫化氢体积分数(%) × 总压力。

在我国的标准体系中，为了换算方便，一般将这个关系取整为 $1ppm = 1.5 mg/m^3$，将相关标准的 10ppm 表示为 $15 mg/m^3$；20ppm 表示为 $30 mg/m^3$。

举例1：某作业现场检测显示硫化氢质量浓度为 $1.5 g/m^3$，对应的体积分数为：

$$1500(mg/m^3) \div 1.5(mg/m^3) = 1000(ppm)$$

举例2：某作业现场检测显示硫化氢体积分数为 500ppm，对应的质量浓度为：

$$500(ppm) \times 1.5(mg/m^3) = 750(mg/m^3)$$

举例3：某天然气罐中，总压强为 0.5MPa，硫化氢体积分数为 100ppm，其硫化氢分压为：

$$(100 \times 10^{-6}) \times (0.5 \times 10^6) = 50(Pa)$$

复习题

一、判断题

1. 硫化氢进入人体造成中毒的途径有呼吸道和皮肤。（ ）
2. 硫化氢在空气中的体积分数达 4.3%~46% 时形成易爆的混合气体，遇火发生强烈爆炸。（ ）
3. 硫化氢气体密度比空气小，飘浮在空气上层，易随风飘散。（ ）
4. 眼睛接触高浓度硫化氢时可能失明。（ ）
5. 人体对硫化氢毒作用最敏感的组织是脑和黏膜接触部位。（ ）
6. 硫化氢密度比空气小，所以常在罐顶出现。（ ）
7. 硫化氢是一种黄色、有臭鸡蛋气味、有毒、遇铁能生成硫化亚铁可自燃的气体。（ ）
8. 硫化氢是透明的、剧毒的酸性气体，危险类别属甲类。（ ）
9. 硫化氢具有臭鸡蛋味，所以在作业现场，可以依靠闻到的硫化氢气味来判断它的存在。（ ）
10. 因为硫化氢气体密度比空气略大，所以硫化氢容易在地势低洼处发生聚集。（ ）

二、单选题

1. 硫化氢进入身体的主要途径是（ ）。
   A. 消化道　　　　B. 呼吸道　　　　C. 皮肤　　　　D. 手
2. 《硫化氢环境人身防护规范》（SY/T 6277—2017）中规定硫化氢的阈限值为（ ）。
   A. 10ppm　　　　B. 20ppm　　　　C. 50ppm　　　　D. 100ppm
3. 硫化氢气体的水溶液就是（ ）。
   A. 氢硫酸　　　　B. 亚硫酸　　　　C. 硫酸　　　　D. 盐酸

4. 硫化氢的形成机理中，生物体的代谢产物和降解产物属于（　　）之一。

A. 生物化学成因　　　　　　　　　　　B. 热化学成因

C. 岩浆成因　　　　　　　　　　　　　D. 硫酸盐细菌的还原产物

5. 硫化氢气体在作业现场会（　　）发生飘移、扩散。

A. 顺着风向下风方向　　　　　　　　　B. 逆着风向上风方向

C. 顺着风向上风方向　　　　　　　　　D. 逆着风向下风方向

6. 《硫化氢环境人身防护规范》（SY/T 6277—2017）中规定硫化氢的安全临界浓度为（　　）。

A. 10ppm　　　　　B. 20ppm　　　　　C. 50ppm　　　　　D. 100ppm

7. 《硫化氢环境人身防护规范》（SY/T 6277—2017）中规定硫化氢的危险临界浓度为（　　）。

A. 10ppm　　　　　B. 20ppm　　　　　C. 50ppm　　　　　D. 100ppm

8. 当硫化氢在空气中体积分数达到（　　）范围时，形成易爆的混合气体，遇火发生强烈爆炸。

A. 5%~15%　　　　B. 4.3%~46%　　　C. 10%~15%　　　D. 15%~46%

9. 当硫化氢处于高浓度，即超过（　　）时，人的嗅觉神经会因为麻痹、钝化快速失去知觉。

A. 100ppm　　　　　B. 150ppm　　　　C. 200ppm　　　　D. 300ppm

10. 硫化氢被吸入人体后，首先刺激（　　），使嗅觉钝化、咳嗽，严重时将其灼伤。

A. 眼睛　　　　　　B. 呼吸道　　　　　C. 皮肤　　　　　　D. 肺

三、多选题

1. 在硫化氢浓度高于10ppm的区域作业，下列描述错误的是（　　）。

A. 在防中毒措施未落实好之前，作业人员有权拒绝作业

B. 遇紧急情况，作业人员可在没有佩戴防护器材的情况下进行作业

C. 遇中毒事故状态，不能直接向主管领导报告

D. 不需要硫化氢检测仪进行监测

2. 硫化氢的充分燃烧产物有（　　）。

A. 二氧化硫　　　　B. 水　　　　　　　C. 二氧化碳　　　　D. 氢气

3. 下列有关硫化氢危害描述正确的是（　　）。

A. 硫化氢是高度危害的窒息性气体

B. 当人员接触到高浓度的硫化氢时，会引起急性中毒，出现昏迷及呼吸麻痹

C. 长期在含硫化氢的区域作业的人员，其硫化氢会在体内积累，达到一定程度才会引起中毒

D. 硫化氢主要对人体的眼睛和肺造成危害

4. 发现有人发生硫化氢中毒，处理方法错误的是（　　）。

A. 大声疾呼，迅速打电话求援，选择合适防毒面具（空气呼吸器）迅速佩戴好

B. 从近距离方向进入毒区将中毒者尽快脱离毒区

C. 检查中毒者心跳情况，若无心跳，应马上采取口对口人工呼吸法

D. 对中毒者采取保暖措施

5. 硫化氢是一种（　　）的酸性气体。
   A. 无色、无味　　　　　　　　　　B. 可以燃烧
   C. 属于强烈的神经性毒物　　　　　D. 容易爆炸

6. 硫化氢成因几大类型包括（　　）。
   A. 生物化学成因　　　　　　　　　B. 热化学成因
   C. 金属硫化物的氧化产物　　　　　D. 岩浆成因

7. 石油钻采作业现场有许多作业环节可能接触到硫化氢气体，常出现硫化氢气体的石油作业包括（　　）等。
   A. 钻井、完井　　　　　　　　　　B. 井下作业
   C. 采油、采气　　　　　　　　　　D. 脱硫作业

8. 以下说法属于高浓度硫化氢中毒症状的是（　　）。
   A. 全身无力　　　　　　　　　　　B. 呼吸困难
   C. 口唇及指甲青紫　　　　　　　　D. 抽筋

9. 以下说法属于硫化亚铁的属性的是（　　）。
   A. 三角形晶系晶体　　　　　　　　B. 难溶于水
   C. 易被空气氧化　　　　　　　　　D. 不会自燃

10. 以下关于硫化氢中毒致病机理说法中，正确的有（　　）。
    A. 血中高浓度硫化氢可直接刺激颈动脉窦和主动脉弓的化学感受器，致反射性呼吸抑制
    B. 硫化氢可直接作用于脑，低浓度起抑制作用，高浓度起兴奋作用
    C. 硫化氢是细胞色素氧化酶的强抑制剂，能与线粒体内膜呼吸链中的氧化型细胞色素氧化酶中的三价铁离子结合，从而抑制电子传递和氧的利用，引起细胞内缺氧
    D. 硫化氢引起呼吸暂停或肺水肿等导致血氧含量降低，继而导致继发性缺氧而发生多器官功能衰竭

四、简答题

1. 简述硫化氢的来源。
2. 简述硫化氢的致病机理。
3. 简述硫化氢的腐蚀类型。
4. 简述硫化氢腐蚀的防护技术。
5. 简述钻井施工中硫化氢的来源。

五、综合题

1. 叙述硫化氢腐蚀的影响因素。
2. 某天然气储罐中，罐内总压强为 0.5MPa，硫化氢体积分数为 200ppm，求罐内硫化氢分压是多少？质量浓度是多少？

参考答案

一、判断题

1. ×　2. √　3. ×　4. √　5. √　6. ×　7. ×　8. √　9. ×　10. √

二、单选题
1. B　　2. A　　3. A　　4. A　　5. A　　6. B　　7. D　　8. B　　9. A　　10. B

三、多选题
1. BCD　　2. AB　　3. ABD　　4. BC　　5. BCD　　6. ABD　　7. ABCD
8. ABCD　　9. BC　　10. ACD

四、简答题

1. 简述硫化氢的来源。

参考答案：

（1）天然存在；（2）有机腐蚀；（3）化学加工过程。

2. 简述硫化氢的致病机理。

参考答案：

（1）硫化氢对黏膜的局部刺激作用系由接触湿润黏膜后分解形成的硫化钠及本身的酸性所引起。

（2）硫化氢与机体的细胞色素氧化酶及这类酶中的二硫键（—S—S—）作用后，影响细胞色素氧化过程，阻断细胞内呼吸，导致全身性缺氧，由于中枢神经系统对缺氧最敏感，因而首先受到损害。

（3）硫化氢作用于血红蛋白，产生硫化血红蛋白而引起化学窒息，被认为是主要的致病机理。

3. 简述硫化氢的腐蚀类型。

参考答案：

（1）硫化物应力开裂：在有水和硫化氢存在的情况下，与腐蚀、残留的和（或）施加的拉应力相关的一种金属开裂。

（2）应力腐蚀开裂：在有水和硫化氢存在的情况下，与局部腐蚀的阳极过程、残留的和（或）施加的拉应力相关的一种金属开裂。

（3）氢致开裂：为氢原子扩散进钢铁中并在陷阱处结合成氢分子（氢气）时所引起的在碳钢和低合金钢中的平面开裂。

4. 简述硫化氢腐蚀的防护技术。

参考答案：

（1）电化学防护；（2）加注防腐添加剂；（3）内外防腐层；（4）控制气质、流速及定期清管；（5）采用新型材料；（6）降低介质腐蚀性。

5. 简述钻井施工中硫化氢的来源。

参考答案：

（1）当热作用于油层时，油中的有机硫化物分解产生硫化氢；

（2）石油中的碳氢化合物和有机质通过储层水中的硫酸盐的高温还原作用而产生硫化氢；

（3）下层硫酸盐层中的硫化氢通过裂缝等通道向上运移；

（4）部分钻井液处理剂在高温热分解作用下产生硫化氢；

（5）含硫的地层流体（油、气、水）流入井内；

（6）某些洗井液中的添加剂（如木质磺酸盐）在高温（170℃以上）时热分解生成硫化氢；

(7) 在被无水石膏浸污的钻井液中,存在的硫酸盐类生物分解生成硫化氢;

(8) 某些含硫原油或含硫水被用于钻井液系统。

五、综合题

1. 叙述硫化氢腐蚀的影响因素。

参考答案：

(1) 材料因素。接触含硫化氢物料的设备采用何种材料是非常关键的,所以在工程建设中,选择合适的防腐材料对于设施的保护非常重要。材料因素影响情况具体如下：

① 显微组织。材料显微结构的变化会对其应力腐蚀开裂情况产生影响。一般情况下,金属材料经过淬火和回火处理后,它的应力状态更加平衡,材料的韧性更强,所以发生脆性腐蚀的概率会降低。

② 强度和硬度。金属的强度和硬度与材料的应力腐蚀敏感性呈正相关关系,硬度和强度越高,金属发生应力破裂腐蚀的可能性越强。一般的应力腐蚀发生断裂多出现在硬度大于 HRC20 的材料中。

③ 合金元素及热处理。对于合金材料来说,硫化氢腐蚀的促进元素有 Ni、Mn、S、P,含有这些元素时硫化氢腐蚀开裂的倾向会提高。硫化氢腐蚀的抑制元素有 Cr、Ti,这些元素会对硫化氢的腐蚀开裂有一定的改善。

(2) 环境因素。

① 硫化氢的浓度。硫化氢浓度与腐蚀速率呈类抛物线关系：浓度较小时,随着浓度增大,腐蚀速率也变大；但达到极值后（一般是在 400ppm 左右时达到最大）,随着浓度继续增加,腐蚀速率反而会减小。

② 介质的 pH 值。硫化氢的腐蚀主要发生在酸性环境下,介质 pH<6 时,应力腐蚀比较严重,随着 pH 值的降低,腐蚀速率会加快；pH 值在 6~9 之间时,硫化氢腐蚀敏感性降低,但是断裂的时间却很短；介质 pH>9 时,硫化氢基本上不具有腐蚀性。

③ 介质温度。对电化学腐蚀,由于温度升高,原子的运动加快,电化学腐蚀的速率会随之升高。但是对于应力腐蚀来说,在低温时,由于钢材的硬度较大,发生脆性腐蚀开裂的风险会较大,而随着温度的上升,钢材的韧性增强,所以应力腐蚀的风险会降低。在 22℃ 左右时,应力腐蚀发生的概率比较高,随着温度升高会逐步降低,在 100℃ 以上,应力腐蚀发生的概率很小。

2. 某天然气储罐中,罐内总压强为 0.5MPa,硫化氢体积分数为 200ppm,求罐内硫化氢分压是多少？质量浓度是多少？

参考答案：

质量浓度：

$$200(ppm) \times 1.5(mg/m^3) = 300(mg/m^3)$$

硫化氢分压：

$$(200 \times 10^{-6}) \times (0.5 \times 10^6)(Pa) = 100(Pa)$$

第二章 硫化氢场所安全防护设施设备

在油田企业工作场所，特别是在含硫区域开展作业时，一旦硫化氢气体浓度超标，将威胁作业人员的健康与安全，引起人员中毒甚至死亡。因此，硫化氢监测仪器、报警设备和防护器具配备及设备的功能是否正常关系到作业者的生命安全，作业人员应该了解其结构、原理、性能，掌握其使用方法及注意事项。国内外这方面的仪器和设备类型较多，本章选择性地讲解部分类型的监测仪器、防护器具，其他类型的监测仪器、防护器具的性能、使用方法等，请参见有关的随机产品说明书。

第一节 硫化氢场所安全防护器材的要求

安全防护器材分为三类：

(1) 气体防护器材，如空气呼吸器类、防毒面具类、呼吸空气压缩机及其配套器材类等；

(2) 气体检测器材，如可燃气体检测仪、硫化氢气体检测仪、二氧化硫检测仪、氧气检测仪、复合式气体检测仪及火灾探测器等；

(3) 其他安全防护器材，如防爆照明灯具、防爆工具、防爆轴流风机、防爆通信器材、工业安全锁具、高空作业升降平台、高空缓降器、安全带、安全庇护所等。

安全防护器材的采购、安装、使用、检定、维修、改造和报废应当符合国家、行业标准等相关规定，尚没有标准的必须符合有关安全规定和技术要求。

各单位应按照国家、行业及企业的相关规定的要求配备安全防护器材，并培训、监督员工按照操作规程使用和维护好安全防护器材。

一、配置要求

(1) 各单位应根据生产作业场所危险危害特性及风险等级，配备相应的安全防护器材。安全防护器材配置遵循下列原则：

① 基本需求原则：在正常情况下应满足日常安全生产、外送校验、检定期间及特殊作业的需求，在异常和紧急情况下能满足应急抢险的需求；

② 集中配置原则：对于使用率较低的器材，按区域集中配置；

③ 资源共享原则：紧急情况或特殊需求时，各单位的安全防护器材可统一调配和使用；

④ 统一兼容原则：同一生产场所配备的安全防护器材的品牌、规格型号应保持一致。

(2) 大气中硫化氢浓度可能达到或超过 $15mg/m^3$（10ppm）的生产作业场所应配备便携式硫化氢检测仪。当硫化氢浓度超过在用硫化氢检测仪的量程时，应在现场配备一台量程达 1500mg/m³（1000ppm）的检测仪。在人员进出频繁、相对密闭的作业场所，需 24h 连续检测硫化氢浓度时，应安装固定式硫化氢检测仪，探头数应根据现场气样测定点的数量来确定，检测仪探头置于硫化氢易泄漏区域，主机安装在控制室。

（3）大气中二氧化硫浓度可能达到或超过 5.4mg/m³（2ppm）的生产作业场所应配备便携式二氧化硫检测仪。

（4）易燃易爆生产作业场所及可能泄漏甲类气体或液体的场所内，应配备便携式可燃气体检测仪。固定式可燃气体检测报警器的设置、安装和使用维护按照 SY/T 6503—2016 执行。当气体密度大于 0.97kg/m³（标准状态）时，检测器安装高度应距地面 0.3~0.6m；当气体密度小于或等于 0.97kg/m³（标准状态）时，检测器安装高度宜高出释放源 0.5~2.0m。

（5）大气中硫化氢浓度可能超过 30mg/m³（20ppm）或二氧化硫浓度可能超过 13.5mg/m³（5ppm）的生产作业场所及其他有毒气体生产作业场所，应配备正压式空气呼吸器，重要生产场所还应配备与空气呼吸器配套的呼吸空气压缩机或备用气瓶。

（6）新建、改建、扩建工程项目的安全防护器材配置，必须符合国家和行业规定的标准，必须与主体工程同时设计、同时施工、同时投入生产和使用。

（7）各单位及生产作业场所的常用安全防护器材配备类型、数量，按照各单位的配置标准执行。标准中未列入的其他安全防护器材类型和数量，各单位应根据需要选择和配备。

二、管理职责

（1）各单位质量安全环保部门是安全防护器材的归口管理部门，其职责是：

① 根据国家、企业有关安全防护器材政策规定，组织制订安全防护器材的管理制度、配发标准和操作规程；

② 组织制订采购安全防护器材技术指标，推广应用安全防护器材新技术；

③ 审查本单位安全防护器材采购计划、维修计划，组织对采购的安全防护器材进行检查和验收；

④ 建立安全防护器材管理台账，开展安全防护器材专项检查，将安全防护器材的完好使用情况列为安全检查考核评比的重要内容；

⑤ 监督检查建设项目中安全防护器材"三同时"执行情况。

（2）物资采购管理部门负责按照质量安全环保部门和有关技术部门提供的标准及技术条件采购相关安全防护器材。

（3）规划计划部门负责分公司设备配置标准制订，审核、落实各单位采购计划。

（4）财务部门负责落实安全防护器材采购资金、维修及检定费用，保证安全防护器材费用专款专用。按年度检查各单位或部门的安全防护器材计划下达费用的管理及支出情况。

（5）市场管理部门负责审查安全防护器材供货商的资质和业绩，做好市场准入管理与考核工作。

（6）分公司安全环保与技术监督研究院协助质量安全环保处制订采购安全防护器材的技术指标，推广应用安全防护器材新技术，监督检查各单位安全防护器材维护使用与管理情况。

（7）各级生产经营单位是安全防护器材的管理、使用、维护和检定的责任单位。其职责是：

① 负责本单位安全防护器材的安全及技术管理工作，定期组织员工进行安全防护器材操作使用培训。

② 组织对本单位安全防护器材进行定期检查、校验和检定，对存在问题的安全防护器材及时安排维修或更新。

③ 根据本单位实际情况，向上级管理部门提出安全防护器材配置、管理、使用的计划或建议。

④ 负责本单位安全防护器材的日常维护保养工作，保证安全防护器材时刻处于正常工作状态。

⑤ 负责建立本单位安全防护器材管理登记档案，建立相关维修、检定记录。

（8）员工负责相关安全防护器材的使用和维护管理，其职责是：

① 掌握相关安全防护器材的操作规程、安全注意事项及维护管理要求，会正确熟练使用配备的安全防护器材。

② 对配备不合格的安全防护器材和未按规定配备安全防护器材有权拒绝使用和向上级部门反映。

三、采购管理

（1）各单位每年年底应制定第二年度安全防护器材需求计划，每年期中上报当年补充需求或调整计划，公司职能部门审查计划，并及时下达投资计划。工程项目组应根据分公司投资计划、项目设计批复及时足额采购安全防护器材。

（2）安全防护器材的采购按照各分公司物资管理办法执行。股份公司有特殊规定的安全防护器材采购按照股份公司的规定执行。

（3）各单位必须到国家有关部门或行业指定的定点生产或经营单位采购安全防护器材，生产或经营单位必须取得下列资格、资质：

① 具有政府认可的该类产品生产、经营资质，具有有效的检测报告、产品合格证、质量体系认证；

② 代理商应具有制造商授权的有效销售授权书；

③ 具有中油能源1号电子商务网或中国石油天然气行业物资市场准入许可证；

④ 气体检测（报警）仪的制造商必须取得经国家指定机构认可的计量器具制造认证、防爆性能认证和消防认证；

⑤ 提供空气呼吸器类产品的供货商必须取得《国家消防装备质量监督检验中心定型试验报告》；

⑥ 其他按规定需要取得的相应资格、资质。

（4）采购的安全防护器材必须符合国家和行业有关法规、标准规定，由有资质的单位生产，并经取得专业资质的校验、检定机构校验、检定合格。不得选用和采购无生产许可证、无产品合格证、无市场准入许可证及处于试用、试验阶段的产品和设备。

（5）各单位必须严格按照《中华人民共和国民法典》与供应商签订商务合同和技术合

同，在合同中明确规定所采购的安全防护器材的质量标准、技术指标、售后服务等要求。

四、使用规定

（1）各使用单位应明确专人负责安全防护器材的保管和维护，确保安全防护器材完好，随时处于待用状态，禁止员工使用过期或功能失效的安全防护器材。

（2）安全防护器材应按说明书规定设置、储存和摆放，并方便取用。禁止将移动式安全防护器材置于露天、潮湿或烈日暴晒的地方。

（3）安全防护器材的具体使用应按照厂家提供的使用说明书或相关操作规程执行。各单位要检查安全防护器材维护使用、校验、检定管理情况，对不按规定维护使用、校验、检定安全防护器材以及遗失、损坏或挪用安全防护器材的行为要及时纠正和处罚。

（4）单位应组织对有关人员进行正确检查、维护、使用相关安全防护设备的技术培训，经考核合格后方可上岗。对临时工、外来施工人员及参观、学习、实习人员等要按规定进行培训，并会正确使用相关安全防护器材。

（5）硫化氢检测（报警）仪第 1 级报警阈值应设置为 10ppm（15mg/m^3），第 2 级报警阈值应设置为 20ppm（30mg/m^3）。在可能产生硫化氢及发生硫化氢泄漏的区域，操作人员应随身携带便携式硫化氢检测仪。

（6）可燃气体检测（报警）仪的一级报警设定值应小于或等于爆炸下限浓度（LEL）的 10%，二级报警设定值应小于或等于爆炸下限浓度（LEL）的 20%；仅有一个报警设定值的检测仪，其报警设定值应在 1%LEL~25% LEL 范围。

（7）进入可能发生可燃油气、硫化氢、二氧化硫及其他有毒气体泄漏的生产作业场所应携带相应气体检测（报警）仪。

（8）全面罩正压式呼吸设备宜用于大气中硫化氢浓度达到或超过 30mg/m^3（20ppm）或二氧化硫浓度超过 5.4mg/m^3（2ppm）的作业环境，当作业环境中有毒气体类型或浓度不清时也应使用全面罩正压式呼吸设备。

（9）过滤式防毒面具仅适用于普通非密闭的有毒气体场所和硫化氢浓度低于 30mg/m^3（20ppm）的区域，不适用于密闭、含氧量低于 18%的场所。生产场所有多种型号过滤式防护用具时应在滤毒罐（盒）上标明适用场所和适用浓度，并分类、分开存放。已使用过的滤毒罐（盒）应根据说明书要求判定是否需要更换，未使用的滤毒罐（盒）也应按照说明书要求定期更换。

（10）使用的呼吸空气压缩机应满足下列要求：

① 避免污染的空气进入供气系统，当毒性或易燃气体可能污染进气口的情况发生时，应对压缩机的进口空气进行监测；

② 减少水分含量，以使压缩空气在一个大气压下的露点低于环境温度 5~6℃；

③ 依照制造商的维护说明书定期更新吸附层和过滤器，压缩机上应保留有资质人员签字的检查标签；

④ 汽油机式空气压缩机应在室外空气新鲜处使用，以防止室内充装人员一氧化碳中毒及空呼气瓶中的一氧化碳值超过 12.5mg/m^3（10ppm）。

五、校验、检定

（1）安全防护器材必须按规定周期进行校验、检定，承担校验、检定的机构应当取得国家规定的相应资质，承担检定工作的人员必须取得相应检定资质。校验、检定机构和人员应在国家行政主管部门授权许可的业务范围内开展校验、检定工作，并对其做出的校验、检定结果负责。

（2）气体检测（报警）仪的校验、检定：

① 使用单位自行负责气体检测（报警）仪的日常校准工作，取得国家行政许可授权的使用单位应自行开展定期校验、检定工作，没有取得国家行政许可授权的使用单位应委托分公司范围内有资质的单位开展定期校验、检定工作；

② 便携气体检测（报警）仪每半年校验1次，固定式气体检测（报警）仪每年校验1次，硫化氢气体检测仪的检定应按 JJG 695—2019 执行，可燃气体检测仪的检定应按 JJG 693—2011 执行；

③ 当气体检测（报警）仪非正常报警、更换了主要元件、超过满量程浓度的环境使用后及对报警器示值表示怀疑时，应重新校验、检定；

④ 气体检测仪的使用应在其允许的环境条件和测量范围内进行，在极端湿度、温度、灰尘和其他有害环境的作业条件下，检查、校验和测试的周期应缩短；

⑤ 校验、检定内容包括外观及正常工作情况、重复性、基本误差、响应时间、报警误差等。

（3）空气呼吸器检查、检验：

① 每次使用前后都应进行检查，每月至少检查1次，并妥善保存检查记录。

② 每年进行1次技术检验，主要检验面罩系统、背板系统及压力表组件系统。技术检验可由取得生产厂家授权检验的单位自行开展，其检验人员应经厂家培训合格。

③ 至气瓶出厂之日起，铝合金碳纤维复合缠绕气瓶每3年不得少于一次安全检验，其安全使用年限不得超过15年，气瓶安全检验由分公司安全环保与技术监督部门承担。

（4）空气呼吸器充气压缩机应每周启动运行检查一次，每年维护保养一次，三年全面检测维修一次，并按照设备使用说明书要求定期检查校验压力表、安全阀，定期检查更换滤芯、机油、皮带等。

（5）校验、检定机构必须严格按照有关标准和规范要求对安全防护器材性能进行校验、检定，并出具校验、检定报告，对检定合格的设备应发给检定证书和检定合格证，对检定不合格的设备发给检定结果通知书或注销原检定合格证。

（6）凡经检测不合格且不能修复的安全防护器材，应进行报废处理，报废程序按照公司资产报废方式进行统一处置。未按规定申请校验、检定或校验、检定不合格的安全防护器材，任何单位或个人不得使用。

（7）各单位应分批分期安排安全防护器材的送检，校验、检定期间必须确保送检生产作业场所的安全防护器材需求，校验、检定合格的安全防护器材应及时送回到各使用场所。

第二节 呼吸防护设备及其使用

在天然气采输作业的工作场所，特别是在含硫地区作业环境，硫化氢浓度有可能超过 $15mg/m^3$（10ppm）或二氧化硫浓度有可能超过 $5.4mg/m^3$（2ppm），在配备有个人防护装备的基础上，应对员工进行选择、使用、检查和维护的个人防护装备的培训。本节主要介绍正压式空气呼吸器、逃生呼吸器、正压式长管供气系统、过滤式防护设备、空气压缩机的组成、使用方法及注意事项等。

一、呼吸防护设备分类

常用硫化氢防护的呼吸防护设备主要分为隔离式和过滤式两大类。隔离式呼吸防护设备有正压式空气呼吸器、逃生呼吸器、正压式长管供气系统、过滤式防护设备；过滤式呼吸防护设备有全面罩式防毒面具、半面罩式防毒面具。

硫化氢作为有毒有害气体，其呼吸防护要依据在使用中空气中该物质的浓度加以判定。当然由于使用者的工作的特殊性，用户可以在相应标准下提升防护等级，选择更高级别的呼吸防护产品。

（一）呼吸防护设备的类型与用途

常用呼吸防护设备的类型和用途见表 2-1。

表 2-1 呼吸防护设备的类型和用途

仪器类型	功能简介	应用
自给式空气呼吸器	可由使用者背负压缩气瓶，在减压阀的作用下，借助柔性软管供给面具空气。正压能最大限度地阻止毒气进入面罩	可用于 H_2S 浓度高达 20000ppm（2%）的环境，连续使用时间取决于气瓶容量，适合逃生与营救
长管式呼吸器	由远处的空气瓶或压缩机通过软管供给面罩空气	可用于 H_2S 浓度高达 20000ppm（2%）的环境。由压缩机供给空气，适合营救，不适合逃生
正压式空气呼吸器	正压式呼吸器带有压缩空气瓶，由该瓶提供空气	硫化氢工作场所常用设备，适合逃生与营救
紧急逃生呼吸器	Ⅰ型——由装入带中或背在肩上的空气瓶通过软管供给空气。正压是首选形式。 Ⅱ型——透明的塑料面罩在颈部密封。空气瓶中的空气经软管供给	Ⅰ型——持续 10~15min，这取决于空气瓶的大小； Ⅱ型——持续 5~15min，穿戴方便。 仅用于逃生
滤毒罐式呼吸器	面罩或口/鼻罩通过软管和滤毒罐（内含 H_2S 吸附剂）连接	仅用于逃生，避免用于下列情形： （1）氧气的体积含量不足 21% 的大气中； （2）不能用于钻探、维修等作业

（二）推荐给硫化氢区域人员的保护标准

不同工作类型的人员在 H_2S 危险区域进行作业时应该采取的保护标准见表 2-2 和表 2-3。

表 2-2 硫化氢区域人员的推荐保护标准（一）

序号	工作类型	举例	推荐保护标准	
			低危区和安全区	高危区
1	参观、检查	(1)外面的参观者 (2)安全检查人员	检测仪	(1)检测仪 (2)佩戴逃生用呼吸器
2	正常操作	(1)仪表读数 (2)停/启泵	检测仪	(1)检测仪 (2)佩戴逃生用呼吸器
3	在 H_2S 危险区域外的设备、管线处工作	(1)管线刷漆 (2)道路维修 (3)挖沟 (4)照明设备维修	检测仪	(1)检测仪 (2)佩戴逃生用呼吸器
4	在 H_2S 危险区域附近的设备、管线处工作但不接触它们	在管线法兰、泵、容器、压缩机附近工作，这些设备中的液体中包含的 H_2S 可以通过法兰、密封件、放空管泄漏	(1)检测仪 (2)佩戴逃生用呼吸器	(1)检测仪 (2)配备自给式正压呼吸器
5	可能接触 H_2S 危险区域内的设备、管线	(1)检测转动设备 (2)管线维修 (3)在线校准仪表	(1)检测仪 (2)佩戴逃生用呼吸器	(1)检测仪 (2)配备自给式正压呼吸器 (3)至少1人佩戴呼吸器监护

表 2-3 硫化氢区域人员的推荐保护标准（二）

序号	工作类型	举例	推荐保护标准(适用安全区、低危区和高危区)
1	取样和检尺	(1)气体或液体取样 (2)给罐检尺	(1)检测仪 (2)配备防毒面具 (3)至少1人佩戴呼吸器监护
2	打开有 H_2S 的设备	做气体测试	(1)检测仪 (2)配备防毒面具 (3)至少2人佩戴呼吸器监护 (完全减压操作,至少有一人)
3	设备泄漏	(1)泄漏的操作检查 (2)操作员隔离渗漏设备	(1)检测仪 (2)配备防毒面具 (3)至少2人佩戴呼吸器监护
4	进入低平区域	(1)在油罐码头或管沟、管路工作 (2)通过管束区域接近油罐	(1)检测仪 (2)配备防毒面具 (3)至少2人佩戴呼吸器监护
5	进入容器或其他限制区域	进入容器、油罐及含工艺设备的建筑物或单元,这些设备周围大气含有 H_2S	(1)检测仪 (2)配备防毒面具 (3)至少2人佩戴呼吸器监护 (如果隔离或气体置换,至少一人)
6	进入待检无监控区域	进入 H_2S 监测系统的完善性受到质疑的无人平台或生产设备	(1)检测仪 (2)配备防毒面具 (3)至少2人佩戴呼吸器监护

二、正压式空气呼吸器

正压式空气呼吸器是一种开放式消防空气呼吸器，主要适用于消防、化工、船舶、石油、冶炼、厂矿、实验室等处，能够在充满浓烟、毒气或缺氧的恶劣环境下安全地进行作业或对抢险救灾、救护工作起到防护作用。

下面以常见的A公司生产的C900/C850正压式空气呼吸器为例，介绍正压式空气呼吸器的组成、使用要领等。

（一）工作原理

压缩空气由高压气瓶经高压快速接头进入减压器，减压器将输入压力转为中压后经中压快速接头输入供气阀。当人员佩戴面罩后，吸气时在负压作用下供气阀将洁净空气以一定的流量进入人员肺部；当呼气时，供气阀停止供气，呼出气体经面罩上的呼气阀门排出。这样形成了一个完整的呼吸过程。

（二）组成

如图2-1所示，C900/C850正压式空气呼吸器由气瓶总成、面罩、供气阀、减压阀及背托架五部分组成。

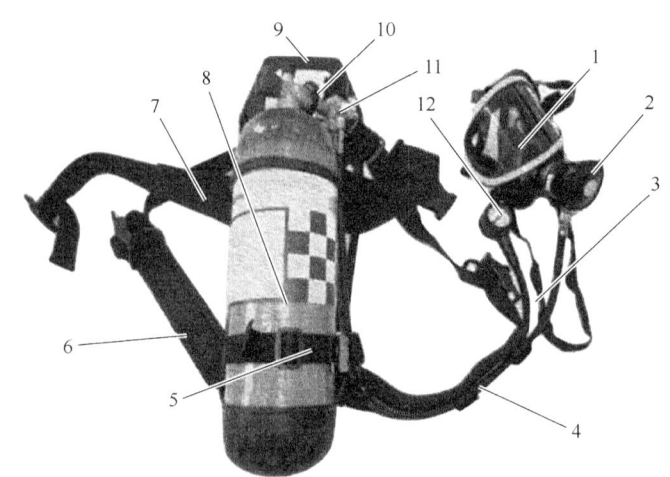

图2-1　C900/C850系列便携式正压空气呼吸器
1—面罩；2—供气阀；3—高压管；4—中压管；5—气瓶固定带；6—背带；7—腰带；8—气瓶；
9—背架；10—瓶阀接头；11—减压阀；12—压力表

1. 气瓶总成

如图2-2所示，储存压缩空气的气瓶总成由气瓶和气瓶阀组成，气瓶阀上装有安全保护膜片，可在气瓶内压力过高时自动泄压，防止由于气瓶压力过高引起气瓶爆裂，从而避免使用人员的伤亡。

C900系列便携式正压空气呼吸器的额定工作压力为30MPa，所配备的气瓶是容积从2L到9L的碳纤维复合气瓶。碳纤维复合气瓶是在铝合金内胆外用碳纤维和玻璃纤维等高强度纤维缠绕制成的。它与钢制气瓶相比具有质量小、储气量大、耐腐蚀、安全性能好、使用寿命长等优点，使佩戴者在使用过程中降低其体力消耗，提高工作能力。

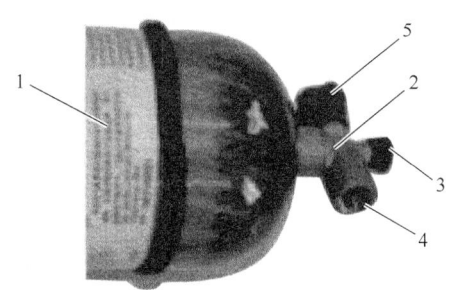

图 2-2 气瓶总成
1—气瓶瓶体；2—气瓶瓶阀；3—压力表；4—气瓶接口；5—操作手轮

2. 面罩

如图 2-3 所示，面罩包括用来罩住脸部的面框组件和用来固定面框的头带等。面框组件包括视窗、视窗密封圈、口鼻罩、传声器组件、呼气阀、供气阀接口。口鼻罩上有两个呼吸阀片。

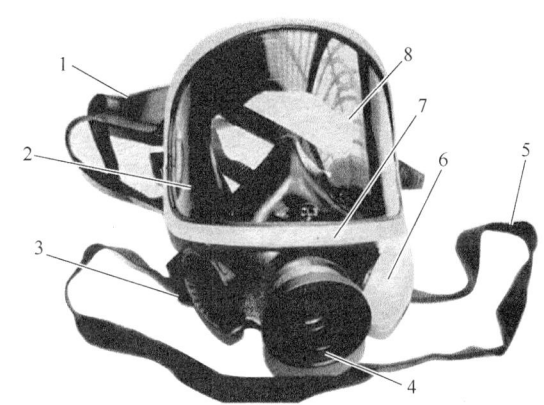

图 2-3 面罩组成
1—头带；2—口鼻罩；3—传声器组件；4—供气阀接口；5—颈带；
6—呼气阀；7—视窗密封圈；8—视窗

使用时面框组件的密封圈与脸部、额头贴合良好，使佩戴者的脸部、额头既不会感到压迫疼痛，又能使脸部的眼、鼻、口与周围环境大气有效地完全隔绝。

面罩上的传声器能为佩戴者提供有效的通信。头带可调节面罩与脸部之间松紧程度，保持良好密封。

图 2-4 所示为压力平视显示装置。压力平视显示装置可采用无线或有线连接。压力平视显示装置不应妨碍佩戴者的视线和头部的转动，且无论头部是否摆动，佩戴者都应看到 LED 的工作状态。

压力平视显示装置应采用 LED 显示方式，当气瓶压力在 30~10MPa 时，绿灯常亮；当气瓶压力在 10~6MPa 时，黄灯常亮；当气瓶压力在 6MPa 以下时，红灯一直闪亮；当压力平视显示装置的电源处于低电压时，黄灯一直闪亮。当发射装置与显示装置配对时，蓝灯一直闪亮；当配对成功后，蓝灯应熄灭。

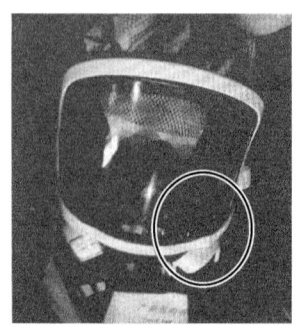 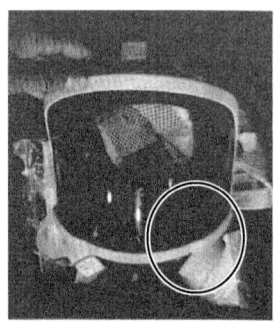

图 2-4　面罩上的压力平视显示装置

3. 供气阀

如图 2-5 所示，供气阀直接安装于面罩上并有一根胶管通过快速接头连接到减压阀的中压管上。供气阀的出气口外形呈凸形，配有环行垫圈，使供气阀与面罩连接后保持良好密封。供气阀在流量高达 450L/min 时，面罩内压力仍保持大于环境压力，以满足使用者的供气需要。

供气阀顶部有一个旁通阀按钮（黄色），当气瓶气阀关闭时用于释放管路内余压。在佩戴使用过程中，当使用者突然感觉气量不足，呼吸出现障碍时，按下此按钮供气阀会自动增大供气量至 450L/min。

4. 减压阀

如图 2-6 所示，减压阀安装在背架上，包括一个用以连接气瓶总成的手轮、一个与高压管连接的压力表、一个中压安全阀、一个连接供气阀的中压管和一个报警哨。供气阀连接的中压管上有一个快速接头，可快速将供气阀与减压阀连接或拆开。

图 2-5　供气阀

1—旁通阀按钮（黄色）；2—中压管；
3—面罩接口；4—操作按钮

5. 背托架

背托架的作用是支撑安装气瓶总成和减压阀。背托架包括背架、肩带、腰带和固定气瓶的瓶箍带，瓶箍带上装有瓶箍卡扣用以锁紧气瓶，如图 2-7 所示。

 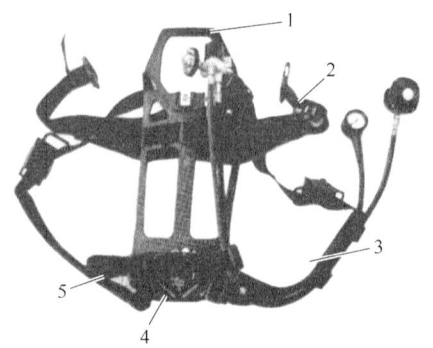

图 2-6　减压阀

1—中压安全阀；2—高压管；3—中压管；
4—报警哨；5—手轮

图 2-7　背托架

1—背架；2—肩带；3—腰带；
4—瓶箍带；5—瓶箍卡扣

(三) 使用要领

1. 佩戴呼吸器

(1) 从包装箱中取出呼吸器，检查系统的完整性：

① 检查气瓶及背具各附件是否完好；

② 检查面罩外观有无破损、老化现象；

③ 检查面罩的气密性；

④ 检查管路系统的气密性。

打开瓶阀，待压力表指针稳定后再关闭瓶阀，保持憋压状态至少1min以上，然后观察压力表读数的变化。在1min内压力下降不超过1~2MPa，表明管路密封性能良好。

(2) 观察瓶阀上压力表的读数是否在正常适用范围内。一般情况下气瓶中压力不应低于25~30MPa（除个别厂家另有标定），否则应立即将气瓶充满气，以确保足够的使用时间。当瓶阀没有配备总压力表时，观察高压管上的压力表读取数值，方法为打开瓶阀，待压力表指针稳定后关闭瓶阀，观察压力表读数。

(3) 使气瓶的瓶底靠近自己（气瓶有压力表的一端向外），让背带的左右肩带套在两手之间，两手握住背板的左右把手，将呼吸器举过头顶，两手向后向下弯曲，将呼吸器落下，使左右肩带落在肩膀上（图2-8）（也可使用学生背书包的方法佩戴）。

(4) 向下拉动肩带使呼吸器处于合适的高度，不需调得过高，只要感觉舒服即可（图2-9）。

(5) 插好胸带（如有的话）。

(6) 插好腰带，调整松紧至合适（图2-10）。

图2-8 呼吸器背向背后

图2-9 调整肩带松紧度

图2-10 调整好腰带松紧度

2. 检查呼吸器的报警哨

(1) 确保供气阀是关闭的。

(2) 打开气瓶阀约半圈，观察压力表，待压力稳定后关闭气瓶阀（图2-11）。

(3) 用左手的手心将供气阀的出口堵住，留一小缝，右手轻压供气阀的红色开关慢慢排气，观察压力表的变化，当压力下降到约6.5MPa时，应减小排气量，注意观察压力表,同时注意报警哨声响,报警哨应在(5.5±0.5)MPa 之间发出声响(图2-12)。

图2-11 打开气瓶阀　　　　　　图2-12 检查报警哨

(4)检查好报警性能后,打开气瓶阀至少两圈。

3. 戴面罩并检查佩戴气密性

(1)拿出面罩,将面罩的头带放松。

(2)将面罩的颈带挂在脖子上。

(3)套上面罩,使下颌(下巴)放入面罩的下颌承口中。

(4)拉上头带,使头带的中心处于头顶中心位置(图2-13)。

(5)拉紧下面两根头带至合适松紧,注意拉紧方向应向后。

(6)拉紧中间两根头带至合适松紧。

(7)拉紧上部一根头带至合适松紧(图2-14)。

(8)检查佩戴的气密性:用手心将面罩的进气口堵住,深吸一口气,如感到面罩有向脸部吸紧的现象,且面罩内无任何气流流动,说明面罩和脸部是密封的(图2-15)。

图2-13 戴上面罩　　　　图2-14 调整面罩松紧度　　　　图2-15 检查面罩气密性

4. 连接供气阀,进入工作场所

(1)将供气阀的出气口对准面罩的进气口插入面罩中,听到轻轻一声咔响表示供气阀和面罩已连接好(图2-16)。

(2)深吸一口气,将供气阀打开,呼吸几次,佩戴完毕(图2-17)。无感觉不适,就可进入工作场所。

（3）工作时注意压力表的变化，如压力下降至报警哨发出声响，必须立即撤回到安全场所。

 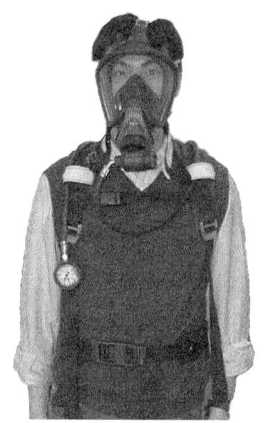

图 2-16　安装供气阀　　　　　　图 2-17　佩戴完毕

5. 脱卸呼吸器

（1）工作完后，回到安全场所。

（2）脱开供气阀：吸一口气并屏住呼吸，按供气阀的红色按钮关闭供气阀，右手握住供气阀并使阀体在手心中，大拇指、食指和中指握住供气瓶的手轮使其转动一角度，拉动供气阀脱离面罩。

（3）卸下面罩：用食指向外拨动面罩头带上的不锈钢带扣使头带松开，抓住面罩上的进气口向外拉脱开面罩，取下并放好面罩（图2-18、图2-19）。

 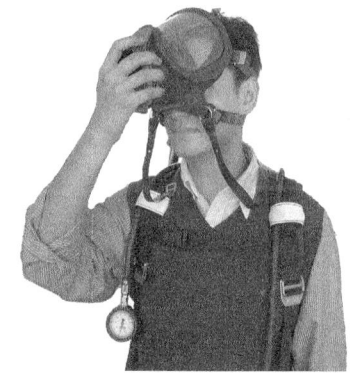

图 2-18　卸下面罩（1）　　　　　图 2-19　卸下面罩（2）

（4）卸下呼吸器：大拇指插入腰带扣里面向外拨插头的舌头脱开腰带扣；脱开胸带扣；向外拨动肩带上的不锈钢带扣脱开肩带；抓住肩带卸下呼吸器（图2-20、图2-21）。

（5）关闭气瓶。

（6）按供气阀上的红色按钮，将系统内的余气排尽。

6. 卸气瓶、充气、安装气瓶、整理、安放

（1）观察压力表，确保系统内无压力。

（2）扳动气瓶带上的扳手松开气瓶带。

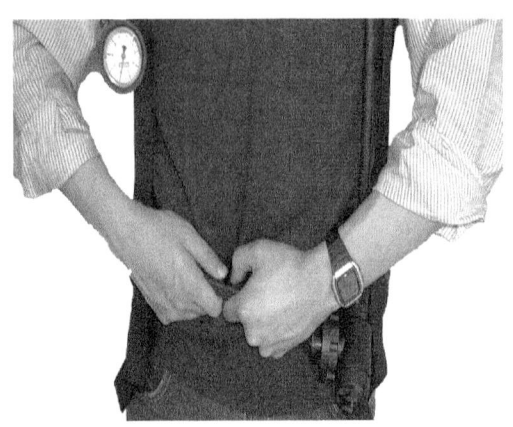

图 2-20 卸下呼吸器（1）

图 2-21 卸下呼吸器（2）

（3）旋转减压器上的手轮，脱开气瓶。
（4）气瓶充气。
（5）安装气瓶：
① 将气瓶塞到背板的气瓶带中。
② 使气瓶和背板竖直（容易安装）。
③ 将气瓶阀出口中心和减压器手轮中心对准。
④ 旋转手轮，将减压器和气瓶连接上。
注意：不需旋得太紧，不得使用工具。
（6）将气瓶带的扳手锁紧。
（7）将肩带和腰带放松（下次使用时方便佩戴）。
（8）将面罩的头带放松（下次使用时方便佩戴）。
（9）按包装箱内包装提示标签的图解放置好呼吸器和面罩，关好包装箱。或按规定要求放置好呼吸器。

三、逃生呼吸器

逃生呼吸器（图 2-22）通常用于紧急事件逃生用，所以建议存放在可能存在危害事件的地方，且提供明显标示。

（一）性能与组成

逃生呼吸器为供紧急逃生用的开路式自给压缩空气呼吸器，可对身处瓦斯气、有毒尘雾、缺氧环境、燃烧熏烟环境的使用者提供保护。

逃生呼吸器只对使用者的脸部和呼吸道提供保护。由于将在一些极端的环境中使用，所以应根据环境与个人保护设备共同使用，比如与手套、鞋、气体防护服、头盔等配套使用。

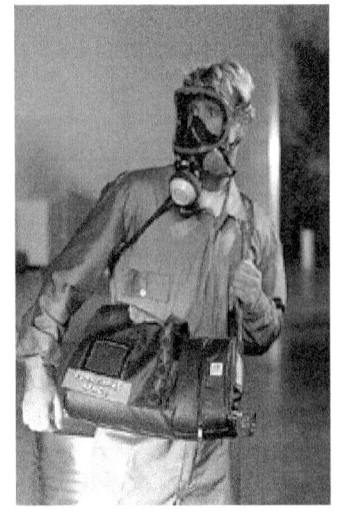

图 2-22 逃生呼吸器

逃生呼吸器是一种模块化装备，每一模块都符合紧急逃生时的呼吸保护规范要求。典型逃生呼吸器组成如图2-23所示。

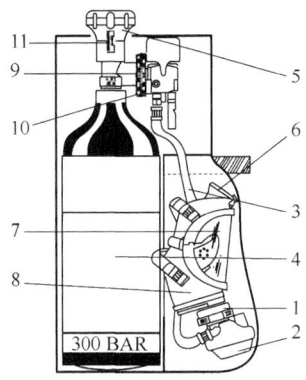

图2-23 典型逃生呼吸器组成

1—快速接口；2—供气阀；3—MP中压软管；4—气瓶；5—气瓶阀；6—面罩束带；7—目镜；8—全面罩；9—瓶阀减压阀接口；10—减压阀；11—标签

(二) 工作原理

装备一个压缩空气气瓶以提供使用者可呼吸的空气。气瓶中的高压压缩空气最高可达300bar（1bar＝0.1MPa，近似一个大气压），通过一级减压器减至中压（7.5bar）。之后，中压空气通过需求阀（二级减压器）后以正压送入面罩，且无论使用者呼吸节奏如何，需求阀将维持面罩内的正压状态。这可以避免有害物质或气体的渗入。

所用的钢质压缩气瓶为2L或3L容量，无缠绕或Kevlar材料缠绕。

(1) 可供呼吸空气量的计算：可供呼吸的有效空气量由气瓶容积和气瓶中的实际压力决定。例如：一个3L 300bar气瓶其有效空气容量为：[3×(300-10)]×0.9＝783(L)，0.9为压缩空气体积调整系数。

(2) 使用时间公式：

$$使用时间(min) = \frac{可供呼吸的空气量(L)}{耗气量(L/min)}$$

使用时间取决于气瓶容积和使用者耗气量两方面。耗气量又因使用者及所进行的工作不同而有差异。使用者耗气量可根据其呼吸节奏分为低、中、高三个等级。

使用时间取决于压缩空气的实际体积和使用者的生理负担。气瓶容积和使用时间的关系见表2-4。

表2-4 气瓶容积和使用时间的关系

气瓶(L)	充气压力(bar)	可呼吸空气量	流率为50L/min的使用时间(min)	常规使用时间(min)
2	200	342	6.84	5
2	300	522	10.44	10
3	300	783	15.66	15

(三) 启动

由于逃生通常在紧急状况下发生，因此本设备应时刻处于备用状态。只有按手册进行定期维护的装备才可投入使用。

1. 准备

发生紧急状况时：

(1) 从储备处取出逃生呼吸器。
(2) 将其挎在肩上。
(3) 一手持住背包，另一手拉开手柄。
(4) 取出面罩。
(5) 戴上面罩，调整并拉紧头带。
(6) 打开气瓶阀并戴上需求阀。
(7) 逃向紧急出口但不要跑。

2. 使用

(1) 使用中注意监视压力表。
(2) 当气瓶压力达到 (55±5) bar 时报警笛开始鸣警，且在空气用光前无法停止。
(3) 如果出现呼吸困难或使用者需要额外的空气可按住需求阀上的按钮以增大气流。
(4) 逃出后：
① 卸下需求阀；
② 摘下面罩；
③ 关闭气瓶阀；
④ 按住需求阀上的按钮以放光系统中残存的气体；
⑤ 从肩上取下背包。

3. 再使用

再次使用前应将装备重新包装、保存，确认密封无损。

4. 维护

每六个月检查气瓶压力。在进行检查时，出于最大限度保证安全的考虑，建议同时进行压力水平视觉检查。

5. 使用前检查

气瓶压力检查，压力表显示范围如下：

(1) 200bar 气瓶为 (200±10) bar；
(2) 300bar 气瓶为 (300±10) bar。

检查保护盖。如果密封条被撕去或损坏则说明背包或气瓶阀被打开过。

(四) 清洁

所有部件都可以从背包中取出进行彻底的清洗、消毒。

1. 洗消

在洗消过程中应注意不要损坏逃生呼吸器。因此，应确认洗消所用物质中没有腐蚀设备背包、软管等组件的成分。

2. 清洗方法

每次使用后，每个组件必须用温水和中性清洗液清洗，注意最后用温水漂洗干净。

3. 干燥

清洁之后，所有的组件必须在 15~30℃ 的环境中进行干燥，但要避开任何热辐射源（如阳光、臭氧、暖气）。

4. 气瓶

气瓶必须经过认证以符合国家标准。此类检测必须由官方检测机构进行，检测后的气瓶将贴有注明检测组织和检测日期的永久标志。

5. 空气质量

用于气瓶充气的空压机或其他系统所生产的可供呼吸的空气必须符合 EN12021 国际呼吸标准，该标准给出正常大气压力和环境温度条件下的数据指标。

空气湿度也是决定呼吸器能否正常工作的一个重要因素。对于逃生呼吸器，气瓶中的水含量按正常大气压测量不应超过：

（1）200bar 的气瓶：$50mg/m^3$；

（2）300bar 的气瓶：$35mg/m^3$。

6. 气瓶干燥

如果气瓶在使用中被彻底放空，则需要在重新充气前进行干燥。

（五）气瓶充气

只有符合以下要求的气瓶才可用于充高压空气：

（1）符合欧洲或国家标准。

（2）装备符合法国 NF E29-662 或 663（200bar 或 300bar）、德国 DIN477 或欧洲 EN144-1、EN144-2 标准的气瓶阀。

（3）标有官方检测机构标签且尚未超出标签上所标出的复检日期。

（4）无可能诱发事故的损伤（如有损伤的阀）。

（5）无明显的湿度过高迹象（如接口螺纹上有水滴）。

（6）无明显的被误操作的迹象。

（六）运输、维护

在运输过程中，气瓶不应继续与呼吸器相连，同时应制定相应的操作规范并遵照执行：

（1）在运输过程中和充气后，应盖上气瓶阀保护盖，以避免螺纹被污染或受损，并保证气瓶处于备用状态。

（2）运输中气瓶应处于竖直位置（瓶阀向上）。

（3）在维护操作中，气瓶应尽量用双手搬运。

（4）手持气瓶时不要用手抓住气瓶阀以避免损坏瓶阀。

（5）在运输或维护操作中，禁止敲打、滚动、抛扔气瓶或使气瓶坠落。

（七）检测

每次清洁或更换部件后都应进行装备操作检测，确认需求阀膜片及塑料或橡胶材料的部件无变形、粘连、老化或破损。所有旋转接口必须经旋拧检查并无明显阻碍感。

以下测试最好用符合欧洲标准的巴固正弦检测仪进行：

（1）整套装备的密封性测试；

(2) 低压密封性测试；
(3) 需求阀静态过压测试；
(4) 报警测试。

（八）储存

(1) 逃生呼吸器应当被正确储存以区分以下两类装备：经过测试和检查的备用装备、未经检测或刚刚被使用的非备用装备。

(2) 原则上说，逃生呼吸器应被封盖储存以避免灰尘、日晒、高温、低温、过湿环境，远离化学、腐蚀性或危险的产品或物质。

(3) 逃生呼吸器的储存温度范围应为 15~30℃。同时，装备应保持干燥和避开有害气体或蒸气。

(4) 逃生呼吸器应被储存在一个在发生紧急情况时便于拿到的地方。

（九）检查

清洁并装上气瓶后，整套逃生呼吸器必须经检查并标明"备用"后储存。

(1) 检查管路接口，检查气瓶阀处于关闭状态并查看压力表显示的当前压力。

(2) 打开面罩格仓，放入面罩后关上。在格仓两边各做一个标记并贴上封条。

(3) 关闭气瓶格仓，拉上两边的拉链并贴上封条。

(4) 在瓶阀和手轮上贴上封条。

注意：减压器和需求阀是用涂料密封的以确保其设置。应注意定期检查。

四、正压式长管供气系统

正压式长管供气系统是一个远距离空气供应装置，可以同时供给多人使用。它可根据用途及现场条件选用不同的组件，配装成多种不同的组合装置，由高压气瓶、气泵拖车供气系统或压缩空气集中管路供气，具有使用时间长的优点。

（一）移动供气源

(1) 用于污染及狭小区域；
(2) 无固定长管系统；
(3) 根据呼吸量等因素不同，可持续工作约 3h；
(4) 若在使用中更换气瓶，可增加使用时间。

移动供气源如图 2-24 所示。

（二）长管呼吸器

移动供气源由一组气瓶供气，长管呼吸器采用具有恒定中压输出的气源，在经过具有过滤作用的移动过滤站过滤后通过长管传送到面罩。面罩前部装有气量调节装置，可将气流调节到适合作业人使用的中压，可以长时间使用。长管呼吸器如图 2-25 所示。

由于采用了长管作为传送气源的方式，所以存在一定的危险系数，诸如一旦长管破裂或气源耗尽等，所以此类产品应配合紧急逃生呼吸器同时使用。通常配合使用的逃生呼吸器在腰部束带上有自动切换长管呼吸器装置，一旦长管气源出现低压状况，自动切换装置会自动将阀门切换到作业人员自身佩戴的逃生呼吸器上，并提供报警，确保使用和及时逃离现场。

图 2-24　移动供气源　　　　　图 2-25　长管呼吸器

注意：

（1）在使用时，需要有专业人员在气源处提供监护，确保使用时提供稳定安全的气源输出。

（2）检查逃生瓶是否充满，检查标签上是否填写了新的充气日期。

（3）检查低压管线是否完好并无打扭，空气供给管汇和管线是否完好，检查头带是否完好和已经充分放松。

五、过滤式防护设备

过滤式防护设备由于使用作业人员周围的空气作为气源，且过滤装置存在失效时间，所以对于使用环境有更高的要求，除了满足过滤式防护设备基本的氧气浓度达到国家要求的18%以外，还要考虑硫化氢的浓度。

全面罩式防毒面具如图2-26、图2-27所示，半面罩如图2-28所示。

图 2-26　硅胶全面罩 Opti-Fit　　　图 2-27　蓝色 COSMO 全面罩　　　图 2-28　半面罩 Sperial 2000

（一）工作原理

过滤式防护设备是有毒作业常用的个体呼吸防护设备，它所使用的化学滤毒盒，能将空气中的有害气体或蒸气滤除，或将其浓度降低，保护使用者的身体健康。对于符合欧盟标准的产品其防护种类可以通过产品标示加以判定，见表2-5。

表 2-5　欧标对照表

种类	颜色	防护气体
A	褐色	有机气体和蒸气（沸点高于 65℃）
B	灰色	无机气体及蒸气：氯气、硫化氢等
E	黄色	酸性气体及蒸气：二氧化硫等
K	绿色	氨气及其衍生物
AX	褐色	有机气体（沸点低于 65℃）
SX	紫罗兰色	特殊气体（由制造商决定）
Hg-P3	红白色	水银

根据国家标准，可选择防护硫化氢的标识见表 2-6。

表 2-6　国标对照表

毒罐编号	标色	防毒类型	防护对象（举例）	试验毒剂
4	灰	防氨、硫化氢	氨、硫化氢	氨、硫化氢
7	黄	防酸性	酸性气体和蒸气；二氧化碳、氯气、硫化氢、氮的氧化物、光气、膦和含氯有机农药	二氧化硫
8	蓝	防硫化氢	硫化氢	硫化氢

（二）使用步骤

面罩的佩戴以全面罩为例，如图 2-29 所示。

(a) 将下颌放进面罩底部，将头带拉过头顶

(b) 将头带的中心位置尽量往后拉

(c) 先拉下部头带然后拉上部，不要过紧

(d) 用手堵住呼气阀，吸气并屏气一段时间看面罩是否漏气，不漏气可使用，否则调整头带至合适为止

图 2-29　全面罩的佩戴

（1）观察面罩是否处于良好状态（清洁，无裂痕，无橡胶或塑料部件的变形）。
（2）根据污染物的特性选用相应的过滤罐。
（3）按照图 2-29 所示步骤戴上全面罩。

(4) 拉动头带以调整全面罩的位置。由于过滤罐的存在而使用户感到轻微的呼吸困难是正常情况。

(三) 注意事项

(1) 选择适当用途的滤盒以适应所处的污染环境。

(2) 确认所处环境的有毒物质浓度不得超过标准规定的滤盒耐受浓度，具体内容应参照 GB 2890—2009 标准。

(3) 确认所处环境中的氧气含量不能低于 18%，温度条件为 $-30 \sim 45$℃，有新鲜空气的工作区域，或通风良好的室内、水塔、蓄水池等环境，才可使用过滤式呼吸防护设备。

(3) 如果环境中出现粉尘或气溶胶，则必须使用防尘或防尘加防气体复合过滤盒。

(4) 注意储存说明（使用前与使用中）。

(5) 在储存期间不应损坏包装。

(6) 滤盒应储存在低温、干燥、无有毒物质的环境中。

(7) 在符合上述储存要求后，滤盒的储存期限一般为 3 年。

六、空气压缩机

空气压缩机是空气呼吸器、逃生呼吸器的充气装置，下面介绍常用空气压缩机的结构及原理、使用步骤、空气质量要求、使用注意事项及维护原则。

(一) 结构及原理

空气压缩机主要由以下组件构成：压缩机装置、驱动装置（电动机或汽油机）、过滤器组件、充气组件、底板和机座。

它以交流电源或者汽油发动机作动力，通过三级汽缸的空冷往复式活塞运动，将大气中的新鲜空气压缩成 200bar 或 300bar 的高压气体。

(二) 使用步骤

1. 基本要求

(1) 操作人员具有相应资质：充气泵操作者需取得国家规定的特种设备作业人员资格证或由企业明确对充气泵操作者的要求。

(2) 周围空气环境符合要求：应保证使用充气泵的区域内的空气清洁流通，应避免在潮湿的环境中长期使用；应尽量在室外且空气清洁的环境中进行，不得在存在有可燃或毒性气体的环境中使用。

(3) 操作充气泵前的安全要求：对使用汽油发动机驱动的充气泵，其排气口必须向着下风向；当发动机点火时，不要操作充气泵；对使用电动机驱动的充气泵，在电源连接时，应保证连接点处符合供电系统的规定。

(4) 充气泵的放置要求：应水平放置。

2. 准备检查

(1) 充气泵的使用位置应远离易燃易爆物品，对于汽油发动机驱动的充气泵不得置于室内运行。

(2) 检查润滑油油位符合操作说明书要求。

(3) 核对充气泵运行时间，确定是否需要进行维护保养。

(4) 各连接管线是否连接紧固，高压充气管是否完好。

(5) 确定需进行充气的气瓶额定工作压力与充气泵安全阀整定压力一致。对于电动机驱动的充气泵，应检查电动机的转向，查看皮带运转方向是否与标示方向一致，如相反，应由专业电工将接线进行调相，并确认漏电保护装置是否完好。

(6) 电源线路、插座符合要求，无破损。

3. 充气操作步骤

(1) 启动前的试运行：充气泵启动前，应先打开充气泵排气口；启动后，使其运行 2min 并稳定后才能进行气瓶充装操作。

(2) 气瓶固定：充气泵与气瓶的连接方式应匹配，将充气阀连接到气瓶上；在充气前应对气瓶进行固定。

(3) 打开气阀：首先打开充气阀，再打开气瓶阀，开始对气瓶充气；在充气过程中如发现压力过载，有泄漏或其他异常现象，应及时切断电源，方可进行检查。

(4) 排液：充气过程中，每隔 15min 排除冷凝水；充气过程不能中断超过 10min，以免 CO_2 进入气瓶。

(5) 关闭气阀、管路泄压：达到额定压力（24~27MPa）后，先关闭气瓶阀，再关闭充气阀，在充气阀处对充气管路进行泄压。

(6) 拆卸气瓶：从气瓶上取下充气阀，让气瓶自然降温。

(7) 充气过程中的空载运行：充气泵使用时，充气泵安全阀的整定压力应设置在 30MPa，且应连续进行充气作业；每充一只瓶，应保持充气泵空载运行 5~10min，避免连续负荷使用对机器造成损害。

(8) 停泵、卸压：充气作业完成后，关闭充气泵电源，反复转动压力表下方的卸压阀，将压力表指针归零。

4. 收尾工作

拔掉充气泵电源，将充气泵放回原处，打扫清洁卫生并做好记录。

(三) 空气质量要求

空气呼吸器和正压式长管供气系统的气质应符合表 2-7 的规定。

表 2-7 空气呼吸器和正压式长管供气系统出气气质

氧气含量(%)	一氧化碳含量(mg/m^3)	二氧化碳含量(mg/m^3)	油分含量(mg/m^3)
19.5~23.5	<15	<1500	<7.5

注：此表为国内标准，而 API RP 49 中规定一氧化碳浓度应小于或等于 $12.5mg/m^3$，二氧化碳浓度应小于或等于 $1900mg/m^3$。

(四) 使用注意事项

(1) 在对呼吸器的气瓶进行充装前，应首先确认该瓶是装空气的，因充气泵是由压缩空气而工作的。

(2) 避免污染的空气进入空气供应系统。当毒性或易燃气体可能污染进气口的情况发生时，应对压缩机的进口空气进行监测。

(3) 使用时不允许有任何覆盖物，保持良好散热；汽油压缩机不能在室内使用。

(4) 空气压缩机必须水平放置，倾斜度不能超过 5°。

(5) 若充气泵的驱动方式是汽油机的，应按照说明书上的说明，在汽油箱的进口处加上汽油（92 号）；若是电动的，需正确接线，特别是三相电源的，如果线接反了，设备将不能将气体充装至瓶，所以，接线应由专业的电工操作。

(6) 电源的电压必须稳定，否则会影响设备的正常工作。

(7) 依照制造商的维护说明定期更新吸附层和过滤器，压缩机上应保留有资质人员签字的检查标签。

（五）维护原则

(1) 进行任何维护工作前都必须切断电源，并卸压维护或维修；只能使用原厂配件，经常检查系统气密性（如在所有接头处涂肥皂水）。

(2) 充气泵停用后应存放在干燥、无灰尘的室内。如长期停用，则应每 6 个月进行一次空载运行，且运行时间不低于 10min。

(3) 为保证压缩机正常工作并延长使用寿命，请使用经过测试的润滑油，新设备的润滑油的使用不能超过 3 个月；为避免损害（如产生沉淀物），不能更换润滑油的种类。

(4) 润滑油更换周期：矿物油，运行 1000h，或一年；合成油，运行 2000h，或两年。

第三节 硫化氢监测设备及其使用

涉硫区域开展作业时，一旦硫化氢气体浓度超标，将威胁作业人员的健康与安全，引起人员中毒甚至死亡，因此硫化氢监测、报警设备的配备使用非常重要。硫化氢监测设备是否能正确使用关系到作业者的生命安全，作业者应了解其结构、原理、性能、使用方法及注意事项等。

一、硫化氢监测设备的分类

(1) 硫化氢监测设备按检测原理分类，可分为半导体、电化学、催化燃烧、pid 光电离子等。

(2) 硫化氢监测设备按使用方式分类，可分为便携式监测仪和固定式监测仪。

① 便携式监测仪体积小，携带方便，一般由值班人员、巡检人员、坐岗人员随身携带，随时随地监测硫化氢气体。

② 固定式监测仪主要由外部传感器和室内监控器组成，安装简单，操作方便；采用大规模集成电路进行数据处理，工作稳定，测量精度高。外部传感头固定安装于硫化氢容易集聚和人员固定的区域，如井口、罐区、火炬等地点。

二、便携式硫化氢检测仪

（一）特点、工作原理及检定要求

1. 特点

便携式硫化氢检测仪的优点是体积小、质量小、反应快、灵敏度高，且具有声光报警、浓度显示和远距离探测的功能。在夜间可利用其照明功能进行照明。

2. 工作原理

便携式硫化氢检测仪的传感器应用了定电压电解法原理,其构造是在电解池内安置了三个电极(即工作电极),对电极和参比电极施加一定极化电压,使薄膜同外部隔开,被测气体透过此膜到达工作电极,发生氧化还原反应,传感器此时将有一输出电流,此电流与硫化氢浓度成正比关系,这个电流信号经放大后,变换送至模/数转换器,将模拟量转换成数字量,然后通过液晶显示器显示出来。

3. 检定要求

根据《硫化氢环境人身防护规范》(SY/T 6277—2017),便携式硫化氢检测仪的检验应符合以下要求:

(1) 便携式硫化氢检测仪的检验应由具有资质的鉴定检验机构进行。

(2) 便携式硫化氢检测仪每年至少检测一次。

(3) 在超过满量程浓度的环境使用后应重新检验。

下面对几种不同种类的便携式硫化氢检测仪进行介绍,供学习者参考,详见其产品说明书及操作手册。

(二) Altair Pro 单一气体检测仪

1. 性能与结构

Altair Pro 单一气体检测仪用于进行危险评估,以确定在工作场所应使用何种具体气体的监测。在进行危险评估时,用于评估仪表所安装的探头所对应的具体有毒气体对于工人的潜在暴露危险,以及评估缺氧或富氧环境(仅对氧气型号仪表)。

Altair Pro 单一气体检测仪可以检测空气中的下列毒气:

(1) 一氧化碳(CO);

(2) 硫化氢(H_2S);

(3) 二氧化硫(SO_2);

(4) 二氧化氮(NO_2);

(5) 氨气(NH_3);

(6) 磷烷(PH_3);

(7) 氰化氢(HCN);

(8) 氯气(Cl_2);

(9) 二氧化氯(ClO_2)。

仪表配置有四个报警值:

(1) 高限报警;

(2) 低限报警;

(3) STEL(短期暴露值限定值)报警;

(4) TWA(时间加权平均值)报警。

Altair Pro 单一气体检测仪的结构如图 2-30 所示。

2. 操作方法

(1) 开机。仪器开机,按住"TEST"键 3s,在此期间仪表将显示"ON",随后声音报警、LED 灯和震动报警也都依次启动。

(2) 显示软件版本号。显示 3s。

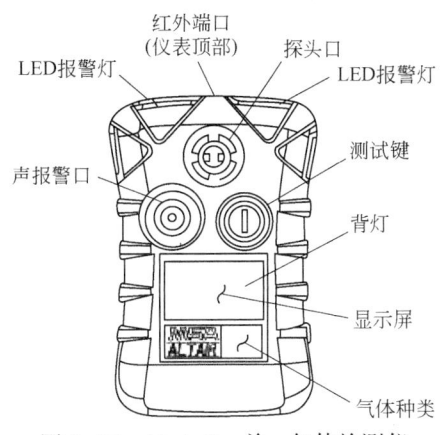

图 2-30 Altair Pro 单一气体检测仪

(3) 仪表气体类型显示 3s（一氧化碳、硫化氢和氧气等）。

(4) 报警设定点显示：显示屏显示"LO ALARM"，下侧显示低限报警值，显示 3s；显示屏显示"HI ALARM"，下侧显示高限报警值，显示 3s。

(5) 短期暴露限定值显示：显示屏显示"ALARM"和"STL"，随后短期暴露限定值显示 3s。

(6) 时间加权平均值显示：显示屏显示"ALARM"和"TWA"，随后时间加权平均值显示 3s。

(7) 新鲜空气设定（FAS）显示：如果需要进行新鲜空气设定，立即按"TEST"键，显示屏显示沙漏"FAS"显示，标定完毕显示"OK"。如果用户不需要进行新鲜空气设定，不要按"TEST"键。仪表会继续开机程序。

(8) 空气中硫化氢读数显示：显示屏显示空气中所监测硫化氢读数，同时显示 PPM 图标、电池状况。如果仪表的配置为氧气型号，将显示氧气读数图标，同时显示电池状况。

3. 报警

(1) 如果气体浓度达到或超过低限报警值，将进入低限报警程序："LO ALARM"（低限报警）将在液晶显示屏显示并闪烁，声报警响起、报警灯闪烁、震动报警启动。此时，按"TEST"键可以使低限报警停止 5s；一旦气体浓度水平降低到报警设定点以下，低限报警将自动停止。

(2) 如果气体浓度达到或超过高限报警设定点，将进入高限报警程序："HI ALARM"（高限报警）将在液晶显示屏显示并闪烁，声报警响起、报警灯闪烁、震动报警启动。此时，按"TEST"键可以使高限报警停止 5s；高限报警是锁定的，即：即使在气体浓度水平降低到高限报警值点以下时，高限报警也不会自动停止；当气体浓度水平降低到高限报警值以下时，按"TEST"键可使高限报警停止。

(3) 如果气体浓度达到或超过 STEL（短期暴露限定值）报警设定值，进入低限报警程序："LO ALARM"图标在液晶显示屏上显示并闪烁。此时，按"TEST"键可以使 STEL 报警停止 5s。STEL 报警为非锁定的，气体浓度水平降低到 STEL 报警设值以下时，报警将会自动停止。仪表显示的 STEL 读数是仪表计算的自从开机之后的 STEL 值。当仪表开机时,短期暴露限定值 STEL 的值自动复位至零。短期暴露限定值 STEL 的值是以 15min 的暴露计算的。

(4) TWA(时间加权平均值)的读数显示为仪表自开机以后计算的数值。当仪表开机时,TWA 的值自动复位至零。

4. 关闭检测仪

持续按住"TEST"键 3s,将显示"OFF"关机和沙漏图标,再继续按住"TEST"键 2s,仪表将关机。

(三) Tetra3 多种气体检测仪

1. 性能与结构特点

(1) 三通道四种气体检测,反应灵敏,精度高,寿命长。

(2) 单键操作,使用简单方便。

(3) 顶部内嵌显示屏,检视方便直观,一目了然。

(4) 重量轻,体积小,结构坚固,适用性强,维护简单。

(5) 采用锂电池,经济环保,使用时间长。

(6) 独立的声、光和震动报警。

(7) 长达 50h 的数据记录和超过 1500 条事件记录。

(8) 已通过国际标准的各项安全认证。

Tetra3 多种气体检测仪结构如图 2-31 所示。

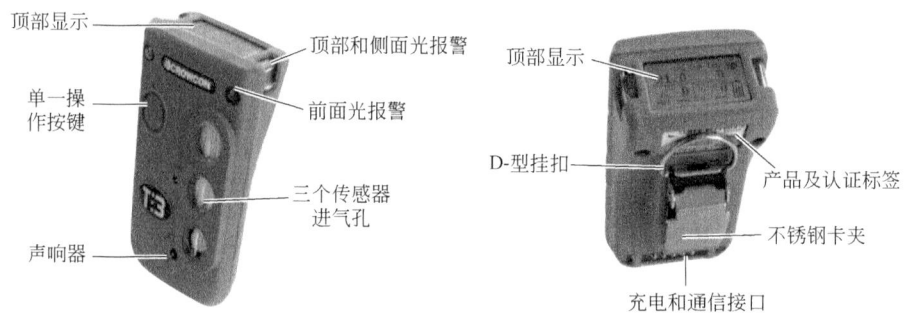

图 2-31 Tetra3 多种气体检测仪结构

2. 操作方法

1) 开机

长按操作键 3~5s,会依次出现 1~7 七个界面。七个界面的功能如图 2-32 所示。

界面 1:预热界面。

界面 2:产品的型号、序列号。

界面 3:设备 LOGO 的界面。

界面 4:显示当前的日期界面。

界面 5:提示下次标定日期界面。

界面 6:询问是否自动调零,有 10s 的倒计时,单击操作键立即调零。

界面 7:显示调零成功。

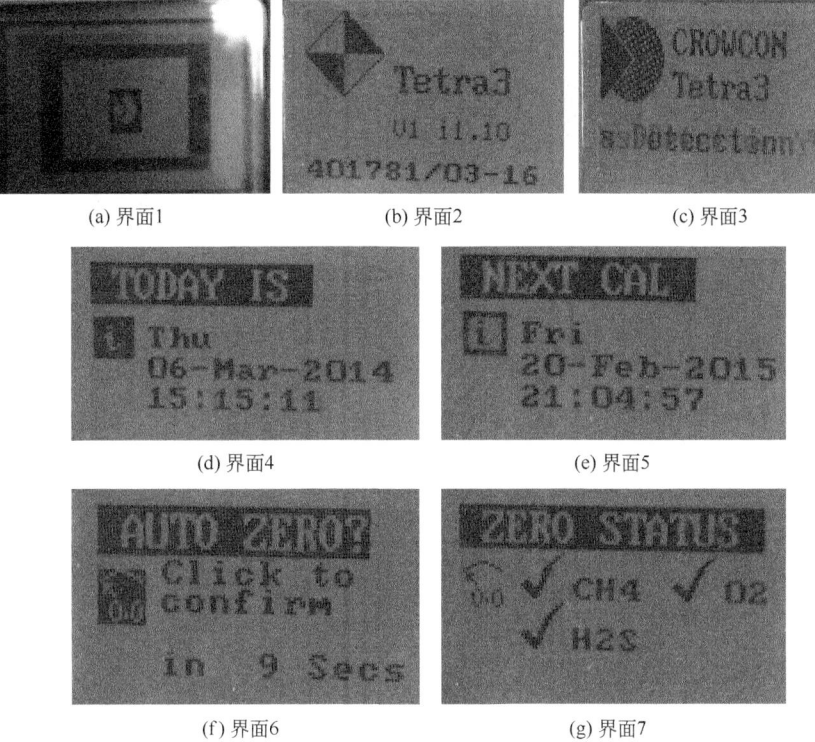

图 2-32 开机界面

2) 主界面及菜单

界面 8：显示界面，同时显示三种气体的实时浓度值。

界面 9：菜单界面，单击操作键由上到下选择菜单，双击操作键进入选定的菜单，从上到下分别是显示 Gas（气体），Peak（峰值），TWA（平均浓度值），Zero（调零）。

界面 10：峰值菜单，表示在一个测量周期内所测气体的最高浓度值。

界面 11：显示峰值浓度值。

界面 12：TWA 平均浓度菜单。TWA 是一个国际标准，表示允许的毒性气体暴露水平超过 8h（长期）或 15min（短期）的平均浓度。

界面 13：显示 TWA 浓度值。

界面 14：调零菜单，常用的功能菜单。

界面 15：10s 调零倒计时菜单，在洁净的空气里，单击操作键完成。

界面 16：成功调零（打钩则表明成功，如果出现叉，则表明传感器失效）。

九个界面的功能如图 2-33 所示。

3) 关机

关机操作菜单在主界面下，长按操作键 5s 完成关机。关机界面如图 2-34 所示。

3. 使用注意事项

（1）不要用高浓度的气体长时间地冲击传感器，避免造成传感器性能下降。

（2）建议连续检测不同地点不同气体前，先到洁净的空气中置零，确保所测量气体浓度结果的准确性。

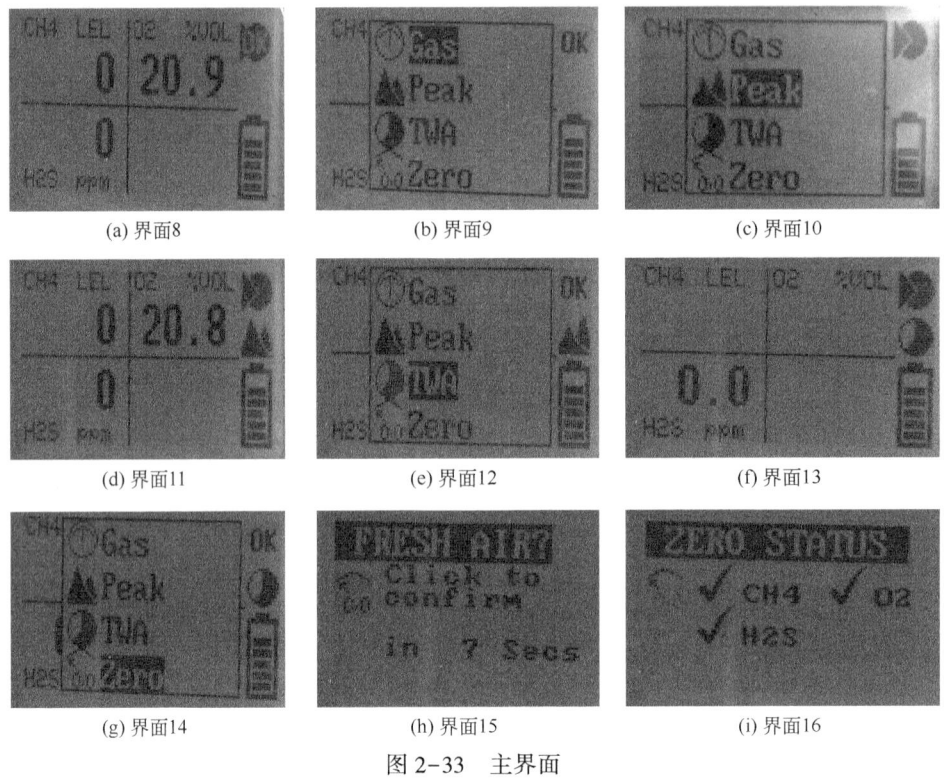

(a) 界面8　　(b) 界面9　　(c) 界面10
(d) 界面11　(e) 界面12　(f) 界面13
(g) 界面14　(h) 界面15　(i) 界面16

图2-33　主界面

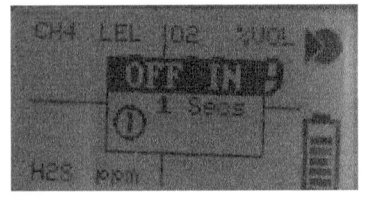

图2-34　关机界面

（3）前三次充电建议用光电后再充满，同时充满后及时拔掉电源，这样有助于延长电池的寿命。

（4）注意避免腐蚀性的液体或水蒸气进入传感器。

（5）建议半年标定一次，以保证仪表工作精确性。

（6）不要擅自拆除设备，出现任何问题应及时与厂家联系。

三、固定式硫化氢检测仪

按照《石油化工可燃气体和有毒气体检测报警设计标准》（GB/T 50493—2019）的要求合理布置固定式硫化氢检测仪，现场需24h连续监测硫化氢浓度时，应采用固定式硫化氢检测仪。

固定式硫化氢检测仪由两部分组成，一部分是气体报警控制器，一部分是硫化氢气体探测器，采用三芯或四芯屏蔽电缆把探测器及控制器上的接线端子连接起来，起到现场监测的作用。这种检测仪主机一般多装于中心控制室（可扩展到总监或平台经理办公室等），检测仪探头置于现场硫化氢易泄漏或聚集的区域，现场硫化氢检测探头的数量和位置按照有关设计规范进行布置。一旦探头接触硫化氢，它将通过连接线传到中心控制室，显示硫化氢浓度，并有声光报警。固定式硫化氢检测仪是工业用可燃气体及有毒气体安全检测仪器，具有检测准确度高、性能稳定、质量可靠、抗中毒能力强、抗干扰能力强等特点，可以长期检测易燃易爆气体，也可以长期工作于有毒有害环境。

(一) 原理、使用及检验

1. 工作原理

固定式硫化氢检测仪的工件原理与便携式硫化氢检测仪相同。报警器探头主要是接触气体的传感器检测元件,由铂丝线圈上包氧化铝和黏合剂组成球状,其外表面附有铂、钯等稀有金属。因此,在安装时一定要小心,避免摔坏探头。

2. 安装位置

(1) 宜布置在硫化氢释放源的最小风频的上风向。与释放源的水平距离,室外不宜大于2m,室内不宜大于1m。

(2) 应设置在释放源的下部,其安装高度应距地面(或楼地板)0.3~0.6m处。

3. 检验要求

(1) 固定式硫化氢检测仪的检验应由企业认可的有检验资质的机构进行。

(2) 固定式硫化氢检测仪每年至少检验一次。

(3) 在超过满量程浓度的环境使用后应重新校验。

4. 使用维护及注意事项

(1) 因为固定式报警器长周期工作,电子线路难免有漂移。因此,仪器的报警设定点及零点每天至少检查一次,若发现有异状要及时调整过来。

(2) 现场的探头如果安装在露天环境中应安装防雨罩。

(3) 定期校验传感器。

(4) 更换传感器时应小心操作,以免破坏了探头的防爆结构。

(二) 常见固定式硫化氢检测仪

1. 应用及特性

1) 应用

(1) 石油化工、工业生产、冶炼锻造、电力、煤矿、隧道工程、环境监测、污水治理。

(2) 生物制药、家居环保、畜牧养殖、温室培植、仓储物流、酿造发酵、农业生产。

(3) 消防、燃气、楼宇建造、市政企业、学校实验室、科研中心。

2) 特性

(1) 监测环境中或管道中硫化氢气体浓度。

(2) 全软件自动校准功能,零点标定功能,使气体监测更准确,更可靠。

(3) 可输出一个或两个开关量信号,可驱动排风扇或电磁阀等外部设备。

(4) 带温度补偿,可完美实现不同温度环境下对气体浓度的补偿。

固定式硫化氢检测仪如图2-35所示。

2. 开路式红外气体探测器

开路式红外探测器具有以下特征:

(1) 覆盖区域较为广泛,几乎能探测任何泄漏。

(2) 非常快的响应速度。

(3) 无不可检测故障,不会发生光路阻挡的泄漏报警。

(4) 不太强调探测器所在位置。

开路式红外气体探测器如图 2-36 所示。

图 2-35　固定式硫化氢监测仪　　图 2-36　开路式红外气体探测器

3. 固定式四合一气体探测器
1）设备特点
（1）红外遥控+磁棒操作，简单方便。
（2）支持独立联网，无线传输。
（3）输出接口丰富。
（4）支持两线制通信。
（5）防护等级 IP66，防泼溅。
（6）集成一体化功能模块设计。
2）多种通信方式
多种通信方式如图 2-37 所示。

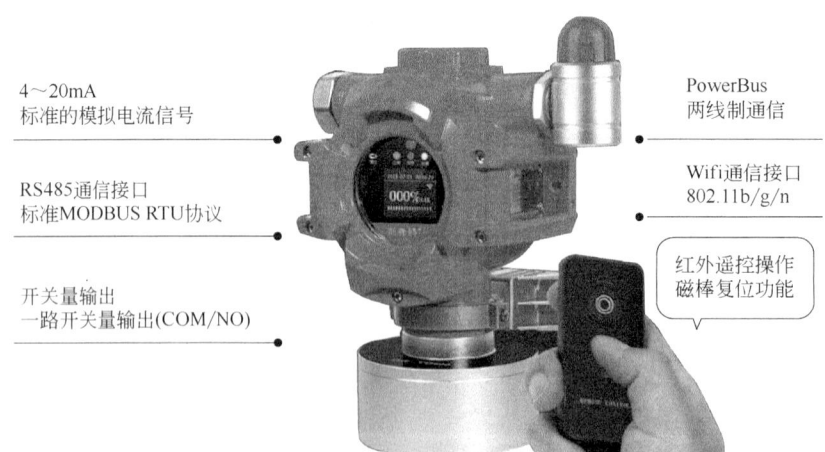

图 2-37　多种通信方式

3）云端数据监控，随时掌握
PLC、DCS 系统可实现无线连接，手机、电脑随时随地掌握数据。
云端数据监控示意图如图 2-38 所示。

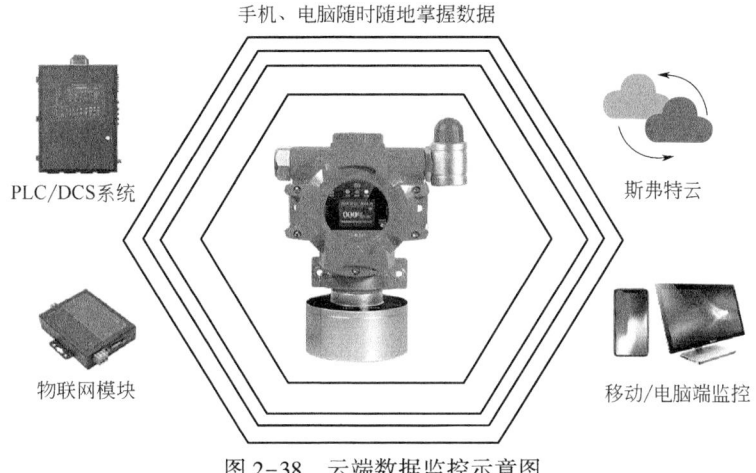

图 2-38 云端数据监控示意图

4）探测器与控制器可无线传输

可无线、有线连接，外接风机、电磁阀、报警灯等设备。

5）多种安装方式

三种安装方式：壁挂式、抱管式、吊顶式安装，如图 2-39 所示。

(a) 壁挂式 (b) 抱管式 (c) 吊顶式

图 2-39 三种安装方式

6）多种报警方式

高低两级报警，高分贝警笛和闪光，远程控制报警器，电脑、手机实时查看，短信、电话报警（选配）。多种报警方式如图 2-40 所示。

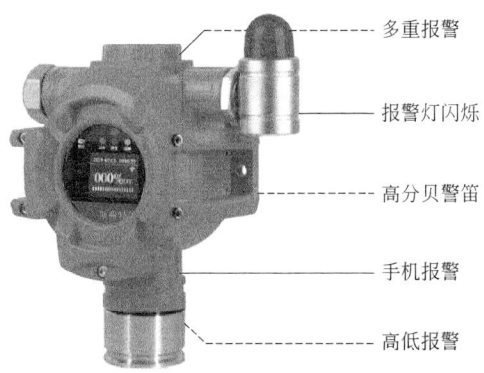

图 2-40 多种报警方式

复习题

一、判断题

1. 硫化氢监测仪长时间不使用就不需要定期对仪器进行充电处理。(   )
2. 固定式硫化氢检测仪探头应置于现场硫化氢不易泄漏区域,主机可安装在控制室。(   )
3. 连接管路的密封性测试,把气瓶的阀门拧紧,仔细观察气压表上的读数在1min之内的减小是否超过0.5MPa,否则正压式空气呼吸器就需要维修。(   )
4. 正压式空气呼吸器使用前的必要辅助工作及检查测试,整个时间控制在8min以内。(   )
5. 固定式硫化氢检测仪用于监测井场中硫化氢容易泄漏和积聚场所的硫化氢浓度值,探头数可以根据现场气样测定点的数量来确定。(   )
6. "个人用H_2S检测器"可以作为"连续式H_2S监测设备"来使用。(   )
7. 现场硫化氢检测仪报警浓度设置一般应有4级。(   )
8. 不管使用什么类型的检测仪,一定要进行适当的维护保养,确保其处于良好的工作状态,并根据厂家的说明书进行操作。(   )
9. 正压式空气呼吸器使用结束后要关闭气瓶阀手轮,不能泄掉连接管路内余压。(   )
10. 一般情况下,不同的人使用相同气瓶容量和压力的空气呼吸器,使用的时间相同。(   )

二、单选题

1. 硫化氢监测报警仪第一级报警值应设置的阈限浓度值是(   )。
   A. $15mg/m^3$(10ppm)　　　　　　B. $30mg/m^3$(20ppm)
   C. $45mg/m^3$(30ppm)　　　　　　D. $150mg/m^3$(100ppm)
2. 背上正压式空气呼吸器时,承担呼吸器重量的部位是(   )。
   A. 背部　　　　B. 腰部　　　　C. 肩膀　　　　D. 腰部和肩膀
3. 硫化氢监测设备警报功能测试至少(   )一次。
   A. 每天　　　　B. 三天　　　　C. 五天　　　　D. 每周
4. 在危险场所用来监测不固定场所硫化氢的泄漏和浓度变化,应配备(   )硫化氢监测仪。
   A. 固定式　　　　B. 便携式　　　　C. 常规型　　　　D. 气体检测仪
5. 当硫化氢的浓度可能超过在用的监测仪的量程时,应在现场准备一个量程(   )的监测仪器。
   A. 20ppm　　　　B. 50ppm　　　　C. 1000ppm　　　　D. 100ppm
6. 硫化氢监测仪使用过程中校验时限要求是(   )。
   A. 检查时　　　　B. 定期　　　　C. 不定期　　　　D. 随时
7. 6.8L的正压式空气呼吸器一般使用时间约为(   )min。
   A. 30　　　　B. 45　　　　C. 60　　　　D. 90

8. 检查好报警性能后,打开气瓶的圈数不能少于（　　）圈。
A. 1　　　　　　　B. 2　　　　　　　C. 3　　　　　　　D. 4
9. 充气压缩机维护保养的要求是（　　）一次。
A. 每天　　　　　B. 每周　　　　　C. 每月　　　　　D. 每年
10. 便携式硫化氢检测仪校验频次要求是（　　）。
A. 一季度1次　　B. 半年1次　　　C. 一年1次　　　D. 两年1次

三、多选题

1. 正压式空气呼吸器的组成部分有（　　）。
A. 气瓶　　　　　B. 背托架　　　　C. 增压阀　　　　D. 供气阀
2. 硫化氢检测仪器按使用分类有（　　）。
A. 电化学型　　　B. 便携式　　　　C. 固定式　　　　D. 半导体型
3. 空气呼吸器的碳纤维复合气瓶相比钢制气瓶具有的优点有（　　）。
A. 质量大　　　　B. 储气量大　　　C. 耐腐蚀　　　　D. 安全性能好
4. 硫化氢检测仪器按功能分类有（　　）。
A. 电子检测仪　　　　　　　　　　B. 气体检测仪
C. 气体报警仪　　　　　　　　　　D. 气体检测报警仪
5. 硫化氢检测仪器按采样方式分类有（　　）。
A. 固定式　　　　B. 便携式　　　　C. 扩散式　　　　D. 泵吸式
6. 硫化氢监测仪在使用前应对下列哪些主要参数进行测试（　　）。
A. 满量程响应时间　　　　　　　　B. 报警响应时间
C. 报警声响度　　　　　　　　　　D. 报警精度
7. 正压式空气呼吸器使用前具体检查内容有（　　）。
A. 整体外观检查　　　　　　　　　B. 测试气瓶的气体压力
C. 连接管路的密封性测试　　　　　D. 报警器的灵敏度测试
8. 便携式硫化氢电子探测报警器具有的优点是（　　）。
A. 灵敏度高　　　B. 体积小　　　　C. 感应快　　　　D. 重量重
9. 空气压缩机的主要组件有（　　）。
A. 底板和机座　　　　　　　　　　B. 驱动装置（电动机及汽油机）
C. 过滤器组件　　　　　　　　　　D. 充气组件
10. 固定式硫化氢检测仪的检验要求有（　　）。
A. 固定式硫化氢检测仪的检验应由企业认可的有检验资质的机构进行
B. 固定式硫化氢检测仪每年至少检验一次
C. 在超过满量程浓度的环境使用后应重新校验
D. 固定式硫化氢检测仪每月至少检验一次

四、简答题

1. 为了安全使用空气呼吸器,每月应对呼吸器进行哪些方面的安全检查?
2. 空气压缩机的工作原理是什么?
3. 空气呼吸器的空气质量要求是什么?
4. 根据《硫化氢环境人身防护规范》（SY/T 6277—2017）规定,便携式硫化氢检测仪的检验应符合哪些要求？

5. 固定式硫化氢检测仪有哪些特点和用途？

五、论述题

1. 逃生呼吸器的运输、维护方面的要求有哪些？分析原因。
2. 安全防护器材的配置应遵循哪些原则？

参考答案

一、判断题

1. ×　2. ×　3. ×　4. ×　5. √　6. ×　7. ×　8. √　9. ×　10. ×

二、单选题

1. A　2. B　3. A　4. B　5. C　6. B　7. A　8. B　9. D　10. B

三、多选题

1. ABD　2. BC　3. BCD　4. BCD　5. CD　6. ABD　7. ABCD
8. ABC　9. ABCD　10. ABC

四、简答题

1. 为了安全使用空气呼吸器，每月应对呼吸器进行哪些方面的安全检查？

参考答案：

（1）查看合格证；

（2）检查气瓶压力；

（3）检查气瓶及背具各附件；

（4）检查面罩外观；

（5）检查面罩的气密性；

（6）检查管路系统的气密性；

（7）检查报警哨的性能。

2. 空气压缩机的工作原理是什么？

参考答案：

以交流电源或者汽油发动机作动力，通过三级汽缸的空冷往复式活塞运动，将大气中的新鲜空气压缩成 200bar 或 300bar 的高压气体。

3. 空气呼吸器的空气质量要求是什么？

参考答案：

氧气含量（%）：19.5~23.5；一氧化碳含量（mg/m^3）：<15；二氧化碳含量（mg/m^3）<1500；油分含量（mg/m^3）<7.5

4. 根据《硫化氢环境人身防护规范》（SY/T 6277—2017）规定，便携式硫化氢检测仪的检验应符合哪些要求？

参考答案：

（1）便携式硫化氢检测仪的检验应由具有资质的鉴定检验机构进行。

（2）便携式硫化氢检测仪每年至少检测一次。

（3）在超过满量程浓度的环境使用后应重新检验。

5. 固定式硫化氢检测仪有哪些特点和用途？

参考答案：

固定式硫化氢检测仪是工业用可燃气体及有毒气体安全检测仪器，具有检测准确度高、性能稳定、质量可靠、抗中毒能力强、抗干扰能力强等特点，可以长期检测易燃易爆气体，也可以长期工作于有毒有害环境。

五、论述题

1. 逃生呼吸器的运输、维护方面的要求有哪些？分析原因。

参考答案：

在运输过程中，气瓶不应继续与呼吸器相连，同时应制定相应的操作规范并执行：

（1）在运输过程中和充气后，应盖上气瓶阀保护盖，以避免螺纹被污染或受损，并保证气瓶处于备用状态。

（2）运输中气瓶应处于竖直位置（瓶阀向上）。

（3）在维护操作中，气瓶应尽量用双手搬运。

（4）手持气瓶时不要用手抓住气瓶阀以避免损坏瓶阀。

（5）在运输或维护操作中，禁止敲打、滚动、抛扔气瓶或将气瓶坠落。

2. 安全防护器材的配置应遵循哪些原则？

参考答案：

（1）基本需求原则。在正常情况下应满足日常安全生产、外送校验、检定期间及特殊作业的需求，在异常和紧急情况下能满足应急抢险的需求。

（2）集中配置原则。对于使用率较低的器材，按区域集中配置。

（3）资源共享原则。紧急情况或特殊需求时，各单位的安全防护器材可统一调配和使用。

（4）统一兼容原则。同一生产场所配备的安全防护器材的品牌、规格型号应保持一致。

第三章 钻井作业硫化氢防护

钻井施工中对硫化氢防护方面采取的主要措施，归纳在石油天然气行业标准 SY/T 5087—2017《硫化氢环境钻井场所作业安全规范》和中国石油天然气集团公司企业标准 Q/CNPC 115—2006《含硫油气井钻井操作规程》中。保证在含硫油气田进行安全钻井作业的前提是搞好平衡钻井和井控工作，严格执行井控有关规章制度，尤其是上述标准和 SY/T 5964—2019《钻井井控装置组合配套、安装调试与使用规范》等行业标准。

第一节 人员资质及相关要求

钻井作业的一大特点是工作内容不透明，施工过程中存在的安全隐患较多，工作强度比较大，对于工作人员身体素质要求较高。一些企业由于安全管理工作开展不当，致使施工人员在钻井作业时敷衍了事，存在侥幸心理，没有严格按照规定进行规范化操作，从而导致安全事故。虽然井下勘测工作的设备越来越先进，这有利于施工人员开展作业，但钻井安全管理工作依然不能有丝毫懈怠。

一、资质要求

（1）拥有石油天然气井的生产经营单位应建立作业队伍的选用制度。
（2）承担硫化氢环境中油气井施工的作业队伍应具有相应的施工能力或经验。
（3）主要设计人员应具有三年以上现场工作经验和相应高级专业技术职称。
（4）设计审核人应具有相应专业高级或教授级技术职称。

二、人员要求

硫化氢环境中人员应按照 SY/T 7356—2017《硫化氢防护安全培训规范》的规定，接受培训，经考核合格后持证上岗。

三、管理要求

（1）作业队伍应建立并实施安全管理体系，依法取得安全生产标准化达标等级和安全生产许可证。
（2）作业队伍应制定硫化氢防护管理制度，内容应至少包括：人员培训或教育管理；人身防护用品管理；硫化氢浓度检测规定；作业过程中硫化氢防护措施；交叉作业安全规定；应急管理规定。
（3）现场应至少建立以下资料：人员持证或教育登记档案；人身防护用品统计表；人身防护用品检查表；硫化氢浓度检测记录；硫化氢防护措施落实检查记录；交叉作业实施方案；现场处置方案演练记录。

第二节 地质工程设计

一、地质工程设计的要求

含有（或可能含有）硫化氢的钻井地质及工程设计对硫化氢防护的安全要求应包括但不仅限于以下内容：

（1）对井场周围一定范围内（探井周围 3km、开发井周围 2km）的居民住宅、学校、公路、铁路、厂矿（包括开采地下资源的矿业单位）、国防设施、高压电线、水资源情况及风向变化等进行实地勘察和调查，在钻井地质设计中标注说明，并做出地质灾害危险性及环境、安全评估。在煤矿、金属矿等非油气矿藏开采区钻井，还应标明地下矿井坑道的分布、深度、走向及地面井位与矿井、坑道的关系。

（2）在地下矿产采掘区钻井，井筒与采掘坑道、矿井通道之间的距离不少于 100m，套管下深应封住开采层并超过开采层底部深度 100m 以上。在江河干堤附近钻井应标明干堤、河道位置，同时应符合国家安全、环保规定；在环境、生态敏感区附近的钻井作业应符合国家、地方安全、环保规定。

（3）含硫油气井设计应按照《含硫油气井钻井操作规程》（Q/CNPC 115—2016）等规定，配置、使用相应井控装置。

（4）地质设计中，应注明含硫地层层位、埋藏深度并对其含量进行预测，在设计中明确应采取的相应安全和技术措施。

（5）工程设计中，应明确钻开油气层前加重钻井液和加重材料的储备量，以及油气井压力控制的主要技术措施。原则上不允许在含硫油气地层进行欠平衡钻井。

（6）当预计储层中天然气的总压等于或大于 0.4MPa（60psi），而且该气体中硫化氢分压等于或高于 0.0003MPa，或硫化氢含量大于 50ppm 时，应使用抗硫井控设备、套管、油管等其他管材和工具，高压含硫地区可采用厚壁钻杆。

（7）对含硫油气层上部的非油气矿藏开采层应下套管封住，套管鞋应大于开采层底部深度 100m，为含硫油气层以上地层压力梯度与之相差较大的目的层也应下套管封隔。在井下温度高于 93℃ 的井段，套管可不考虑其抗硫性能。

（8）钻开高含硫地层的设计钻井液密度，其安全附加密度在规定的范围内（油井 $0.050\sim0.10 \text{g/cm}^3$，气井 $0.0\sim0.15\text{g/cm}^3$）宜取上限值，或附加井底压力在规定的范围内（油井 1.5~3.5MPa，气井 3~5MPa）宜取上限值。具体选择钻井液密度安全附加值时，还应考虑的影响因素包括：地层孔隙压力预测精度，油、气、水层的埋藏深度，预测油气水层的产能，地层流体中硫化氢含量，地应力和地层破裂压力，井控装置配套情况。储备满足需要的钻井液加重材料；井队应储备井筒容积 0.5~2 倍的大于在用钻井液密度 0.10g/cm^3 以上的钻井液；储备足量的缓蚀剂和除硫剂；在钻开含硫地层前 50m，应将钻井液 pH 值调至 9.5 以上直至完井，用铝制钻具时 pH 值控制在 9.5~10.5 之间。

（9）地质及工程设计应保证钻井作业全过程符合国家和含硫油气井所在地政府安全生产、环境保护等相应法规的要求。

（10）根据地层流体中硫化氢和二氧化碳含量及完井后最大关井压力值，并考虑能满足进一步采取增产措施和后期注水、修井作业的需要，按相应规定选用完井井口装置。

二、设备材质及井控设备要求

含有（或可能含有）硫化氢的钻井作业中，设备材质及井控设备中应采用抗硫化物应力开裂材料。

（一）套管、油管和钻杆

（1）用于含硫油气井的套管、油管和钻杆，其材质应有合格证及用户抽检报告等适用性文件。

（2）钢材：钢的屈服极限不大于655MPa，硬度最大为HRC22。若需使用屈服极限和硬度比上述要求高的钢材，必须经适当的热处理（如调质处理等），并在含硫化氢介质环境中试验（采用API 5CT），证实其具有抗硫化氢应力腐蚀开裂性能后，方可采用。

（3）非金属材料：凡密封件选用的非金属材料，应具有在硫化氢环境中能使用而不失效的性能。

（二）井口设备

用于硫化氢环境的井口设备按 API Spec 6A—2018 的要求执行。

（1）钻井设计中有关井控设备的设计、安装、固定和试压应符合 SY/T 5964—2019 的规定。

（2）在高含硫、高压地层和区域探井的钻井作业中，在防喷器上，应安装剪切闸板防喷器。剪切闸板防喷器的压力等级、通径应与其配套的井口装置的压力等级和通径一致。用于硫化氢环境的防喷设备的检查测试程序按照 API RP 53 相关条款执行。对环形和闸板防喷器的操作测试按 API Spec 6A—2018 相关条款执行；用于硫化氢环境的节流管汇总成执行 API RP 53 和 SY/T 5323—2016《石油天然气工业　钻井和采油设备　节流和压井设备》相关条款。

（3）有抗硫要求的井口装置及井控管汇应符合 SY/T 5087—2017《硫化氢环境钻井场所作业安全规范》中的相应规定。

（4）根据地层流体中硫化氢和二氧化碳含量及完井后最大关井压力值，结合增产措施和后期注水、修井作业的需要，按 GB/T 22513—2013《石油天然气工业 钻井和采油设备 井口装置和采油树》选用完井井口装置的型号、压力等级和尺寸系列。

（三）管线

用于硫化氢环境的管材的使用应符合 SY/T 0599—2018《天然气地面设施抗硫化物应力开裂和应力腐蚀开裂金属材料技术规范》及 API Spec 5D 规定。选用规格化并经回火的管材、方钻杆用于含硫油气井作业；在没有使用特种钻井液的情况下，高强度的管材不应用于含硫化氢的作业环境，对高于646.25MPa（95000psi）的管材（含钻杆）应淬火或回火处理。

（1）钻井液回收管线、防喷管线和放喷管线应使用经探伤合格的管材。防喷管线应使用专用管线并采用标准螺纹法兰连接，压力等级与防喷器压力等级相匹配，长度超过7m应固定牢靠。须家河及以上地层为目的层、地层压力低于35MPa、不含硫化氢的丛式井组，可使用与防喷器压力等级相匹配的耐火软管线，长度超过7m应加以固定。钻井井口和套管的连接及防喷管线、放喷管线不允许在现场焊接。

（2）高含硫井放喷管线应安装双四通和四条放喷管线。布局要考虑当地季节风风向、居民区、道路、油罐区、电力线及各种设施等情况，其夹角为90°~180°，保证当风向改变时至少有一条能安全使用管线转弯处的弯头夹角不小于120°；管线出口应接至距井口100m以外的安全地带。

（3）放喷管线出口不能正对井场附近的居民住宅，距各种设施不小于100m，具备放喷点火的条件。

（4）压井管线至少有一条在季节风的上风方向，以便必要时连接其他设备（如压裂车、水泥车等），作压井用。

（5）液气分离器及除气器的排气管线通径应满足要求，其出口接至距井口50m以外、有点火条件的安全地带。

（6）井口、放喷管线出口、液气分离器及除气器的排气管线出口，应位于可能的火源（如发电房、锅炉房等）和人员相对集中的区域（如值班房、生活区等）的下风位置。

（7）在钻具中应加装钻具止回阀等内防喷工具；在井漏等特殊情况下，可以不安装井下钻具止回阀，但应安装其他形式的内防喷工具。

（四）现场井控设备及管理

（1）岗位职责明确，井控装置的管理、操作由专人负责。

（2）井控设备、井下管材和工具及其配件在储放时应注明钢级，严格分类保管并带有产品合格证书，运输过程中需采取措施避免损伤。

（3）钻井设计中井控装置的设计、安装、固定和试压应符合SY/T 5964—2019的规定。

（4）井控设备的大修应由专门人员完成；大修工作中应严格控制缺陷补焊，若进行了焊接、补焊、堆焊等工艺则应在其后做大于620℃的高温回火处理，对设备修理前后做出正确的技术评定。

三、井场及设备布置

（一）井场布置主要安全要求

科学合理的井场及钻井设备布置，能最大限度满足含硫油气井安全钻井的需要，保障钻井人员的生命健康与安全。

（1）井场布置应符合SY/T 5466—2013《钻前工程及井场布置技术要求》的要求，井位选定应满足井口距铁路、高速公路不小于200m；距民宅不小于100m；距学校、医院和大型油库等人口密集型高危场所不小于500m；距高压线及其他永久性设施不小于75m，高含硫油气井井口与其他井井口之间的距离应大于本井所用钻机钻台长度且不小于8m。

（2）井场及钻机设备的安放位置应考虑季节风向，井场周围要空旷，尽量在周围各方向使季节风畅通。

（3）测井车、辅助设备和机动车辆应远离井口至少30m以外。

（4）井场值班室、工程室、钻井液室等应设置在井场季节风的上风方向。

（5）在季节风上风向较远处专门设置气防器材室，按要求配备足够的防毒面具和供氧呼吸设备。

（6）至少在一个主放喷口修建燃烧池，其尺寸依据井控风险分级选择：

① 地层压力不小于105MPa的井、硫化氢含量不小于30g/m³且地层压力不小于70MPa的井、风险探井、新区和新领域第一口预探井等一级风险井，其燃烧池长×宽为16m×9m。

② 地层压力不小于70MPa的井、硫化氢含量不小于30g/m³的井和预探井等二级风险井，其燃烧池长×宽为13m×3m。

（7）在井场入口及其反方向的井场外侧合适位置设立两处以上的临时安全区，以保证风向变化时，始终有一个临时安全区可用；临时安全区应选在地势平坦，相对位置较高的地方；在临时安全区、道路入口处、井架上、值班房等点上安装风向指示器（如风向标、风飘带、风袋、风旗等）。

如图3-1所示，井场必须计划逃生路线图和紧急集合点，且所有员工必须掌握应急逃生技能。

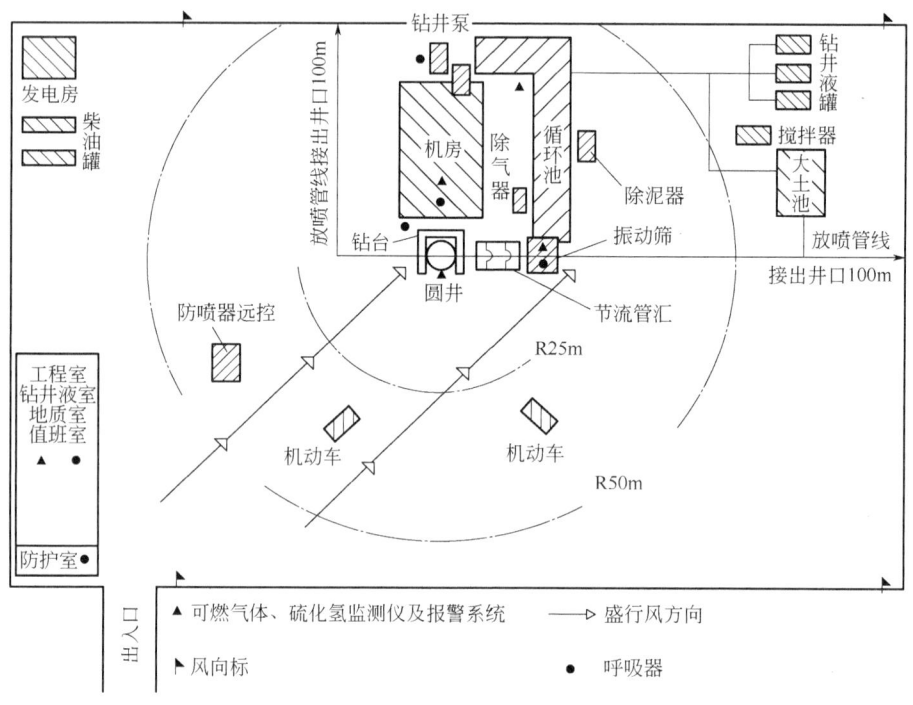

图3-1 井场及设备布置示意图

（二）设备布置主要安全要求

（1）钻井设备的安放位置应考虑当地的主频风向和钻开含硫油气层时的季节风风向。井场内的引擎、发电机、压缩机等易产生引火源的设施及人员集中的区域值班室、工程室、钻井液室、气防器材室等应设置在井口、节流管汇、天然气火炬装置或放喷管线、液气分离器、钻井液罐、备用池、除气器等易排出火炬及天然气的上风方向。

（2）井场发电房、锅炉房和储油罐的布位，以及电气设备、照明器具及输电线路的安装应按《石油天然气钻井、开发、储运防火防爆安全生产技术规程》（SY/T 5225—2019）中的相应规定执行。井场、钻台、井架、钻台偏房、机泵房、净化系统的电气设备、照明器具、开关、按钮、配电柜（箱）必须符合防爆要求，电器开关配件齐全，熔断丝符合标准，防水防爆、分闸设置基本要求为：距探井、高压油气井的井口不小于30m，距低压开发井的井口不小于15m，井场照灯必须架设专线。在临时安全区、道路入口处、井架上、值班房等处安装风向指示器。风向标、强制通风设备配置使用应符合SY/T 5087—2017要求。

（3）在钻进含硫油气层前，应将机泵房、循环系统及二层台等处设置的防风护套和其他类似围布拆除。寒冷地区在冬季施工时，对保温设施可采取相应的强制通风措施，保证工作场所空气流通。测井车等辅助设备和机动车辆应尽量远离井口；未参加应急作业的车辆应撤到警戒线以外。

（4）保持通信系统24h畅通，尤其是与上级调度、医院、消防部门的联系。

（5）在可能遇有硫化氢的作业井场按要求挂置明显、清晰的警示标志：

① 绿旗：硫化氢浓度小于15mg/m³（10ppm），井处于受控状态，存在潜在或可能的危险。

② 黄旗：硫化氢浓度15mg/m³（10ppm）~30mg/m³（20ppm），对生命健康有影响。

③ 红旗：硫化氢浓度大于或可能大于30mg/m³（20ppm），对生命健康有威胁。

第三节　钻井作业过程中硫化氢的防护

钻井现场硫化氢进入大气的途径和特点如下：

（1）在一般情况下，硫化氢随钻井液循环而外逸，第一逸出点是喇叭口，第二逸出点是钻井液出口（振动筛），第三逸出点是钻井液循环罐区域。在这种情况下硫化氢的逸出或连续或间断，在各监测点检测到的硫化氢浓度也是不一样的，无法界定哪个场所是否安全。

（2）在经液气分离器排气时逸出点在排气口，这时的硫化氢在一定时间内连续外逸。如果出口不点火，硫化氢将在周边沉积或者顺风扩散；如果点火，则转化为二氧化硫扩散或沉积。

（3）放喷时的逸出点在放喷口，硫化氢顺风扩散或向周边沉积（周边空气不流通或者顺风方向的低洼处），随着放喷时间的加长，浓度将逐渐升高。

（4）井喷失控时从井口逸出，硫化氢向井场周边扩散或者顺风扩散，周边空气不流通处及下风方向低洼与旋流处硫化氢不断聚集，浓度不断升高。

（5）管线或井口泄漏，从泄漏点外逸并聚集或顺风扩散。

一、钻井前的硫化氢防护

（一）硫化氢的监测及人身安全防护

（1）硫化氢监测及人身安全防护设备和防护的有关要求应按SY/T 6277—2017和SY/T 5087—2017中的相应规定执行。

（2）作业区应配备满足要求的正压式空气呼吸器、充气泵、可燃气体监测报警仪、便携式硫化氢监测报警仪、固定式硫化氢监测报警仪；二氧化硫在大气中的含量超过5.4mg/m³（2ppm）（如在产生二氧化硫的燃烧或其他操作期间），应在现场配备便携式二氧化硫监测仪。

（3）值班干部、当班司钻、副司钻和"坐岗"人员应佩戴便携式硫化氢监测报警仪；固定式硫化氢监测仪应在司钻或操作员位置、方井、振动筛、井场工作室等地方设置探头，并能同时发出声光报警。

（4）作业班除进行常规防喷演习外，还应佩戴硫化氢防护器具进行防喷演习；防护器具每次使用后对其所有部件的完好性和安全性进行检查；在硫化氢环境中使用过的防护器具还应进行全面的清洁和消毒。

（5）来访者和其他非定期派遣人员的防护：

① 在进入危险区之前，应向来访者和其他非定期派遣的人员简要介绍有关出口路线、临时安全区位置、适用的警报信号和在紧急情况下的响应方法和个人防护设备的使用；

② 只有在受过培训的人员随同下，才允许进入作业区；

③ 在紧急情况下，应立即撤离这些人员。

（6）进入含硫油气层后，每天白班开始工作前应检查下述项目：

① 指定的临时安全区是否在风向指示器指示的上风方向；

② 硫化氢监测报警仪的功能是否正常；

③ 硫化氢防护器具的存放位置、数量和相关参数是否符合规定；

④ 消防设备的布置；

⑤ 急救药箱和氧气瓶。

（7）若遇硫化氢溢出地面（嗅到较浓的臭蛋气味）身边又无防护器具时，可用湿毛巾或湿衣物等捂住口鼻，迅速离开危险区域。

（8）在硫化氢含量超过安全临界浓度［$30mg/m^3$（20ppm）］的污染区执行任务时，宜组织工作梯队，佩戴正压式空气呼吸器，并派专人监护，同时应有接受过救护技术培训的值班救护人员和备有必要的救护设备。

（9）钻井队在实施井控作业中放喷时，通过放喷管线放出的含硫油气应点火烧掉。

（10）监测、防护器材配备：

① 作业现场应配备固定式硫化氢检测仪 1 套、便携式硫化氢检测仪 5 只，若设计中预测地层硫化氢浓度超过作业现场在用硫化氢检测仪的量程时，应在现场准备一只量程不小于 $1500mg/m^3$（1000ppm）的硫化氢检测仪；

② 无综合录井仪的作业现场，配备可燃气体监测仪 1 只；

③ 作业现场按生产班组每人配备正压式空气呼吸器 1 套，另按钻井队人数的 15% 作备用；

④ 作业现场配备空气呼吸器充气泵 1 台；

⑤ 钻井承包商按以下要求配备应急抢险防护设备：便携式硫化氢检测仪不少于 10 只；可燃气体监测仪不少于 5 只；正压式空气呼吸器不少于 30 套；空气呼吸器充气泵不少于 1 台。

（11）实施井控作业中放喷时，放出的天然气要烧掉，防止天然气与空气混合比达到 5%~15% 的爆炸极限。放喷点火应派专人、佩带正压式空气呼吸器，在上风方向，距火口距离不小于 10m 处点火。

（12）钻开油气层前，由项目建设单位委托钻井承包商与所在地乡（镇）组织签订

《井控应急联动协议》，并报项目建设单位备案。

（二）钻开含硫油气层前的准备工作

（1）向全队职工及协作单位人员进行地质、工程、钻井液、井控装备、井控措施和安全等方面的技术交底，对含硫油气层及时做出地质预报，建立预警预报制度。

（2）钻井液密度及其他性能符合设计要求，并按设计要求储备压井液、加重剂、堵漏材料和其他处理剂。

（3）检查各种钻井设备、仪器仪表、防护设备、消防器材及专用工具等配备是否齐全；所有井控装置、电路和气路的安装是否符合规定，功能是否正常，发现问题应及时整改。

（4）钻开油气层前对全套井控装备进行一次试压（包括井口附近套管）。

（5）在进入油气层前50m~100m，按照下步钻井的设计最高钻井液密度值，对裸眼地层进行承压能力检验。

（6）在进入油气层前50m，将钻井液的pH值调整到9.5~11直至完井；若采用铝合金钻具时，pH值控制在9.5~10.5之间。

（7）落实溢流监测岗位、关井操作岗位和钻井队干部24h值班制度。

（8）进行班组防喷、防火、防硫化氢演习，并达到规定要求。

（9）对高含硫油气层，在钻开前二天到完井或原钻机试油结束期间，应撤离距井口500m范围内的居民。

（三）钻开含硫油气层前的检查

钻开含硫油气层前的检查中，应对井场的井控装置、硫化氢防护设施、措施（含应急预案及演练等）加重钻井液储量等进行安全评估，未达到要求的不准钻开含硫油气层。

1. 管材和工具使用安全检查

（1）管材使用符合SY/T 0599—2018和API Spec 5Dg规定的材料。

（2）方钻杆旋塞阀、钻具止回阀和旁通阀的安装按《含钻井井控装置组合配套、安装调试与使用规范》（SY/T 5964—2019）中相应规定执行。

（3）钢材，尤其是钻杆，其使用拉应力需控制在钢材屈服强度的60%以下。

2. 钻井液技术检测

施工中若发现设计钻井液密度值与实际情况不相符合，应按审批程序及时申报，经批准后才能修改，但不包括下列情况：

（1）发现地层压力异常时。

（2）发现溢流、井涌、井漏时。

若出现上述异常情况，应采取相应措施，同时向有关部门汇报。

（1）发生卡钻需泡油、混油或因其他原因需适当调整钻井液密度时，井筒液柱压力不应小于裸眼段中的最高地层压力。

（2）发现气侵应及时排除，气侵钻井液未经排气、除气不得重新注入井内。

（3）若需对气侵钻井液加重，应在停止钻进的情况下进行，严禁边钻进边加重。

二、含硫油气井钻井作业程序

（一）钻井操作

（1）含硫油气层钻进中，若因检修设备需短时间（小于30min）停止作业时，井口和循环系统观察溢流的岗位不能离人；若因检修设备需较长时间（大于30min）停止作业时，应坐好钻具，关闭半封闸板防喷器，井口和循环系统仍需坐岗观察，同时采取可行措施防止卡钻（或事先将钻具起至安全井段或套管鞋内，或在原位置定期活动钻具）。

（2）停止钻井液循环进行其他作业期间，以及其后重新循环钻井液过程中，钻台和循环系统上的作业人员要注意防范因油（气）侵而进入钻井液中的硫化氢。

（二）起下钻操作

（1）含硫油气层钻开后，每次起钻前都应进行短程起下钻，短程起下钻后的循环钻井液观察时间应达到一周半以上，进出口钻井液密度差不得超过 $0.02g/cm^3$；若循环后效果严重不具备起钻条件，则应调整钻井液密度，使其具备起钻条件。

（2）含硫油气层的水平井段钻进中，每次起钻前循环钻井液的时间不得少于2周。

（3）当发生卡钻需泡油、混油或因其他原因需调整钻井液密度时，井筒液柱压力不应小于裸眼段中的最高地层压力。

（4）结头在油气层中和油气层顶部以上300m长左右的井段内，起钻速度不得超过 $0.5m/s$；起钻中每起出3柱钻杆或1柱钻铤应及时向井内灌满钻井液，并做好记录、校核地面钻井液总量，发现异常情况及时报告司钻。

（5）起完钻要及时下钻，检修设备时应保持井内有一定数量的钻具，并观察出口管钻井液返出情况。

（6）含硫油气层钻开后的每次下钻到底循环钻井液过程中，钻台及循环系统上的工作人员要注意监测空气中硫化氢浓度，直到井底钻井液完全返出。

（三）电测

（1）遇有硫化氢或其他有毒、有害气体特殊测井作业时，应按 SY/T 6277—2017 的规定执行，制定出测井方案，待批准后可进行测井作业。

（2）经硫化氢防护培训合格的人员才能参与作业。实施有硫化氢或其他有毒、有害气体测井作业的主要人员数量应保持最低，作业过程中应使用硫化氢检测设备监测大气情况。正压式空气呼吸器应放在主要工作人员能迅速且方便取得的地方。

（3）在开始作业前，应召开钻井及相关方工作人员参加的特殊安全会议，特别强调使用气防用具、急救程序、应急反应程序。

（4）电测作业的生产准备、设备、井下仪器的吊装及储源箱、雷管保险箱、射孔弹保险箱的吊装均应执行 SY/T 5726—2018 标准。

（5）电测前井内情况应正常、稳定。若电测时间长，应考虑中途通井循环再电测，做好井控防喷工作。

（6）应在保证人员安全的条件下，排放和（或）燃烧所有产生的气体。对来自储层的测试液中的气体，也应安全地排放。在处理已知或怀疑有硫化氢地层的液体样品过程中，人员应保持警惕。处理和运输含硫化氢的样品时，应采取预防措施。样品容器应使用抗硫化氢的材料制成，并附上标签。

（7）电测作业现场施工安全要求、安全设施和护品、放射源管理、爆炸物品管理等执行 SY/T 5726—2018 标准。

（8）海上含硫油气井作业时应执行《海洋石油作业硫化氢防护安全要求》及《硫化氢环境钻井场所作业安全规范》（SY/T 5087—2017）；应急预案的内容相应予以增加。

（四）中途测试

（1）中途测试和先期完成井，在进行作业以前观察一个作业期时间；起、下钻杆或油管应在井口装置符合安装、试压要求的前提下进行。

（2）在含硫地层中，一般情况下不宜使用常规式中途测试工具进行地层测试工作，若需进行时，应减少钻柱在硫化氢环境中的浸泡时间，并采取相应的严格措施。

（3）地面测试流程应全部采用抗硫材料，测试管线严禁现场焊接；至少安装一条应急放喷管线。

（4）一旦发生下列紧急情况，应立即终止放喷测试：

① 风向变化危及放喷测试时。

② 放喷出口处出现长明火熄灭，而又不能及时重新点燃时。

③ 放喷测试管线出现险情危及施工安全时。

（5）应在保证人员安全的条件下，排放和（或）燃烧所有产生的气体。对来自储层的测试液中的气体，也应安全地排放。

（6）处理和运输含硫化氢的样品时，应采取预防措施。样品容器应使用抗硫化氢的材料制成并附上标签。

（五）固井

（1）下套管前，应换装与套管尺寸相同的防喷器闸板；固井全过程（起钻、下套管、固井）应保证井内压力平衡，尤其要防止注水泥候凝期间因水泥失重造成井内压力平衡的破坏，甚至井喷。

（2）含硫化氢、CO_2 等有毒有害气体和高压气井的油层套管、有毒有害气体含量较高的复杂井的技术套管，其材质和螺纹应符合相应的技术要求，其固井水泥应返到地面。

（六）溢流处理

（1）起下钻中发生溢流，应尽快抢接钻具止回阀或旋塞。只要条件允许，控制溢流量在允许范围内，尽可能多下一些钻具，然后关井。

（2）溢流关井信号为一声长鸣笛；地面检测到有硫化氢逸出的关井信号为两声短鸣笛加一声长鸣笛。关井结束信号为两声短鸣笛，开井信号为三声短鸣笛。长鸣笛时间 15s 以上，短鸣笛时间 2s 左右。

（3）电测时发生溢流，应尽快起出井内电缆。若溢流量将超过规定值，则立即切断电缆按空井溢流处理，不允许用关闭环形防喷器的方法继续起电缆。

（4）任何情况下关井，其最大允许关井套压不得超过井口装置额定工作压力、套管抗内压强度的 80%、薄弱地层破裂压力所允许关井套压三者中的最小值。在允许关井套压内严禁放喷。

（5）若关井中井口套压将高于最大允许关井套压时，应及时向上级主管部门请示处理措施。钻井队在实施井控作业中放喷时，应做如下工作：

① 停止动力机工作，停止向井场供电。

② 组织非当班人员在各路口设立警戒应及时向上级主管部门请示处理措施。

③ 卡牢方钻杆死卡，并用⅞in 钢丝绳绷紧（1in＝0.0254m）。

④ 接好消防水管线并正对井口，接好通向井口四通的注水管线。

⑤ 发生溢流后应尽快组织压井，在处理溢流的循环压井过程中，注意防范钻井液中所含硫化氢，宜经液气分离器循环钻井液。

三、钻遇硫化氢及井喷失控的处理

（一）钻遇硫化氢的处理

现场把钻遇硫化氢气层的几个主要显示概括为：钻井液密度下降，黏度升高，气泡多；钻时发生蹩跳，钻速快或放空，泵压下降，钻井液池液面升高，有间歇井涌，有硫化氢气味；起钻时钻井液是满的，下钻时钻井液不断外流。

在钻井过程中对硫化氢污染的处理有以下几种方法。

1. 合理的钻具结构

75%的井喷发生在起钻时的不正确操作。合理的钻具结构对于控制井起着关键性的作用。在钻井或修井过程中的任何工况下钻具下部都应装有回压阀，在含浓度比较高的井甚至可以考虑装钻具回压反尔和投入式止回阀双止回阀。例如 2003 年 12 月 23 日重庆开县罗家 16H 井发生的硫化氢中毒事故，钻具结构不合理，钻具下部没有装回压阀是其中的原因之一。

2. 压差法

钻井过程中遇到硫化氢气体的最好措施是有足够的静压头以防止硫化氢气体进入井内，这样处理最安全、最经济。对于含硫产层，安全余量可增大到 $0.2g/cm^3$，以较大的井底压差阻止硫化氢气体进入井内。在高含硫地区即将钻入油气层和在油气层中钻进时，要严格执行高压油气层井控技术措施和有关规定。做到及时发现溢流早期显示，迅速控制井口。尽快调整钻井液密度，充分发挥钻井液除气器和除硫剂的功能，及时将随岩屑进入井内的硫化氢从钻井液中除去。保持钻井液中硫化氢含量在 $50mg/m^3$ 以下。在含硫化氢气层或经过含硫化氢气层进行起下钻作业时，必须使用短程起下钻，以监测井底压力。

3. 油基钻井液

增大井底压差虽然可以防止地层中的硫化氢气体侵入井内，但是不能阻止随破碎岩石的钻屑、气体产生重力置换和通过井壁滤饼向井内扩散的硫化氢气体进入井内。硫化氢气体与水混合时，腐蚀性极大，易在金属表面产生点蚀及硫化氢应力腐蚀破裂和氢脆。在 250℃ 以下，干燥的硫化氢几乎无腐蚀，所以碰到这些气体时，一般使用油基钻井液。在硫化氢气体进入井筒时，油基钻井液将大量吸收这类气体。因为在井底进入井内的气体，不至于大到在井底压力条件下达到饱和程度，所以这些气体将进入油基钻井液的液相溶液中，而不是形成自由气泡。硫化氢气体在井筒中上升至相当高度时，仍然溶解于洗井液中，直到压力减小到相当低时，它们才从油基钻井液中分离出来。这样可以降低硫化氢对钻杆、套管及下井工具的应力腐蚀和氢脆破坏。

（二）井喷失控的处理

（1）井喷失控后严防着火和爆炸。应立即停钻机、机房柴油机、锅炉，切断井架、钻台、机泵房等处全部照明灯和用电设备的电源，熄灭一切火源，并组织警戒，需要时打开探照灯。

（2）钻井现场立即向上一级主管单位或有关部门汇报，同时按应急程序向当地政府和安全生产监督部门报告，协助当地政府做好井口500m范围内居民的疏散工作。

（3）设置观察点，定时取样，监测大气中的天然气、硫化氢和二氧化碳含量，划分安全范围。

（4）迅速成立现场抢险领导小组，统一指挥、组织和协调抢险工作。根据失控状况制定抢险方案，抢险方案制定及实施，要将环境保护同时考虑、同时实施，防止出现次生环境事故。

（5）继续监测污染区有毒有害气体的浓度，根据监测情况决定是否扩大撤离范围。

（6）迅速做好储水、供水工作。有条件应尽快由注水管线向井口注水或用消防水枪向油气喷流和井口周围设备大量喷水降温，防止着火和保护井口。在确保人员安全的前提下，将氧气瓶、油罐等易燃易爆物品撤离危险区。

（7）抢险中每个步骤实施前，均应进行技术交底和模拟演习。

（8）抢险施工应尽量不在夜间和雷雨天进行，以免发生人身事故，以及因操作失误而使处理工作复杂化。抢险施工时，不应在现场进行干扰施工的其他作业。

（9）抢险人员应根据需要配备护目镜、阻燃服、防水服、防尘口罩、防辐射安全帽、手套、便携式硫化氢检测仪、可燃气体监测仪、正压式空气呼吸器、耳塞等防护用品，避免烧伤、中毒、噪声等人身伤害。

（10）失控井无希望得到控制的情况下，应正确执行含硫油气井井口点火程序。

（11）井喷失控着火处理按 SY/T 6203—2014《油气井井喷着火抢险作法》执行。

（12）含硫油气井井口点火程序为：

① 井喷失控后，在人员生命受到巨大威胁、撤离无望、失控井无希望得到控制的情况下，作为最后手段应按抢险作业程序对油气井井口实施点火。

② 油气井点火程序的相关内容应在应急预案中明确；油气井点火决策人宜由项目建设单位代表或其授权的现场负责人来担任，并列入应急预案中。

③ 点火人员佩带防护器具，在上风方向，尽量远离井口使用移动点火器具点火；其他人员集中到上风方向的安全区。

④ 点火后应对下风方向，尤其是井场生活区、周围居民区、医院、学校等人员聚集场所的二氧化硫浓度进行监测。

复习题

一、判断题

1. 值班干部、当班司钻、副司钻和"坐岗"人员应佩戴便携式硫化氢监测报警仪。（   ）

2. 硫化氢只存在于石油工业的各个环节中。（　　）
3. 钻开高含硫地层的设计钻井液密度，安全附加密度在规定的范围内宜取下限值。（　　）
4. 在含硫地层中，宜使用常规式中途测试工具进行地层测试工作。（　　）
5. 报警器装置应设置在井场各个不同的区域，以便井场员工可以采取行动。（　　）
6. 二氧化硫在大气中的含量为 3ppm 时，可根据情况选择是否配备二氧化硫监测仪。（　　）
7. 井场值班室、工程室、钻井液室等应设置在井场季节风的下风方向。（　　）
8. 在进入含硫化氢地区作业前应制定一个有效的应急预案。（　　）
9. 在硫化氢地层取心及从岩心筒取出岩心时，操作人员要戴好空气呼吸器。（　　）
10. 在进入怀疑有 H_2S 存在的地区前，应先检测，以确定其是否存在及其浓度。（　　）

二、单选题

1. 在 250℃ 以下，干燥的硫化氢几乎无腐蚀，所以碰到这些气体时，一般使用（　　）钻井液。
　　A. 水基　　　　　B. 油基　　　　　C. 泡沫　　　　　D. 清水

2. 钻 H_2S 井时，钻井井口和套管的连接，每条防喷管线的高压区在现场都（　　）。
　　A. 可以焊接　　　　　　　　　B. 不允许焊接
　　C. 要根据情况看是否需要焊接　　D. 需要提前焊接

3. 在含硫化氢气体的地层钻井时，井队现有条件下不能实施压井作业。放喷点火时，点火人员应在（　　）方向。
　　A. 上风　　　　　B. 下风　　　　　C. 侧风　　　　　D. 顺风

4. 硫化氢气体与水混合时，腐蚀性极大，易在金属表面产生点蚀及硫化氢应力腐蚀破裂和（　　）。
　　A. 氢鼓泡　　　　B. 氢脆　　　　　C. 氢致开裂　　　D. 酸化

5. 井下温度高于（　　）的井段，可不考虑套管的抗硫性能。
　　A. 50℃　　　　　B. 93℃　　　　　C. 120℃　　　　 D. 150℃

6. 在井场选址时应尽量远离公共区域，井口距医院和大型油库等人口密集型高危场所至少要在（　　）m 以上。
　　A. 200　　　　　 B. 300　　　　　 C. 400　　　　　 D. 500

7. 高压含硫地区可采用（　　）钻杆或油管。
　　A. 厚壁　　　　　B. 螺纹　　　　　C. 普通　　　　　D. 磨牙

8. 井场布置井位选定应满足井口距民宅不小于（　　）m。
　　A. 100　　　　　 B. 200　　　　　 C. 300　　　　　 D. 400

9. 在钻进含 H_2S 地层时，要求钻井液的 pH 值始终控制在（　　）以上。
　　A. 9.5　　　　　 B. 8.5　　　　　 C. 7.5　　　　　 D. 6.5

10. 对含硫油气层上部的非油气矿藏开采层应下套管封住，套管鞋应大于开采层底部深度（　　）m。
　　A. 50　　　　　　B. 80　　　　　　C. 100　　　　　 D. 120

三、多选题

1. 电子检测仪包括（　　）。
   A. 便携式　　　　B. 计量式　　　　C. 固定式　　　　D. 报警式

2. 硫化氢的来源有（　　）。
   A. 钻井　　　　B. 试油　　　　C. 采油　　　　D. 作业

3. 施工中若发现设计钻井液密度值与实际情况不相符合时，应按审批程序及时申报，经批准后才能修改，但不包括下列情况（　　）。
   A. 地层压力异常　　B. 溢流　　　　C. 井涌　　　　D. 井漏

4. 现场钻遇硫化氢气层显示准确的有（　　）。
   A. 钻井液密度下降　　　　　　B. 钻井液黏度升高
   C. 钻井液气泡多　　　　　　　D. 钻井液黏度降低

5. 在经液气分离器排气时逸出点在排气口，这时的硫化氢在一定时间内连续外逸。如果出口不点火，硫化氢将（　　）。
   A. 在周边沉积　　　　　　　　B. 顺风扩散
   C. 逆风扩散　　　　　　　　　D. 在低洼处沉积

6. 在可能遇有硫化氢的作业井场按要求挂置明显、清晰的警示标志，以下正确的是（　　）。
   A. 绿旗：硫化氢浓度小于 $15mg/m^3$（10ppm），井处于受控状态，存在潜在或可能的危险
   B. 黄旗：硫化氢浓度 $15mg/m^3$（10ppm）~ $30mg/m^3$（20ppm），对生命健康有影响
   C. 蓝旗：硫化氢浓度大于或可能大于 $30mg/m^3$（20ppm），对生命健康有威胁
   D. 黑旗：硫化氢浓度大于或可能大于 $50mg/m^3$（20ppm），对生命健康有严重威胁

7. 来访者和其他非定期派遣人员的防护包括（　　）。
   A. 在进入危险区之前，应向来访者和其他非定期派遣的人员简要介绍有关出口路线、临时安全区位置、适用的警报信号和在紧急情况下的响应方法和个人防护设备的使用
   B. 只有在受过培训的人员随同下，才允许进入作业区
   C. 有丰富经验的派遣人员，可单独进入作业区
   D. 在紧急情况下，应立即撤离这些人员

8. 在钻井过程中对硫化氢污染的处理方法有（　　）。
   A. 采用合理的钻具结构　　　　B. 经验法
   C. 压差法　　　　　　　　　　D. 采用油基钻井液

9. 井场临时安全区应选在（　　）的地方。
   A. 地势起伏　　　　　　　　　B. 相对位置较低
   C. 地势平坦　　　　　　　　　D. 相对位置较高

10. 井场生活区应配备以下装置：硫化氢气体监测仪、（　　）。
    A. 氧气瓶　　　　　　　　　　B. 灭火器材
    C. 无线电通信设备　　　　　　D. 急救装置

四、简答题

1. 进入含硫油气层后，每天白班开始工作前应检查哪些项目？

2. 若关井中井口套压将高于最大允许关井套压时，应及时向上级主管部门请示处理措施，且钻井队在实施井控作业中放喷时，应做哪些工作？

3. 请简述含硫油气井正确的井口点火程序。

4. 在哪些紧急情况下，应立即终止放喷测试？

5. 从事钻井作业的队伍需要具备的资质有哪些？

五、论述题

1. 钻开含硫油气层前的准备工作包括哪些内容？

2. 含硫油气井起下钻操作的注意事项包括哪些？

参考答案

一、判断题

1. √   2. ×   3. ×   4. ×   5. √   6. ×   7. ×   8. √   9. √   10. √

二、单选题

1. B   2. B   3. A   4. B   5. B   6. D   7. A   8. A   9. A   10. C

三、多选题

1. AC   2. ABCD   3. ABCD   4. ABC   5. AB   6. AB   7. ABD

8. ACD   9. CD   10. ABCD

四、简答题

1. 进入含硫油气层后，每天白班开始工作前应检查哪些项目？

参考答案：

（1）指定的临时安全区是否在风向指示器指示的上风方向。

（2）硫化氢监测报警仪的功能是否正常。

（3）硫化氢防护器具的存放位置、数量和相关参数是否符合规定。

（4）消防设备的布置。

（5）急救药箱和氧气瓶。

2. 若关井中井口套压将高于最大允许关井套压时，应及时向上级主管部门请示处理措施，且钻井队在实施井控作业中放喷时，应做哪些工作？

参考答案：

（1）停止动力机工作，停止向井场供电。

（2）组织非当班人员在各路口设立警戒应及时向上级主管部门请示处理措施。

（3）卡牢方钻杆死卡，并用7/8in钢丝绳绷紧（1in=0.0254m）。

（4）接好消防水管线并正对井口，接好通向井口四通的注水管线。

（5）发生溢流后应尽快组织压井；在处理溢流的循环压井过程中，注意防范钻井液中所含硫化氢，宜经液气分离器循环钻井液。

3. 请简述含硫油气井正确的井口点火程序。

参考答案：

（1）井喷失控后，在人员生命受到巨大威胁、撤离无望、失控井无希望得到控制的情况下，作为最后手段应按抢险作业程序对油气井井口实施点火。

（2）油气井点火程序的相关内容应在应急预案中明确；油气井点火决策人宜由项目建设单位代表或其授权的现场负责人来担任，并列入应急预案中。

（3）点火人员佩带防护器具，在上风方向，尽量远离井口使用移动点火器具点火；其他人员集中到上风方向的安全区。

（4）点火后应对下风方向，尤其是井场生活区、周围居民区、医院、学校等人员聚集场所的二氧化硫浓度进行监测。

4. 在哪些紧急情况下，应立即终止放喷测试？

参考答案：

（1）风向变化危及放喷测试时。

（2）放喷出口处出现长明火熄灭，而又不能及时重新点燃时。

（3）放喷测试管线出现险情危及施工安全时。

5. 从事钻井作业的队伍需要具备的资质有哪些？

参考答案：

（1）拥有石油天然气井的生产经营单位应建立作业队伍的选用制度。

（2）承担硫化氢环境中油气井施工的作业队伍应具有相应的施工能力或经验。

（3）主要设计人员应具有三年以上现场工作经验和相应高级专业技术职称。

（4）设计审核人应具有相应专业高级或教授级技术职称。

五、论述题

1. 钻开含硫油气层前的准备工作包括哪些内容？

参考答案：

（1）向全队职工及协作单位人员进行地质、工程、钻井液、井控装备、井控措施和安全等方面的技术交底，对含硫油气层及时做出地质预报，建立预警预报制度。

（2）钻井液密度及其他性能符合设计要求，并按设计要求储备压井液、加重剂、堵漏材料和其他处理剂。

（3）检查各种钻井设备、仪器仪表、防护设备、消防器材及专用工具等配备是否齐全；所有井控装置、电路和气路的安装是否符合规定，功能是否正常，发现问题应及时整改。

（4）钻开油气层前对全套井控装备进行一次试压（包括井口附近套管）。

（5）在进入油气层前50m~100m，按照下步钻井的设计最高钻井液密度值，对裸眼地层进行承压能力检验。

（6）在进入油气层前50m，将钻井液的pH值调整到9.5~11直至完井；若采用铝合金钻具时，pH值控制在9.5~10.5之间。

（7）落实溢流监测岗位、关井操作岗位和钻井队干部24h值班制度。

（8）进行班组防喷、防火、防硫化氢演习，并达到规定要求。

（9）对高含硫油气层，在钻开前二天到完井或原钻机试油结束期间，应撤离距井口

500m 范围内的居民。

2. 含硫油气井起下钻操作的注意事项包括哪些？

参考答案：

（1）含硫油气层钻开后，每次起钻前都应进行短程起下钻，短程起下钻后的循环钻井液观察时间应达到一周半以上，进出口钻井液密度差不得超过 0.02g/cm³；若循环后效果严重不具备起钻条件，则应调整钻井液密度，使其具备起钻条件。

（2）含硫油气层的水平井段钻进中，每次起钻前循环钻井液的时间不得少于 2 周。

（3）当发生卡钻需泡油、混油或因其他原因需调整钻井液密度时，井筒液柱压力不应小于裸眼段中的最高地层压力。

（4）结头在油气层中和油气层顶部以上 300m 长左右的井段内，起钻速度不得超过 0.5m/s；起钻中每起出 3 柱钻杆或 1 柱钻铤应及时向井内灌满钻井液，并做好记录、校核地面钻井液总量，发现异常情况及时报告司钻。

（5）起完钻要及时下钻，检修设备时应保持井内有一定数量的钻具，并观察出口管钻井液返出情况。

（6）含硫油气层钻开后的每次下钻到底循环钻井液过程中，钻台及循环系统上的工作人员要注意监测空气中硫化氢浓度，直到井底钻井液完全返出。

第四章　井下作业硫化氢防护

井下作业是勘探开发过程中保障正常生产作业的重要技术手段。然而井下作业多在野外进行，流动性大，环境艰苦，需要多工种协作施工。石油、天然气均是易燃、易爆物质，特别是碰到某些含有硫化氢等有毒气体的情况，生产过程中危险性较大。如果不采取有效的安全管理措施，不仅会影响到施工质量，而且会容易使员工的生命安全受到威胁，为此必须加以重视。本章从井下作业方案及硫化氢风险分析、井控及有毒有害气体的防护、井下作业的安全管理要求、井下作业硫化氢防护案例分析四个方面探讨了井下作业硫化氢防护的相关内容要求。

第一节　上修前技术交底与井史、井场调查

一、上修前的技术交底

含有（或怀疑含有）有毒有害气体的油（气）井，在上修前应组织召开由公司安全管理部门、井控管理部门、设计管理和工艺技术管理部门、作业大队、作业队和甲方、相关方等人员共同参加的技术交底会，并对以下各项资料进行交底：

（1）套管数据，包括套管规格、壁厚、下入深度和套管完好情况等。

（2）油层数据，包括各油层深度、压力、渗透率、声波时差和含有（或怀疑含有）有毒有害气体的油层等。

（3）钻井数据，包括钻井液性能、性质、密度、漏斗黏度、电阻率、原始地层压力、原油黏度、出砂指数等基础数据。

（4）管柱数据，包括目前井筒内生产管柱数据、井内封层管柱的数据及各管柱下入时间等。

（5）施工目的，包括本次上修的所有施工工艺。

（6）其他数据，该井历次测得有毒有害气体的最高含量和各油层的原油物性等。

二、对施工井的情况调查

（一）井史调查

（1）历次施工情况，包括了历次施工工艺、施工中有毒有害气体监测情况等。

（2）目前生产情况，包括该井正常生产时的产量、油压、套压和生产过程中有毒有害气体的产出情况等。

（二）井场调查

（1）对待上修井的有毒有害气体含量进行检测并记录。

（2）井口方圆50m内地理情况、井口装置情况等。

(3) 井口方圆 100m 内的建筑物情况、住户情况及联系方式。
(4) 该井方圆 3km 内的居民的情况、隶属政府及联系方式。

(三) 其他调查

(1) 本次施工工艺所要使用的各种用料情况。
(2) 近期内的施工现场的天气情况，包括风向、晴雨天气等。
(3) 目前本单位的有毒有害气体检测和防护设备情况。

第二节 地质工程设计

一、地质设计

地质设计应至少包括以下内容：

(1) 施工井的地质钻井及完井基本数据包括井身结构、钻开油气层的钻井液性能、漏失、井涌、硫化氢浓度等钻井显示、取心以及完井液性能、固井质量、水泥返高、套管头、套管规格、井身质量、测井、录井、中途测试等资料。

(2) 区域探井硫化氢预测含量。

(3) 区域地质资料、邻井的试油（气）作业资料，以及本井已取得的温度、压力、产量及流体特性等资料，并应明确硫化氢的含量、分压和地层压力、地层压力系数或预测地层压力系数。

(4) 井下作业场所地下管线及电缆分布等情况。

(5) 绘制井场周围 500m 以内的居民住宅、学校、厂矿等分布资料图；对地层气体介质硫化氢含量大于或等于 $30g/m^3$（20000ppm）的油气井应提供 1000m 以内的资料。

(6) 应根据地质资料进行风险评估并编制安全提示。

根据地质设计和工艺设计的施工目的，对相关的施工工序及要求进行审查。对存在的井控及有毒有害气体防护隐患，及时与甲方有关部门及人员协商，进行设计工序的修改或增加有关防范措施和工序；对存在重大安全隐患的设计可暂缓上修，待甲乙双方协调好有关井控及有毒有害气体防护措施并落实后，方可上修。

二、施工设计

(1) 在预测含有（或已知含有）硫化氢的施工井，应具有以下内容：绘制地面流程管线、主要设备设施的安装位置示意图；现场使用的采油（气）树、防喷器、节流管汇、压井管汇、作业油管钻杆、入井工具、内防喷工具的防硫材料级别和压力级别；试油（气）放喷排液过程中，硫化氢检测范围和应急疏散范围、特殊情况处理；现场修井液、压井液、加重材料、除硫剂的有效储备数量、规格、性能。

(2) 作业施工的地质设计、工程设计和施工设计应有井控与防硫化氢内容，还要提供相关地质资料按规定审批。

(3) 工程设计和施工设计应根据地质设计、作业简史资料及要求编制。所有设计均应按规定程序审批、签字；变更设计应由原设计单位按程序进行，并出具设计变更单通知施工队伍执行。

(4）进场设备就位与安装应符合有关规定，井场道路布置应能满足突发情况下人员和设备撤离的需要。

（5）作业施工设计的每道施工工序都要附相应的井控措施、有毒有害气体防护措施及责任人，针对施工井的具体情况和重要工序还要制定具体的要求。

（6）井下作业应按设计要求安装井控装置。井控装置与地面流程的选用、安装与试压应符合相关规定。

（7）射孔方式的选择应满足井控和防硫化氢的要求。

（8）在含硫化氢区域进行井下作业（试油）施工，应按规定配备气防设施。

（9）射孔作业前，射孔队应与作业队结合，掌握含硫化氢层位、井段、浓度及压井情况和气防设施布置情况。射孔、测试开井以及放喷求产前，作业队应向施工人员进行地质设计、工程设计以及应急预案交底。

（10）井下作业施工中，应有专人观察井口，确保液面保持在井口部位；在含硫化氢油气井施工，应有干部跟班作业。

（11）高压油气井停止施工时，应装好悬挂器，装好防喷闸门并关闭防喷器。

（12）在含硫化氢气井射孔时，应制定应急预案，并报当地县、乡政府审查或备案。同时将硫化氢气体及其危害、安全事项、撤离程序等，告知3km范围内人员。

三、井控装置要求

（一）试气、作业的井控装置

试气、作业的井控装置包括：井口装置（油管头、采气树、变径法兰）、防喷装置（闸板防喷器、内防喷工具（球阀、旋塞阀、回压阀、止回阀））、高压防喷管、测试控制头、地面流程。

（二）试气、作业对井控的要求

（1）试气、作业应明确井控岗位责任制，并有专人负责井控管理工作。井控防喷工作要在确保施工安全的前提下，充分考虑保护油气层的要求。

（2）防喷器组应具有一个半封和一个全封的双闸板，井内管柱若是两种直径油管，应安装两个半封和一个全封的三闸板防喷器，防喷器应有远程液压控制和手动控制能力。

（3）钻台上应配备处于开启位置的球阀（包括旋塞阀），底部连接螺纹与正在使用的井内管柱相适配，放在钻台上易于拿到的地方。当起下两种以上的管柱时，对正在操作的每种管柱，均应有一个可供使用的球阀；冲砂、冲作业液管柱顶部应联结球阀。

（4）变径法兰、油管头、防喷器通径应大于试气作业中所下工具的最大外径，油管悬挂器外径应小于防喷器通径。

（5）预测井口关井压力不低于70MPa的气井，采气树1号总阀应采用液动平板阀；产出气的H_2S含量大于$50mg/m^3$时，应选择对应高抗硫级别的油管头、采气树。

（6）为保证各施工工序的井控安全，防喷装置应按要求组装后进行整体试压。送至生产现场的防喷装置各部件应灵活好用，并附有试压卡片，施工单位应按清单逐项验收、签字。对无试压卡片的防喷装置，施工单位不得使用。同时做好防喷装置定期维修、保养工作，除采油、气树外，施工单位不准随意拆装。

（7）井控装置、井口装置安装好后清水试压应达到预测井口关井压力 1.5 倍以上，但不能超过额定工作压力和套管抗内压强度的 80%。试压过程中操作人员和观察人员应处于安全位置。酸压、酸化、压裂施工中，采气树应采用钢丝绳绷紧固定。

（8）需要进行放喷作业的气井，应安装放喷地面流程，放喷管线至少应装 2 条，其夹角为 90°或 180°，并接出井场 100m 以外，以保证风向改变时，至少有一条能安全使用，出口管线及配件设备应防硫（因条件所限，不具备防硫性能部分要有明显标记，并定期检查）；需进行循环压井回收压井液的气井，应安装压井节流流程，压井管线至少有一条在盛行风的上风方向，以便必要时放置其他设备。同时要求：

① 含硫油气井应安装抗硫压力表。

② 在含硫化氢井作业前还应进行防硫化氢演习，检查落实安全预防工作，直至合格为止，演习结束后应对演习情况进行讲评，并记录在"三防"演习记录表中。

③ 地层压力大于 70MPa 或硫化氢含量大于 $30g/m^3$ 的井应安装紧急关断系统，其远程控制装置距井口不小于 25m，距地面测试流程管线、管汇、分离器应不小于 5m，周围 10m 范围内不得堆放易燃、易爆、腐蚀物品。

④ 管线点火口应接至距井口 50m 以外（含硫油气井应接至距井口 75m 以外），相距分离器、油库（罐）、高压线、民房等设施不小于 50m，距燃烧池周围隔离带不小于 50m。因特殊情况达不到要求时，应进行安全风险评估并制定有针对性的安全防范措施，同时点火口应具备点火条件。

⑤ 在硫化氢分压大于 0.3kPa 时，除蒸汽发生器（锅炉）外的地面流程部件应具有抗 H_2S 能力。

⑥ 当测关井井口压力大于 45MPa 或超过油层套管（或未回接的技术套管）抗内压强度的 80%时，油管头应安装安全阀和泄压放喷流程，泄压管线接至放喷口。

⑦ 地面流程全部采用钢质管材连接，尽量少用弯头。当井口关井压力不小于 45MPa 时，井口至一级节流管汇用法兰连接。

⑧ 管汇台、分离器、转弯的弯头两端、放喷口及平直段小于 15m 时，应采用水泥基地脚螺栓和钢质压板固定，压板与管线之间用垫子垫好，上紧压板螺钉。

⑨ 试气分离器、钻井液分离器的安全阀出口应连接钢质管线至排污池；硫化氢含量大于 $30g/m^3$ 的井分离器安全阀泄压管线应接至燃烧池，按放喷管线安装要求进行安装。

⑩ 放喷、测试管线应落地，因地形限制，地面流程中短距离的管线悬空应将其垫实垫牢，若悬空长度超过 10m，必须采用刚性支撑，在悬空的两端用水泥基墩地脚螺栓固牢。

⑪ 放喷口和测试管线出口，应装缓冲式燃烧筒，放喷前点燃长明火，并备有第 2 种、第 3 种点火装置，如自动点火装置、彩竹筒。

⑫ 地面流程试压应根据各管线、设备的耐压等级分段试压，具体试压按工程设计要求进行试压。

四、井场布置

预测含有（或已知含有）硫化氢的油气井井场布置应满足以下规定：

（1）井场施工用的锅炉房、发电房、值班房与井口、油池和储油罐的距离宜大于

30m，锅炉房处于盛行风向的上风侧。

（2）分离器距井口应大于 30m；分离器距油水计量罐应不小于 15m。

（3）排液用储液罐应放置距井口 25m 以外。

（4）职工生活区距离井口应不小于 100m，应位于季节最大频率风向的上风侧。

（5）含硫化氢天然气井公众安全防护距离符合 AQ2018—2019 的要求。

（6）放喷管线出口应接至距井口 30m 以外安全地带，地层气体介质硫化氢含量大于或等于 $30g/m^3$（20000ppm）的油气井，出口应接至距井口 75m 以外的安全地带。

（7）井场受限应制定防范措施。

（8）井场在地下油气管道线路中心线两侧各 5m 地域范围内，不应进行挖掘、取土、用火、排放腐蚀性物质和放置作业设施设备。

（9）在硫化氢环境的工作场所入口处应设置白天和夜晚都能看清的硫化氢警告标志，警告标志配备应符合 SY/T 6277—2017 的规定。

第三节　井下作业过程中硫化氢的防护

一、工作人员安全防护要求

（一）作业施工人员的安全防护

（1）生活区应配备以下装置：硫化氢气体监测仪、急救装置、氧气瓶、灭火器材、无线电通信设备等。

（2）井场上每个施工人员均应配备正压式空气呼吸器，并放置于每个人易取放的地方。

（3）在井口附近应配有 35% 的过氧化氢，防止硫化氢气体溢出伤害工作人员。

（4）试油、修井及井下作业过程中至少应配备 4 台便携式硫化氢检测仪。井口人员施工时应随身携带便携式硫化氢检测仪，随时监控井口有毒有害气体的浓度，在出现异常情况时及时报警并采取相应的措施。

（5）在含硫化氢油气井试井作业时，应选用抗硫化氢工具、井口与作业车应配备 1 台硫化氢连续监测仪。

（6）在含硫油气生产井试井作业时，如果井口硫化氢浓度大于 $30mg/m^3$（20ppm），施工人员应佩戴正压式空气呼吸器，1 人关闭清蜡闸门并剪断钢丝（电缆），1 人在旁监控协助。含硫化氢井洗井作业时，在地层修井液循环至地面 15min 以前，施工人员应戴上防毒面具，直到其含量少于允许值。

（7）硫化氢易聚集的区域应设立毒气警告标志，要害地区设立禁止烟火标志。

（8）制定应急计划，所有人员应经过严格培训并进行紧急情况下的演习。

（9）在修井作业中坚持欠平衡修井法，采用低黏度修井液，保持井底压力略大于地层压力，避免井喷或先漏后喷。起油管速度不能太快，要保证一定的环空间隙，避免产生抽汲作用将地层流体抽入井内。起油管时应及时按要求灌入修井液，保持压力平衡，减少地层流体侵入。

(10) 修井中发现硫化氢浓度达到安全临界浓度,应暂时停止修井,循环修井液,准备好有关措施。

(11) 搞好防硫化氢的安全培训,提高职工的自我防护能力和互救能力。当空气中的硫化氢含量达到安全临界浓度时,有关人员迅速戴上正压式空气呼吸器,非工作人员撤离到安全区。

(12) 使用适合含硫化氢地层的修井液,应保持 pH>9.0 以上。

(13) 在现场应使用适量的净化剂、添加剂、防腐蚀剂储备,尽量清除修井液中的硫化氢。

(14) 在含硫化氢井修井时,应加强工作区的监测;发现溢流信号,及时采取正确措施,保证井的安全。

(15) 修含硫化氢的井时,在起修井管柱时应使用高压自封。若将湿修井管柱按要求堆放在井场,必要时应佩戴正压式空气呼吸器。

(二) 后勤辅助人员及其他非生产人员的安全防护

(1) 后勤辅助人员进入现场前必须学习硫化氢气体防护的有关知识,以保证在突发情况下能够实现自我保护。

(2) 进入现场的后勤辅助人员必须听从现场施工人员的安排,不得擅自进入硫化氢气体可能聚集的区域。

(3) 需要与作业施工人员配合在井口附近进行施工的后勤辅助人员,应当配备便携式硫化氢检测仪,随时监测硫化氢气体的浓度。

(4) 如需要在硫化氢气体浓度较低的环境下进行施工,所有施工人员必须佩戴正压式空气呼吸器,并在气瓶气体用完前退出含硫化氢气体的环境。

(5) 其他非生产人员一律严禁进入作业施工现场。

二、作业前的准备工作

(1) 在井场入口、井架上、钻台边上、循环系统、远程控制台、紧急集合点、点火口附近等处应设置风向标,一旦发生紧急情况,作业人员应向上风方向疏散。

(2) 在钻台上下、循环罐出口等气体易聚积的场所,应安装防爆排风扇。

(3) 在含硫井作业时,作业队应配备10个以上的便携式硫化氢检测仪,值班干部、当班司钻、场地工和坐岗人员应佩戴便携式硫化氢检测仪。

(4) 在含硫井作业时,生产班当班人员应每人配备1套正压式空气呼吸器,同时按作业队人数的15%配备公用空气呼吸器和1台空气压缩机。

(5) 在高含硫井作业时,作业队应在钻台上下、循环罐出口分别安装固定式硫化氢检测仪。

(6) 硫化氢防护器具应存放在清洁卫生和便于快速取用的地方,并对其采取防损坏、污染、灰尘和高温的保护措施。

(7) 作业队及与井下作业相关的单位应制定防喷、防硫化氢的应急预案,并组织演练。一旦硫化氢溢出,应立即启动应急预案。

(8) 硫化氢监测仪警报值的设置和相应的应急响应按 SY/T 5087—2017 的要求执行。

(9) 放喷点火应派专人进行，点火人员应佩戴正压式空气呼吸器，放喷点火时应先点火后放喷。

三、不同作业工况的要求

（一）起下钻作业

作业队每次起下钻作业前应对旋塞阀、回压阀进行开关活动检查一次，并做好检查、使用记录。

(1) 在射开含硫化氢油气层后，起钻前应先进行短程起下钻。短程起下钻后的循环观察时间不得少于一周半，进出口压井液密度差不超过 0.02g/cm³；短程起下钻应测油气上窜速度，满足安全起下钻作业要求。

(2) 射开含硫化氢油气层后，每次起钻前洗井循环的时间不得少于一周半。

(3) 井下工具在含硫化氢油气层中和油气层顶部以上 300m 长的井段内起钻速度应控制在 0.5m/s 以内。

(4) 起钻中每起出 5~10 根油管或钻杆补注一次压井液，下钻中每下 5~10 根油管或钻杆（或 15min）应及时计量返液量，同时监测进出口硫化氢浓度，并做好记录，发现异常情况及时汇报。

（二）射孔作业

(1) 在预测含有、已知含有硫化氢井进行射孔作业时，应制定出射孔作业方案，待批准后方可进行射孔作业。方案应包括但不限于下述项目：

① 参加射孔作业人员的防硫化氢培训持证情况。

② 防硫化氢设备的配置情况。

③ 与作业现场协作单位接口的现场处置方案编制及演练情况。

④ 风险识别与评价，包括射孔作业打开高压地层时引发井喷的可能性、井口硫化氢浓度以及井场地貌、风力、风向等。

(2) 作业前的准备工作：

① 召开相关方会议，向相关方人员进行射孔技术交底，与相关方人员就硫化氢风险情况（包括曾经发生过硫化氢泄漏的区域）、井控设备、防硫设施、风向标、井场的紧急集合点、逃生路线等方面进行信息沟通，确认与相关方的应急协作方式和途径。

② 召开班前会议，通报硫化氢风险情况（包括曾经发生过硫化氢泄漏的区域），落实风险控制措施和应急措施。

③ 隔离射孔枪装配作业区域，明确人员活动范围。

(3) 对地层气体介质硫化氢含量大于或等于 30g/m³（0000ppm）的油气井射孔前应对周边居民进行预防性疏散。

(4) 射孔后，对井口出液或出气进行硫化氢浓度加密监测，并建立监测记录。

（三）钻塞作业

(1) 钻塞施工所有压井液性能要与封闭地层前所用压井液性能一致。

(2) 在预测含有（或已知含有）硫化氢井进行钻塞作业时，应制定出钻塞作业方案，待批准后方可进行钻塞作业。方案应包括但不限于下述项目：

① 参加钻塞作业人员的防硫化氢培训持证情况。
② 防硫化氢设备的配置情况。
③ 与作业现场协作单位接口的现场处置方案编制及演练情况。
④ 风险识别与评价，包括钻塞作业时异常高压引发井喷的可能性、井口硫化氢浓度及井场地貌、风力、风向等。

（3）作业前的准备工作：

① 召开相关方会议，向相关方人员进行钻塞技术交底，与相关方人员就硫化氢风险情况（包括曾经发生过硫化氢泄漏的区域）、井控设备、防硫设施、风向标、场的紧急集合点、逃生路线等方面进行信息沟通，确认与相关方的应急协作方式和途径。

② 召开班前会议，通报硫化氢风险情况（包括曾经发生过硫化氢泄漏的区域），落实风险控制措施和应急措施。

（四）洗井、压井作业

（1）施工前应进行入井液化学反应评估，特别是入井液中的材料，确定其入井后是否产生硫化氢等有毒有害物质；若产生有毒有害物质，而又无法替代入井材料，应做好有毒有害物质的防护。

（2）在修井液循环过程中，一旦有硫化氢气体在地面逸出，返出液应通过分离器分离直到硫化氢浓度降至安全标准，必要时，可对井液加除硫剂处理以除去硫化氢。

（3）裂缝发育、酸压、压裂层等预计可能漏失严重的井，井下管柱上应连接循环孔能与地层连通，应在井口有采油（气）树时打开循环孔，进行压井堵漏。

（4）在循环加重压井中，应逐步提高压井液密度，防止压漏地层造成严重漏失。

（5）压井结束时，压井液进出口性能应达到一致，油套压为零；压井后应进行静止观察或短起下观察，循环压井液测气体上窜速度，控制气体上窜速度在安全范围内、不超过 30m/h，高压、高产井的观察时间应大于预计作业时间，即安全起下钻时间。

（6）当井下管柱刺漏、断裂，无法建立循环或循环深度较浅，不能满足压井深度需要的情况下，在油管、套管安全强度内，采取置换法、挤入法、短循环置换法，正、反交替节流循环，控制泄压等方式压井，尽快建立井筒内液柱，做到井筒内液柱压力与地层压力平衡。

（五）放喷与测试作业

（1）放喷期间，燃烧筒处应有长明火。

（2）放喷、测试初期应安排在白天进行，试气期间井场除必要设备需供电外其他设备应断电。若遇 6 级以上大风或能见度小于 30m 的雾天或暴雨天，导致点火困难时，在安全无保障的情况下，暂停放喷。

（3）含硫化氢井，出口不能完全燃烧掉硫化氢（如酸压后放喷初期、气水同出井水中溶解的硫化氢、二氧化硫），应向放喷流程注入除硫剂、碱，中和硫化氢、二氧化硫，注入量根据硫化氢、二氧化硫含量确定。

（4）酸压后，排放残酸前，应提前向放喷池内放入烧碱或石灰，或向放喷流程注入碱，中和残酸和硫化氢。

（5）含硫化氢层放喷前应书面告知周围 500m 以内的居民，放喷期间的安全注意事项，遇突发情况的应急疏散、扩大疏散等事宜；重点做好硫化氢与一般残酸等刺激性气味区别的宣传、教育工作等。

（6）含硫化氢气体的取样和运输都应采取适当防护措施。取样瓶宜选用抗硫化氢腐蚀材料，外包装上宜标识警示标签。

（六）测井作业

（1）测井车应位于井口上风方向，与井口距离应大于 25m。

（2）应安装防硫化氢材质的井口装置和防喷管。

（3）电缆或钢丝应适合含硫化氢作业环境，选择抗硫化物腐蚀的材料；电缆或钢丝入井前，应对绳索进行检查，使用缓蚀剂对其进行预处理。

（七）诱喷作业

（1）诱喷设备应位于井口的上风方向。

（2）诱喷设备井口选择防硫化氢材质的井口装置和防喷管。

（3）诱喷应用氮气、二氧化碳进行气举或混气水，禁用空气。

（八）连续油管作业

（1）根据主导风向和井场条件，连续油管装置应位于上风方向。

（2）滚筒及其传送设备应固定牢固，避免意外移动。

（九）焊接作业

耐蚀合金和其他合金材料的设施进行焊接前，应按照 GB/T 20972.3—2008 的要求进行焊接工艺评定，达不到工艺要求，不允许进行焊接。

（十）交叉作业

与协作单位、承包商签订交叉作业协议，内容至少包括：

（1）安全环保主体确定。

（2）现场处置方案衔接。

（3）交叉环节任务划分。

（4）现场硫化氢风险提示。

复习题

一、判断题

1. 含有（或怀疑含有）有毒有害气体的油（气）井，在上修前应进行技术交底。（　　）

2. 上修前技术交底的套管数据只包括各油层深度、压力、渗透率、声波时差等。（　　）

3. 历次施工情况调查包括历次施工工艺、施工中有毒有害气体监测情况等。（　　）

4. 如在硫化氢浓度较低的环境下进行施工，施工人员可不佩戴正压式空气呼吸器。（　　）

5. 工程设计和施工设计只需要根据作业简史资料及要求进行编制。（　　）

6. 井场道路布置恰好使设备能顺利通过即可以节约成本。( )
7. 射孔方式的选择应同时满足井控和防硫化氢的要求。( )
8. 修含硫化氢的井时，在起修井管柱时应使用低压自封。( )
9. 后勤辅助人员进入现场前必须学习硫化氢气体防护的有关知识，以保证在突发情况下能够实现自我保护。( )
10. 井口人员施工时应根据情况携带便携式硫化氢检测仪。( )

二、单选题

1. 上修前技术交底的套管数据包括套管规格、( )、下入深度和套管完好情况等。
   A. 管径　　　　B. 壁厚　　　　C. 油嘴尺寸　　　　D. 环空大小
2. 井场调查应对井口方圆( )m 内地理情况、井口装置情况等进行了解。
   A. 30　　　　B. 40　　　　C. 50　　　　D. 60
3. 井下作业施工中，应有专人观察，确保液面保持在( )。
   A. 井筒中部　　　　　　　　B. 井筒中下部
   C. 井底上方 100m 内　　　　D. 井口部位
4. 在修井作业中坚持( )修井法。
   A. 平衡　　　　B. 近平衡　　　　C. 欠平衡　　　　D. 过平衡
5. 在井口附近应配有( )的过氧化氢，防止硫化氢气体溢出伤害工作人员。
   A. 25%　　　　B. 35%　　　　C. 45%　　　　D. 55%
6. 当井口关井压力不小于( )MPa 时，井口至一级节流管汇用法兰连接。
   A. 45　　　　B. 55　　　　C. 65　　　　D. 70
7. 作业时，连续油管装置应处在( )位置。
   A. 逆风　　　　B. 侧风　　　　C. 下风　　　　D. 上风
8. 试油、修井及井下作业过程中至少应配备( )台便携式硫化氢检测仪。
   A. 1　　　　B. 2　　　　C. 3　　　　D. 4
9. 井场调查应知晓该井方圆( )km 内的居民的情况、隶属政府及联系方式。
   A. 1　　　　B. 2　　　　C. 3　　　　D. 4
10. 在含硫化氢油气井试井作业时，应选用( )工具。
   A. 抗硫化氢　　B. 抗腐蚀　　C. 抗氧化　　D. 抗酸化

三、多选题

1. 上修前技术交底的管柱数据包括目前井筒内生产管柱数据、( )等。
   A. 井内封层管柱的数据　　　　B. 各管柱下入时间
   C. 套管壁厚　　　　　　　　　D. 地层温度
2. 对施工井的情况调查，目前生产情况调查包括该井正常生产时的( )和生产过程中有毒有害气体的产出情况等。
   A. 产量　　　　B. 油压　　　　C. 套压　　　　D. 气压
3. 对施工井的情况调查应包括( )。
   A. 本次施工工艺所要使用的各种用料情况
   B. 本次施工工艺的难度系数
   C. 目前本单位的有毒有害气体检测和防护设备情况
   D. 近期内的施工现场的天气情况，包括风向、晴雨天气

4. 以下井下作业硫化氢中毒预防措施正确的有（　　）。
   A. 配备便携式探测　　　　　　　　B. 任意位置安装风向标
   C. 配备 1 台照明设备　　　　　　　D. 应用具有抗硫性能的设备
5. 修井中发现硫化氢浓度达到安全临界浓度，应（　　）。
   A. 暂时停止修井　　　　　　　　　B. 准备好有关措施
   C. 循环修井液　　　　　　　　　　D. 立即撤退
6. 试气、作业的井口装置包括（　　）。
   A. 油套环空　　B. 变径法兰　　C. 油管头　　　　D. 采气树
7. 防喷器应有（　　）能力。
   A. 远程液压控制　　　　　　　　　B. 手动控制
   C. 间歇控制　　　　　　　　　　　D. 选择控制
8. 硫化氢易聚集的区域应设立（　　）。
   A. 禁止通行标志　　　　　　　　　B. 禁止触摸标志
   C. 毒气警告标志　　　　　　　　　D. 禁止烟火标志
9. 需要进行放喷作业的气井，应安装放喷地面流程，放喷管线至少应装 2 条，其夹角可以为（　　）。
   A. 90°　　　　　B. 120°　　　　C. 150°　　　　　D. 180°
10. 射孔作业前，射孔队应与作业队结合，掌握（　　）等情况。
   A. 含硫化氢层位　　　　　　　　　B. 含硫化氢井段
   C. 含硫化氢浓度　　　　　　　　　D. 气防设施布置

四、简答题
1. 井下作业地质设计应包括的内容有哪些？
2. 含硫化氢井下作业起下钻作业的要求包括哪些内容？
3. 在含有硫化氢井进行射孔作业时，射孔作业方案应至少包括哪些内容？
4. 在含有硫化氢井进行测井作业时有什么要求？
5. 在含有硫化氢井进行诱喷作业时有哪些注意事项？

五、论述题
1. 井下作业上修前的技术交底的具体内容包括哪些？
2. 进行含硫化氢井下作业前的准备工作有哪些？

参考答案

一、判断题
1. √　2. ×　3. √　4. ×　5. ×　6. ×　7. √　8. ×　9. √　10. ×

二、单选题
1. B　2. C　3. D　4. B　5. B　6. A　7. D　8. D　9. C　10. A

三、多选题
1. AB　2. ABC　3. ACD　4. AD　5. ABC　6. BCD　7. AB
8. CD　9. AD　10. ABCD

四、简答题

1. 井下作业地质设计应包括的内容有哪些？

参考答案：

（1）施工井的地质钻井及完井基本数据包括井身结构、钻开油气层的钻井液性能、漏失、井涌、硫化氢浓度等钻井显示、取心以及完井液性能、固井质量、水泥返高、套管头、套管规格、井身质量、测井、录井、中途测试等资料。

（2）区域探井硫化氢预测含量。

（3）区域地质资料、邻井的试油（气）作业资料，以及本井已取得的温度、压力，产量及流体特性等资料，并应明确硫化氢的含量、分压和地层压力、地层压力系数或预测地层压力系数。

（4）井下作业场所地下管线及电缆分布等情况。

（5）绘制井场周围 500m 以内的居民住宅、学校、厂矿等分布资料图；对地层气体介质硫化氢含量大于或等于 $30g/m^3$（20000ppm）的油气井应提供 1000m 以内的资料。

（6）应根据地质资料进行风险评估并编制安全提示。

2. 含硫化氢井下作业起下钻作业的要求包括哪些内容？

参考答案：

（1）在射开含硫化氢油气层后，起钻前应先进行短程起下钻。短程起下钻后的循环观察时间不得少于一周半，进出口压井液密度差不超过 $0.02g/cm^3$；短程起下钻应测油气上窜速度，满足安全起下钻作业要求。

（2）射开含硫化氢油气层后，每次起钻前洗井循环的时间不得少于一周半。

（3）井下工具在含硫化氢油气层中和油气层顶部以上 300m 长的井段内起钻速度应控制在 0.5m/s 以内。

（4）起钻中每起出 5~10 根油管或钻杆补注一次压井液，下钻中每下 5~10 根油管或钻杆（或 15min）应及时计量返液量，同时监测进出口硫化氢浓度，并做好记录，发现异常情况及时汇报。

3. 在含有硫化氢井进行射孔作业时，射孔作业方案应至少包括哪些内容？

参考答案：

（1）参加射孔作业人员的防硫化氢培训持证情况。

（2）防硫化氢设备的配置情况。

（3）与作业现场协作单位接口的现场处置方案编制及演练情况。

（4）风险识别与评价，包括射孔作业打开高压地层时引发井喷的可能性、井口硫化氢浓度以及井场地貌、风力、风向等。

4. 在含有硫化氢井进行测井作业时有什么要求？

参考答案：

（1）测井车应位于井口上风方向，与井口距离应大于 25m。

（2）应安装防硫化氢材质的井口装置和防喷管。

（3）电缆或钢丝应适合含硫化氢作业环境，选择抗硫化物腐蚀的材料；电缆或钢丝入井前，应对绳索进行检查，使用缓蚀剂对其进行预处理。

5. 在含有硫化氢井进行诱喷作业时有哪些注意事项？

参考答案：

（1）诱喷设备应位于井口的上风方向。

（2）诱喷设备井口选择防硫化氢材质的井口装置和防喷管。

（3）诱喷应用氮气、二氧化碳进行气举或混气水，禁用空气。

五、论述题

1. 井下作业上修前的技术交底的具体内容包括哪些？

参考答案：

（1）套管数据，包括套管规格、壁厚、下入深度和套管完好情况等。

（2）油层数据，包括各油层深度、压力、渗透率、声波时差和含有（或怀疑含有）有毒有害气体的油层等。

（3）钻井数据，包括钻井液性能、性质、密度、漏斗黏度、电阻率、原始地层压力、原油黏度、出砂指数等基础数据。

（4）管柱数据，包括目前井筒内生产管柱数据、井内封层管柱的数据及各管柱下入时间等。

（5）施工目的，包括本次上修的所有施工工艺。

（6）其他数据，该井历次测得有毒有害气体的最高含量和各油层的原油物性等。

2. 进行含硫化氢井下作业前的准备工作有哪些？

参考答案：

（1）在井场入口、井架上、钻台边上、循环系统、远程控制台、紧急集合点、点火口附近等处应设置风向标，一旦发生紧急情况，作业人员应向上风方向疏散。

（2）在钻台上下、循环罐出口等气体易聚积的场所，应安装防爆排风扇。

（3）在含硫井作业时，作业队应配备10个以上的便携式硫化氢检测仪，值班干部、当班司钻、场地工和坐岗人员应佩戴便携式硫化氢检测仪。

（4）在含硫井作业时，生产班当班人员应每人配备1套正压式空气呼吸器，同时按作业队人数的15%配备公用空气呼吸器和1台空气压缩机。

（5）在高含硫井作业时，作业队应在钻台上下、循环罐出口分别安装固定式硫化氢检测仪。

（6）硫化氢防护器具应存放在清洁卫生和便于快速取用的地方，并对其采取防损坏、污染、灰尘和高温的保护措施。

（7）作业队及与井下作业相关的单位应制定防喷、防硫化氢的应急预案，并组织演练。一旦硫化氢溢出，应立即启动应急预案。

（8）硫化氢监测仪警报值的设置和相应的应急响应按 SY/T 5087—2017 的要求执行。

（9）放喷点火应派专人进行，点火人员应佩戴正压式空气呼吸器，放喷点火时应先点火后放喷。

第五章　天然气采输作业硫化氢防护

高含硫气藏的开发不同于一般气藏，具有复杂性和特殊性。硫化氢安全防护与防腐始终贯穿气田开发的全过程。硫化氢环境天然气生产、集输与处理应遵循国家法律法规、标准的要求，通盘考虑，做好区域总体开发布局和设计，选用适合地域特点相关含硫天然气开采、地面工程集输、处理工艺技术，以及与之相配套的各种脱硫、防腐工艺技术等。

第一节　天然气站场及设备布置

一、含硫气田采气集输布局与设计

含硫天然气生产过程包括天然气井口采气，经过输气管道、阀室、集气站场输气，以及天然气处理厂处理等工艺过程。其设计是一项系统工程，应遵循科学、安全、适用、经济的原则，综合考虑地质因素、工艺因素、周围环境和人文等因素，在事先进行系统工艺风险分析的基础上，充分考虑气田区域与项目的安全评价、职业病危害评价、环境影响评价提出的 HSE 防范措施的基础上进行系统设计。

（一）整体工艺设计

根据气田井位分布、产量、环境、工艺及腐蚀状况，通常采用树枝状、放射状和环状三种管网分布结构，对于狭长形地形环境的气田，一般采用树枝状管网结构。

集气方式主要有单井集气和集气站多井集气。一般采用单井集气与树枝状管网结构相配合，采用节流降压、加热和气液分离工艺。若采用分离器，分离器应接近井口安装。单井集气流程简单、设备少。如井距较近、密度大，可采用集气站集输流程。

输气方式有两种：湿气输送和干气输送。一般短距离集气管线采用加热法湿气输送；长距离管线采用集气站脱水后干气输送。为防止集输管道中的水合物形成，一般采用以下三种方法：

（1）加热法。通过加热（一般采用水套炉加热和热水管道伴随加热）使天然气输送过程中的气体温度保持在水合物形成温度之上，减少集气管下部的积水，防止水合物阻塞管线，并减小对管道的腐蚀。

（2）化学法。采用化学添加剂防止水合物形成（一般用乙二醇、甲醇注入集输管道中）。

（3）脱水法。在含硫化氢的三类腐蚀中，水是造成腐蚀的重要原因。因此，若能脱去天然气中的水分，防止水合物形成，则理论上可以不考虑腐蚀，这是国际上含硫化氢天然气新的输送方式。

(二) 采气井口及其装置设计

(1) 采气工艺方法应依据气藏地质、工程及地面条件,针对可能含硫化氢和二氧化碳的状况,确定抗硫或(和)防腐材质的生产管柱,采取合理采气与分离工艺方法,以提高气井的产能和稳定期。

(2) 含硫气井油管一般选用具有防腐功能的复合式油管、玻璃钢油管、双层油管,并具备相应的抗拉、抗内压、抗外挤强度。

(3) 井口装置要选择高抗硫化氢和二氧化碳的合金钢材质,再根据气井的压力及流体性质,确定适宜的产品规格、等级。采气树应满足技术参数要求且具备远程控制井口闸门开关的性能。由于硫化氢气体会促使橡胶、石墨、石棉的老化,所选阀板、阀座与阀体间均采用金属对金属密封。

(4) 采气井口应配置地面可自动关闭安全阀控制系统,在井口安装压力传感器、气体监测报警系统和易熔塞。当井口压力高于或低于设计安全工作压力时,以及气体泄漏或火灾发生时,能迅速发出报警信号,并能快速自动关井。系统也可实现就地手动控制,且具备远程控制井口开关的功能。

(5) 含硫化氢、二氧化碳的采气井各层套管应安装压力检测装置。硫化氢平均含量大于或等于5%(体积)的天然气井套管环空含硫化氢时宜安装压力远传仪表实时监控。其井口方井池内宜设置固定式硫化氢检测仪器。

(三) 集输站、场(厂)、管线设计

(1) 集气站、处理厂选址应位于地势较高处,避开人口密集区。生产设施安放地点的选择应考虑主导风向、气候条件、地形、运输路线及可能的人口稠密地区和公共地区,并确保进口和出口路线无障碍物遮挡,使受限空间区域最小。

(2) 新建采气、集气管道路选择应避开人口稠密的地区、风景名胜区及不良地质地段等敏感区域。阀室的设置应根据管道中潜在硫化氢释放量来确定相邻两个截断阀间的距离。

(3) 当场站、处理厂、海上天然气生产设施和管道输送介质中硫化氢气体分压大于或等于0.0003MPa时,材料应考虑抗硫化物应力开裂和氢致开裂等硫化氢导致的开裂。未在硫化氢平均含量大于或等于5%(体积分数)的气田成功应用过的材料,应进行实验室模拟工况的测试。

(4) 场站、天然气生产设施的井口区和工艺区,净化厂的工艺区,以及在人员进出频繁的位置,或长时间设置密闭装置的位置应设置固定式硫化氢检测系统,该系统应带有报警功能。

(5) 气田水输送管道宜采用非金属管。但是,当气田水温度大于70℃时,有大、中型穿、跨越等特殊地段或特殊要求时,遇到地形复杂,易滑坡地段,以及人口密集且管道遭受第三方破坏频繁的地段等情况下,经现场试验确定后可采用耐腐蚀合金钢质管道或内衬耐腐蚀合金双金属管道。应设置走向标志桩并标明"含硫化氢"或"有毒"的字样、生产单位名称及可与其联系的电话号码。

(6) 硫化氢平均含量大于或等于5%(体积分数)的集气站应设置硫化氢有毒气体泄漏监测系统、视频监控系统、火灾报警系统、应急广播系统。油气田水处理及回注场站宜设置视频监控系统。

（7）硫化氢环境集气场站应设置置换口，宜可分区、分段设置。气田水处理装置上宜预留氮气置换、吹扫的接口。如采用缓蚀剂防腐，应设置缓蚀剂注入口、腐蚀监测点，配置腐蚀监测设备，定期进行腐蚀监测结果评价。

（8）气田水处理场站的所有机泵、阀门、仪表等过流部件应选用耐腐蚀材料，或其表面经过耐腐蚀材料处理。储水罐及管线宜选用耐腐蚀、成熟可靠的非金属材料，当采用碳钢材料时，必须采取可靠的防腐蚀措施。

（9）硫化氢环境天然气生产、处理场所应设立紧急火炬放空系统，含硫化氢气体应燃烧后放空。

（四）含硫气田的防腐设计

（1）高含硫气田开发，硫化氢对金属材料的腐蚀是不可避免的。在系统设计时可考虑的防腐措施主要有：

① 采用耐腐蚀的材料。
② 涂抹防腐蚀涂层。
③ 应用缓蚀剂。
④ 采用多层套管。
⑤ 安装井下分隔器。
⑥ 实施阴极保护。

（2）在防腐措施上，除了在金属材料方面进行严格选择外，还采用缓蚀剂。常用的缓蚀剂主要是油溶和水分散的有机缓蚀剂。

（3）硫化氢环境天然气中存在CO_2时，应考虑腐蚀防护。

（4）气田水处理和回注站原水及处理后水管道宜设置腐蚀监测设施。站场应安装在线腐蚀监测装置并定期对设备、压力管道进行壁厚检测，以实现对井下管串及地面工艺流程的腐蚀监测。

二、发生硫化氢中毒场所及点源分析

（一）采输过程中硫化氢的来源

采输过程中硫化氢的来源有：水、油或乳化剂的储藏罐；用来分离油和水、乳化剂和水的分离器；空气干燥器；输送装置，集油罐及其管道系统；用来燃烧酸性气体的放空池和放空管汇；提高石油采收率也可能会产生硫化氢；装载场所；油罐车一连数小时的装油，装卸管线时管理不严，司机没有经过专门培训，而引起硫化氢气体泄漏；计量站调整或维修仪表；气体输入管线系统之前，用来提高气体压力的压缩机。

（二）工作中哪些地方存在硫化氢

工作中存在硫化氢的地方有：阀门、安全阀、密封、采样点、井口坑室（高风险）、法兰、管件、封头、排气管线、排水沟、其他泄漏点（源）。

（三）危害识别

生产施工单位应对施工项目进行硫化氢风险评估，在施工区域划出警戒范围，做出明显警示标识。要对所属范围内的含硫化氢施工井号、油气集输管线、油气集输场（站）

建立技术档案,各级管理人员应对其所属范围内的硫化氢风险情况熟悉。

作业人员应了解所在作业区域的地理、地貌、气候等情况,熟知逃生路线和安全区域。

生产施工单位应对每个岗位的作业内容进行风险辨识,对存在危险性的环节采取防范措施。

采气生产过程的危险主要有以下方面。

1. 井口采气树

(1) 更换压力表容易造成人身伤害事故。控制措施有:要定期校验压力表,严格遵守操作规程;对含硫化氢的井,操作人员应戴好防毒面具或站在上风口处进行作业;更换压力表后,要进行试压,做到不渗漏;仔细检查安装的压力表螺纹是否完好或螺纹类型是否对应;缓慢操作,确认无压力后,方可安全操作。

(2) 井口法兰间及闸门丝杠处漏气,遇到火容易发生火灾事故。控制措施有:发现情况应及时上报上级部门,进行作业维修消除隐患;杜绝井场明火,设置严禁烟火的标志牌;严禁用非防爆工具进行井口操作;查井人员应戴好防毒面具或站在上风口处进行作业。

(3) 更换气嘴油嘴容易造成人身伤害。控制措施有:应严格执行更换油嘴的操作规程;对含硫化氢的井,操作人员应戴好防毒面具或站在上风口处进行作业;更换完油嘴上好堵头后,要进行试压,做到不渗漏。

2. 水套炉

(1) 更换压力表容易造成人身伤害事故。控制措施有:要定期校验压力表,严格遵守操作规程;更换压力表后,要进行试压,做到不渗不漏;仔细检查安装的压力表螺纹好坏或螺纹类型是否对应;缓慢操作,确认无压力后方可安全操作。

(2) 水套炉爆炸,容易造成人身伤亡和设备事故。控制措施有:加强巡回检查,严格执行水套炉操作规程;控制好炉火,使水套炉内的压力控制在限压值内,防止水套炉在超压状态下工作;保证水套炉上的安全附件齐全完好,水套炉和安全阀及压力表要定期检验;水套炉爆炸后,及时启动应急预案,并及时采取关井和关集气站的单井进站闸门。

(3) 供气管线放空闸门处容易造成人身烧伤事故。控制措施有:严禁用轻质油或汽油燃烧法解堵;放空时应看好风向,防止火烧伤人的事故发生;含硫化氢的天然气放空时,人员应戴好防毒面具或站在上风口处进行作业。

3. 干线

(1) 管线穿孔造成气体(含硫化氢)泄漏,容易造成人身中毒事故。控制措施有:认真执行巡回检查制度,发现管道有穿孔迹象,迅速报告上级机关并整改;及时采取关井和关集气站的单井进站闸门,补孔时工作人员要佩戴防毒面具;制订防火措施,点燃含硫化氢的天然气,防止有毒气体对下风口处的生命造成危害。

(2) 管线爆裂,容易造成人身中毒事故。控制措施有:认真执行巡回检查制度,发现管道爆炸现象,迅速报告上级机关并整改;紧急启动应急预案,及时采取关井和关集气站的单井进站闸门,防止事态扩大化;制订防火措施,点燃含硫化氢的天然气,防止有毒气体对下风口处的生命造成危害。

三、硫化氢防护基本要求

（1）员工进入含硫化氢作业场所巡检时，应携带正压式空气呼吸器或逃生空气呼吸器，做好供气准备，并佩戴便携式硫化氢报警仪；严格执行"一人巡检、一人监护"的规定。员工开展含硫化氢介质的工艺与设备操作时，应全程佩戴正压式空气呼吸器。进入含硫化氢介质泄漏场所的应急救援人员应全程佩戴正压式空气呼吸器。当气体检测仪报警或空气中硫化氢浓度达到安全临界浓度（20ppm）时，员工应立即撤离至安全地带，属地人员佩戴正压式空气呼吸器在确保安全的前提下开展应急处置，外来人员立即撤离现场。

（2）含硫井站、装置、管线在进行阀门更换、管线修补、流程解堵等操作，或在原工艺流程上新增了管线、阀门或简易流程等作业后，在恢复运行过程中的巡回检查、验漏、设备设施操作、隐患问题整改、系统功能调试、应急救援处置等环节必须佩戴正压式空气呼吸器。

（3）日常巡检发现或附近老乡反映站场、管线存在含硫介质泄漏，或现场固定式硫化氢气体检测仪报警，在进行漏点检查确认、设备设施操作、应急救援处置等环节必须佩戴正压式空气呼吸器。

（4）含硫气田水装卸涉及的环境条件确认、快装接头连接、拆除、启、停泵，阀门开关，车载水罐液位查看等环节必须佩戴正压式空气呼吸器。将含硫气田水卸放至转水池，从转水池转移至污水拉运车或气田水罐，或通过管线输送含硫气田水过程中涉及的启、停泵，设备设施操作，液位查看等环节必须佩戴正压式空气呼吸器。

（5）在进行含硫管线清管收发球筒盲板打开、高级孔板阀清洗、导压管吹扫、在役管线切割、在用阀门更换、净化装置过滤器清洗、干法脱硫塔人孔打开、盲断等操作时，必须佩戴正压式空气呼吸器。

（6）气田水管线发生泄漏后的补管，在已投运气田水管线基础上进行改建、扩建施工等作业，必须佩戴正压式空气呼吸器。通过日常巡检、数据分析、老乡告知等途径知晓含硫气田水管线已发生泄漏，在开展巡回检查、漏点确认、应急疏散等工作时，必须佩戴正压式空气呼吸器。

（7）在进行含硫污水池清掏、淤泥搅拌，分离器、污水罐、汇管清洗清掏，压力容器检测，净化装置含硫介质塔（包括干法脱硫塔）、罐清洗等操作时，必须佩戴正压式空气呼吸器。

（8）进入含硫场所对中毒人员实施救援，开展天然气泄漏、燃烧、爆炸或其他物体打击、触电、设备设施异常等应急处置时，必须佩戴正压式空气呼吸器。

（9）进入无人值守含硫生产场所开展日常巡检、关键设施周期性维护、安防器材检查更换、方井积液清理等工作前，必须佩戴正压式空气呼吸器，使用硫化氢气体检测仪进行站内环境安全确认。

（10）进入污水池、污水罐、分离器、分液罐、积液坑、方井、阀室、脱硫塔、脱水塔、再生塔等受限空间，或相对密闭的室内环境时，必须佩戴正压式空气呼吸器。

（11）站内所有人员必须佩戴便携式硫化氢检测仪及便携式紧急逃生呼吸器进入生产区域。当空气中硫化氢浓度超过 $10mg/m^3$（6.7ppm）时应预警，携带硫化氢检测仪，背正压式呼吸器，方可进入现场。

（12）含硫化氢密闭区域的所有油气取样口，应加强通风；在密闭含硫化氢油气区，其房间应安装防爆轴流风机，进入前需开轴流风机进行通风。禁止在无硫化氢防护的情况下，对含硫储罐罐顶进行人工现场检尺、取样和更换、拆检安全附件等作业。进入高浓度硫化氢场所，应有人在危险区外监护，作业人员携带硫化氢检测仪，背正压式空气呼吸器。严格按照施工和工作范围进行施工和工作，严禁随意扩大施工范围，变更作业对象。

（13）凡是敞开的油罐、容器、窨井、电缆沟等处，要采取通风排毒措施，在没有办理进高危作业票的情况下不准进入，有毒气体普遍比空气密度大，容易沉积在空气的底层，低洼处容易导致人员中毒。要熟练掌握中毒现场急救和自救的操作技能。含硫化氢的油气集输场站应设置醒目的标志和风向标。佩戴防护用品在硫化氢污染区域作业时，未脱离危险区域前，严禁脱（摘）下防护用品，以防中毒。发生硫化氢中毒事故后，事故单位除组织人员抢救外，应立即向急救中心报警，并同时向站长、生产调度、运行主管等人员报告。在发生硫化氢泄漏且硫化氢浓度不明的情况下，必须使用隔离式防毒器材，不得使用过滤式防毒器材。

第二节　采输作业过程中硫化氢的防护

在含硫化氢气体的气井生产管理中，对硫化氢的影响应进行全面的安全评价，从人员组织、生产布局、工艺设计等方面进行通盘考虑，制定出一整套合理生产操作方案来解决硫化氢的危害。

一、含硫气井的生产防护

（1）高含硫气井顺利投入运行后，应按高含硫气井的特点进行比一般气井更严格和周密的生产管理。

（2）气井正常生产期间，井下安全阀、井口安全阀应保持全开，应打开的采气树闸阀保持全开状态，控制系统应不渗不漏，应通过操作关闭机构来测试井下安全阀的渗流率，并应6个月进行一次试验。井口安全阀应每半年开关动作一次，使其处于正常工作状态。

（3）对井口设备、井控装置、管线及其配件等进行连续或定期壁厚、腐蚀监测，特别是流速高、易积水、应力集中严重的部位，了解硫化氢对设备、管线的腐蚀状况，以及对附件的完整性、灵活性、密封性的影响状况。

（4）日常进入硫化氢环境生产场所或有限空间进行取样、计量、巡检、日常维护、拆卸更换阀门和清洗孔板等工作人员应佩戴便携式硫化氢检测报警仪、空气呼吸器等必要的人身防护装备，保证人员安全。有两个或以上单位同时进行时，应指定专人负责协调同步操作，指令传达到所有的作业人员。并且做到：

① 因异常情况出现不可控的泄漏，值班人员应采取果断措施关闭井口或其他阀门，及时切断气源。

② 加强巡检工作，认真坚持每4h进行一次现场巡回检查，巡检时一人检查，一人监护，发现问题立即采取相应的措施并做好记录；同时应严格执行每半小时一次的LCD面板巡回检查制度。

③ 应在排污前检查污水罐附近是否有人畜活动，排污时尽量将自动排污低限设置高一些，避免含硫天然气进入污水罐。

④ 每月定期定时组织井站员工进行防中毒等有针对性的安全事故应急预案的演练。

⑤ 每天由当班人员检查空气呼吸器的供气压力是否足够，每周一次检查空气呼吸器的管路是否完好和符合安全要求。

⑥ 外来施工人员进入井站施工，必须自行配备带有独立清洁空气源的呼吸器（不能挪用井站现有的空气呼吸器）。

⑦ 当环境空气中 H_2S 浓度达到 $10mg/m^3$ 报警时，井站作业人员应立即查明泄漏点，准备防护用具。当浓度达到 $50mg/m^3$ 报警时，所有人员必须首先通过风向标观察风向，疏散下风向人员，抢救人员进入戒备状态。同时查明泄漏原因，采取措施，控制泄漏，向上级报告情况。H_2S 浓度持续上升无法控制时，立即实施应急预案。

⑧ 高含硫气井应定期做气质分析化验，及时了解 H_2S 的变化情况。

特殊操作管理如下：

（1）放空。当需要含硫化氢天然气放空时，严格按操作规程操作，先疏散人畜，应将其引入火炬系统，先点火后放空，燃烧排放。尽量减少放空次数和放空气量，平稳操作，减少环境污染和避免中毒事件发生。放空分液罐（凝液分离罐）应保持低液位，防止放空气体携液扑灭火炬。

（2）排污。污水的大量排放时要防止 H_2S 从水中逸出进入大气，特别要防止排污时出现窜气现象，导致高含硫天然气进入大气。设置自动排污的高低限值，应尽可能将低限值设置得高一些，尽量减少天然气以窜气方式进入大气的可能性。排污操作时，严格控制排污阀后压力（不超过 0.4MPa）。应将污水池（罐）或污水池区域长期划为警戒区域并设立明显的警戒标志，严防人畜进入该区域。

（3）污水的运输处理。污水车停放在污水转运点后，驾驶员应下车并走出警戒线以外：

① 两名班组员工佩戴空气呼吸器和硫化氢检测仪进行污水转运操作，将污水放至污水车，污水放满后，将污水车盖密闭。

② 污水车驾驶员佩戴硫化氢检测仪将污水车开出站场，运至污水处理站。

③ 污水运输车达到污水处理站停放位置后，驾驶员下车远离警戒线，同时污水处理站人员佩戴空气呼吸器、硫化氢检测仪，在 50m 内没有无关人员的情况下，向污水池倒污水。

④ 倒运完毕，污水处理站员工用便携式检测仪检测驾驶员操作范围大气硫化氢含量，确认对人身无影响后，驾驶员方可开出污水处理站。

⑤ 在高含硫气井投产初期，污水运输中应安排一名安全监督人员随车运送污水，规范污水转运过程，保护驾驶员、污水装卸人员、污水处理人员的安全。

（4）含硫废物的排放。

① 对含硫物质的排放应进行监控，严禁在含硫化合物管线中排放可与硫化物发生反应产生硫化氢的物质。

② 含高浓度硫化氢的气体（如酸性气体等）必须经焚烧或其他有效处理，达到国家规定的排放标准后方可高空排放。

③ 高含硫废水应与其他废水分开排放，含硫污水必须经处理合格后方可与其他废水混合排放或处理。

④ 禁止任何单位及个人将高浓度废硫酸、废碱液等有毒有害废液直接向污水系统排放。

⑤ 酸渣与碱渣不得混合排放，防止发生反应后造成硫化氢中毒事故。

⑥ 含硫酸渣池排放口应设置警示牌，排渣时，操作人员应站在上风向，一人操作，一人监护，防止发生硫化氢中毒事故。

⑦ 在高含硫的隔油池、污水池处采样，监测分析人员应站在上风向，并应佩戴防毒器具。

⑧ 污水井检查及维护，需按《有限空间作业管理规定》进行硫化氢等有害气体检测，达到要求后方可下井作业。

⑨ 生产部门应建立含酸废液储罐台账，在现场作明显标识，并定期检查。报废的含酸储罐，应采取有效措施及时处理。

（5）危险、危急时的报警。在高含硫井场内安装报警器和扩音器，并定期对报警器进行调试，同时告知周边群众报警器的作用。一旦发生异常，采用报警器进行报警，并用扩音器指挥站上和周边居民的安全疏散。

二、含硫天然气集输防护

（1）硫化氢平均含量大于或等于5%（体积分数）的集气管线投产前应将产出原料气封于管线内48~72h，检查管道是否存在抗硫化氢应力开裂。集输管道高后果区、高风险段每周至少巡检一次。巡检时应佩戴正压式空气呼吸器，双人巡检，一人操作，一人监护。

（2）站场、管线紧急停车系统（ESD）在触发关闭后，再次启动前应现场人工复位。

（3）在流程易冲蚀部位应设置壁厚定期监测点，定期监测记录壁厚数据、分析风险。对高含硫天然气的管道，设备应实时监控腐蚀情况。腐蚀检测选点应考虑设备的薄弱环节，如设备的焊缝和不同形状和尺寸的连接部位等。通过腐蚀监测与调查数据分析评价腐蚀控制效果，并及时调整防腐方案。

（4）应保证天然气集输温度高于水合物形成温度3℃以上。硫化氢环境湿气管道管内气体的流速控制在3~6m/s。

（5）应定期进行管道清管、缓蚀剂涂膜。清管作业采取防止硫化亚铁自燃的措施。清管作业清除的含硫污物及生产过程中产生的含硫污水应进行密闭收集、输送并进行脱硫化氢处理。

（6）管道阴极保护率100%，开机率大于98%。阴极保护电位应控制在 -0.85~ -1.25V。场站绝缘、阴极电位、沿线保护电位应每月检测一次。

（7）当高含硫天然气需要并入非专设的原有站场集输及处理生产设施时，应加强测定这些设施各点处的天然气含硫量变化情况，并对其抗硫能力做预评价，确保装置、设备、管线等的本质安全。应定期对管道及其附属设施进行安全检查，应定期对阀室阀门进行维护保养。

（8）站外管线泄漏、爆裂。站外管线泄漏、爆裂的控制措施为：加强阴极保护，确保防腐机正常运行；坚持巡线，发现打孔偷气现象及时上报处理；加强对沿线居民和用气户的宣传教育，将《天然气管道保护条例》下发到用户和居民手中；配备正压式空气呼吸器和防火服；对裸露在外大管线采取保护措施；定期对防腐相关数据进行分析，及时了解防腐层情况，做到有备无患。

（9）站内管线泄漏、着火。站内管线泄漏、着火的控制措施为：加强站内管线、设备（阀门）的维护保养；严格执行巡回检查制度；配气操作严格执行《输气工操作规程》；加强员工责任心教育，提高员工素质；配备正压式空气呼吸器；完善并落实各项安全生产制度。

（10）阀门泄漏、着火。阀门泄漏、着火的控制措施为：阀门要定期检查，及时维护；严格执行巡回检查制度；严格进货检验，不安装不合格的产品。

（11）容器泄漏、着火。容器泄漏、着火的控制措施为：严格执行操作规程；加强巡回检查；定期校验容器及其附件；容器定期探伤。

（12）天然气（含 H_2、CO_2）泄漏。天然气（含 H_2、CO_2）泄漏的控制措施为：定期对设备、设施、管线进行维护保养；配备正压式空气呼吸器和防火服；按时巡回检查；严格执行操作规程。

三、含硫天然气净化处理的防护

（1）高含硫气田既有烷烃气资源，又有硫化氢经脱硫而产生的硫资源，因此是双资源气田。但高含硫天然气需要经过脱硫净化处理后才进入输气干线。天然气净化包括脱水、脱硫、硫回收及尾气处理等配套技术，与国外相比在设备、控制技术、消耗指标等方面还有一定差距，应严格执行天然气处理厂各项规定。

（2）根据天然气的性质选择化学溶剂法或者物理溶剂法或者化学—物理溶剂法等。严格按工艺流程及其控制参数进行操作。在明显位置设置防毒、防火、防爆等安全警示标志、防护用品存放点标识和应急疏散通道标识等。

（3）天然气处理厂的工艺管道应经试压合格，并经置换合格方可投入使用。管道置换空气时，应采用氮气或其他惰性气体。置换过程中气流流速不宜大于5m/s，当末端放空气体氧含量不大于2%时即可认为置换合格。天然气置换惰性气体时，当甲烷含量达到80%时，连续监测三次，甲烷含量有增无减，则认为天然气置换合格。无关人员不得进入管道两侧50m。

（4）作业人员在进入工艺装置区时应携带便携式硫化氢检测仪，当空气中硫化氢含量超过 $15mg/m^3$（10ppm）时应佩戴正压式空气呼吸器（如特高含硫气田普光气田就要求所有采集气站人员在进行巡检或作业时必须佩戴好正压式空气呼吸器），至少两人同行。

（5）应定期对原料气、净化气的气相组分进行测试以检测其中的硫化氢浓度，评价处理效果；及时发现问题及时处理，确保处理效果。

（6）设置的ESD和火灾报警和气体检测系统（FGS）应与全厂控制系统有效连接，统一监控。每年对安全仪表系统（SIS）进行一次实际或模拟功能测试。天然气处理厂的压力容器、管道按特种设备检验规程的要求进行年度检查和全面检验。对固定可燃气体检测仪、硫化氢气体检测仪进行定检。及时更换传感器或电池。防雷、防静电接地装置及电器仪表系统等应定期检查。

（7）定期维护防腐监测系统，利用监测数据定期评估硫化氢腐蚀状况，并及时采取相应的措施。

（8）应做好设备、管线防腐，降低硫化亚铁自燃可能性，对存在硫化亚铁的设备、管道、排污口进行喷水冷却。

（9）加强巡回检查，确定巡回检查内容和巡回检查周期；在检查产水流体的系统中，宜使用 H_2S 监测系统或程序（如可视观察、肥皂泡测试、便携式检测仪、固定监测设备等）来监测 H_2S 的泄漏；进入受限空间严格执行作业许可制度。

四、含硫气田采气集输检维修防护

（1）当空气中硫化氢浓度超过 $10mg/m^3$（6.7ppm）时，操作人员进入装置区，必须使用便携式硫化氢报警仪和佩戴正压自给型空气呼吸器。

（2）在硫化氢浓度可能超过 10ppm（$15mg/m^3$）的装置区，应按照规定安装固定式硫化氢报警仪。对于固定检测报警仪、便携式检测仪应进行定期校准及维护，确保检测仪完好。发现硫化氢超标报警时，应及时处理；情况严重时，应撤离现场人员并报告主管部门。

（3）应根据生产岗位和工作环境特点，配备劳动防护用品，包括过滤式防毒面具和正压自给型空气呼吸器，并指定专人管理，定期检测、更换及维护，确保完好使用。

（4）在所有可能产生硫化氢的沟、池、容器等低洼处作业时，应使用必要的防护用品，防止人员中毒。从事硫化氢作业的人员，应按规定定期进行体检，对患有"职业禁忌症"的岗位人员，应按要求及时调换工作岗位。

（5）开展日常检查维护。阀门、法兰、连接件、测量仪表和其他部件应经常检查以便及时发现进行修理和维护；采气井口装置、地面管线、设备应定期除锈防腐；各阀门应定期加注黄油、密封脂；井口装置、地面管线、设备除加注缓蚀剂保护外，集气管线、输卤水管线的内壁可采用防硫涂料进行内壁涂层保护。

（6）管道和装置检修时应编制检修方案，检修方案中应包含安全专篇和应急预案，报上级主管部批准后实施。应根据应急预案配备维（抢）修设备和器材，设置维（抢）修机构。检修前应对检修人员进行安全培训和安全技术交底，并应对检修作业条件进行确认。检修前应进行物理隔离、能量隔离；检修完毕后，应组织现场验收和投产安全条件确认。检修仪表应在泄压后进行；在爆炸危险区域内检修仪表和其他电气设施时，应先切断相应的控制电源。检修更换的仪器仪表、阀门、管线材质应与原设计保持一致，并遵循设备变更制度。不得采取焊接方式修补，应更换新的零部件。

（7）管道阀室、受限空间，以及存在天然气泄漏、硫化氢易集聚的低洼区域应先通风或置换，再检测硫化氢浓度，最后再检修或进入。进入受限空间严格执行作业许可制度。当硫化氢含量超过 $15mg/m^3$（10ppm）时应佩戴正压式空气呼吸器，作业至少两人同行，一人进入作业，一人在外监护，并提前准备好救援措施及工具。

（8）集输管道检修、改造焊接应遵循原焊接工艺规程规定；天然气硫化氢体积分数大于或等于5%的集输管道检修施工前应进行焊接工艺评定，评定内容应包括硫化物应力开裂（SSC）和抗氢致开裂（HIC）试验。

（9）清管球（器）收发装置（包括快开盲板）的使用管理应建立定期维护保养制

度；对生产运行过程中进行清管球（器）收发放筒，以及打开盛装过含硫化氢天然气的容器、工艺管道清洗、更换元器件作业时应采取防毒、防火灾爆炸、防硫化亚铁自燃的措施，并严格执行。

（10）应采取截断、放空、置换措施消除作业部位存在的硫化氢气体。气体检测应在作业前30min内进行；中断作业后应重新进行检测；硫化氢气体置换合格标准为小于30mg/m^3（20ppm）。放空火炬点火装置应定期维护、检查，确保处于正常状态。

五、天然气站场集输及处理中的环境保护

（一）生产设施的安全和生产中的人身安全

控制腐蚀以防止管道、设备发生严重泄漏、爆破事故及由此引起的燃烧、着火爆炸、人体H_2S急性中毒等后续事故的发生；对危险区域空气中的天然气浓度和H_2S含量进行监测并设置相应的报警装置；在气井井口处设置高低压安全截断装置和在管道、生产装置区分段或分区设置事故紧急截断阀，将事故中的天然气自然泄放量和其中的有毒物质绝对外泄量都限制在规定值以内。

（二）职业卫生技术现状

影响工作环境职业卫生的主要因素：在集输和处理含硫天然气时，工作环境空气中的H_2S和SO_2含量；地面管道和机器工作时的噪声；净化厂液硫固化成型、包装和运输中产生的硫磺粉尘。

目前常把控制工作环境空气中有毒物质含量的措施与防天然气燃烧和着火爆炸的安全生产措施结合起来，同时满足这两方面的要求，再对噪声和粉尘采取防治措施。

（三）与站场集输及处理生产有关的环境保护技术

影响环境保护的主要因素：天然气通过泄漏或事故中的自然泄放进入空气中；排放的生产污水中所带有的水污染物和天然气净化厂排放的含硫尾气中的SO_2。

普遍采用物理和生物化学处理相结合的方法来处理含醇和含胺这两类生产污水，可以将生产污水中的水污染物含量降低到排放标准允许的限度以内，已采出地面的气田水则尽可能在保持密闭的情况下回注地层。近年来国外的硫回收技术有了很大提高，国内新引进硫回收装置的设计收率为99.2%，实际运行中达到99.5%。

复习题

一、判断题

1. 井场内一些重要设施应部署在井口或聚集天然气的装置上风口。（　　）
2. 打开放喷管堵头和打开放喷管放空阀放空时，操作者必须戴防毒面具。（　　）
3. 从油罐或油仓顶进入其内时，操作者除了戴上自持式防毒面具外，还要系上安全带，并连好救命绳，入口处要有人监护。（　　）
4. 出现了硫化氢的泄漏或溢出，撤离时，若发现有人倒地或出现意外时，首先应在保证自己能安全逃离的情况下，再行施救或等待专业人员的救护。（　　）
5. 擦洗容器壁上的积垢不会使残留的硫化氢扩散。（　　）

6. 井场只要有一条辅助的安全通道即可。（　　）

7. 对作业场所发现空气中硫化氢含量不明，或防硫化氢中毒的安全措施不落实等情况时，作业人员有权拒绝作业，并有权直接向上级安全主管部门汇报。（　　）

8. 输油输气管道酸洗时可产生硫化氢气体。（　　）

9. 在通球、置换及试压过程中，无关人员不得进入管道两侧20m以内。（　　）

10. 集气站的生产及生活用气不需要使用净化天然气。（　　）

二、单选题

1. 气场站总平面布置，应充分考虑生产工艺特点、火灾危险性等级、地形、风向等因素。下列关于石油天然气场站布置的叙述中，正确的是（　　）。
   A. 锅炉房、加热炉等有明火或散发火花的设备，宜布置在场站或油气生产区边缘
   B. 可能散发可燃气体的场所和设施，宜布置在人员集中场所及明火或可能散发火花地点的全年最小频率风向的下风侧
   C. 甲、乙类液体储罐，宜布置在站场地势较高处
   D. 在山区设输油站时，为防止可燃物扩散，宜选择窝风地段

2. 如果硫化氢气体是从上风方向来的，应该往（　　）方向迅速地撤离出危险区域到安全的地方。
   A. 上风　　　　B. 下风　　　　C. 侧风方向　　　　D. 顺风方向

3. 含硫油气井在井场入口处应有挂牌提示，H_2S 浓度小于 $15mg/m^3$（10ppm）挂（　　）。
   A. 红牌　　　　B. 黄牌　　　　C. 绿牌　　　　D. 不挂牌

4. 半径为（　　）m范围内所有人员的撤离为主要撤离区，即一级撤离区。
   A. 50　　　　B. 100　　　　C. 150　　　　D. 200

5. 在巡井过程中，你旁边的输气管线突然刺裂，而你身处气体（其中可能含有硫化氢）的包围中，而你又没有空气呼吸器，此时你应该（　　）。
   A. 边跑边呼救　　　　　　B. 屏住呼吸，跑出包围区
   C. 在低洼处躲避　　　　　D. 打电话呼救

6. 天然气置换放空时，要控制放空气量，应在（　　）放空。
   A. 站内　　　　B. 无特殊要求　　　　C. 密闭处　　　　D. 站外

7. 油气集输生产处理过程中须严格遵照以下标准执行：硫化氢浓度超（　　）mg/m^3（ppm）的油气井站应设置容易发生硫化氢中毒的危险点源图和紧急撤离路线图。
   A. 15（10）　　B. 30（20）　　C. 150（100）　　D. 75（50）

8. 油罐采样时（　　）在边进、出油的状态下进行油罐采样。
   A. 严禁　　　　B. 可以　　　　C. 站上风可以　　　　D. 无特殊要求

9. 在集气站内管线置换时，压力应控制在（　　）MPa。
   A. 0.05　　　　B. 0.1　　　　C. 0.2　　　　D. 0.3

10. 在进行天然气置换时，在放空口附近应设取样点，定时化验，直至天然气中含氧量小于（　　）时，方结束置换。
    A. 0.01　　　　B. 0.02　　　　C. 0.03　　　　D. 0.04

三、多选题

1. 集输站中的硫化氢监测应用（　　）结合使用的方式。
   A. 固定式监测仪　　　　　　　　B. 携带式硫化氢检测仪
   C. 安培瓶法监测　　　　　　　　D. 醋酸铅试纸监测

2. 按照 SY/T 6277—2017《硫化氢环境人身防护规范》：硫化氢检测仪在使用过程中要定期校验。校验要求是（　　）。
   A. 固定式硫化氢检测仪 1 年校验一次
   B. 便携式硫化氢检测仪半年校验一次
   C. 在超过满量程浓度的环境使用后应重新校验
   D. 工作环境恶劣检查校验测试周期应缩短

3. 按照 SY/T 6277—2017《硫化氢环境人身防护规范》：培训机构负责对含硫化氢环境中作业人员进行（　　）的培训。
   A. 硫化氢监测技术　　　　　　　B. 人身安全防护措施
   C. 井控技术培训　　　　　　　　D. 关井操作培训

4. 施工单位在硫化氢积聚区域施工，作业人员在监督过程中可执行的职能有（　　）。
   A. 检查施工单位施工是否影响生产安全
   B. 检查施工单位施工是否违章作业
   C. 用便携式硫化氢报警仪测量该区域的硫化氢浓度是否超标
   D. 有权制止施工单位违章作业

5. 在装置现场进行以下作业过程中，下列可能会引起硫化氢中毒的作业有（　　）。
   A. 污油罐的检尺、测温作业　　　B. 凝缩油装卸车作业
   C. 成品油罐的脱水作业　　　　　D. 瓦斯脱液作业

6. 以下关于在含硫化氢装置现场工作中描述错误的是（　　）。
   A. 在岗职工可不进行硫化氢中毒知识教育和培训
   B. 进行从事与硫化氢相关的作业必须二人同时到现场，一人作业，一人监护
   C. 如果在有毒区作业感觉身体不适，应马上摘下面罩离开毒区
   D. 作业人员一旦发生硫化氢中毒，监护人应立即不顾一切进入毒区抢救中毒者

7. 凡进入含有硫化氢的储罐、下水井等受限空间内，不应选用哪些防护器具（　　）。
   A. 空气呼吸器　　　　　　　　　B. 橡胶防毒面罩
   C. 过滤式防毒面具　　　　　　　D. 长管式防毒面具
   E. 便携式硫化氢检测仪

8. 以下关于在装置现场工作中描述错误的是（　　）。
   A. 在岗职工可不进行硫化氢中毒知识教育和培训
   B. 进行从事与硫化氢相关的作业必须二人同时到现场，一人作业，一人监护
   C. 如果在有毒区作业感觉身体不适，应马上摘下面罩离开毒区
   D. 作业人员一旦发生硫化氢中毒，监护人应立即不顾一切进入毒区抢救中毒者

9. 在各单井进站的高压区、油气取样区、排污放空区、油水罐区等易泄漏硫化氢区域应设置（　　）。
   A. 醒目的标志　　B. 固定探头　　C. 报警喇叭　　D. 值班室

10. 按照SY/T 6277—2017《硫化氢环境人身防护规范》：含硫油气井的节流管汇、天然气火炬装置和（　　）及除气器等容易排出或聚集天然气的装置应布置在井场的下风方向。

A. 放喷管线　　　　　　　　B. 液气分离器
C. 钻井液罐　　　　　　　　D. 钻井液化验房

四、简答题

1. 简述采输过程中硫化氢的来源。
2. 采输工作中哪些地方存在硫化氢？
3. 井场及计量站检查内容包括哪些？
4. 集输管道检查哪些内容？
5. 硫化氢防护基本要求有哪些？

五、论述题

1. 设备泄漏或容器不密闭时，如何预防硫化氢中毒？
2. 日常进入硫化氢环境生产场所或有限空间进行取样、计量、巡检、日常维护、拆卸更换阀门和清洗孔板等如何做好防护？

参考答案

一、判断题

1. √　2. √　3. √　4. √　5. ×　6. ×　7. √　8. √　9. √　10. ×

二、单选题

1. A　2. C　3. C　4. C　5. B　6. D　7. A　8. A　9. A　10. B

三、多选题

1. AB　2. ABCD　3. AB　4. ABCD　5. ABD　6. ACD　7. BC
8. ACD　9. ABC　10. ABC

四、简答题

1. 简述采输过程中硫化氢的来源。

参考答案：

（1）水、油或乳化剂的储藏罐。

（2）用来分离油和水、乳化剂和水的分离器。

（3）空气干燥器。

（4）输送装置，集油罐及其管道系统。

（5）用来燃烧酸性气体的放空池和放空管汇。

（6）提高石油采收率也可能会产生硫化氢。

（7）装载场所。油罐车一连数小时的装油，装卸管线时管理不严，司机没有经过专门培训，而引起硫化氢气体泄漏。

（8）计量站调整或维修仪表。

（9）气体输入管线系统之前，用来提高气体压力的压缩机。

2. 采输工作中哪些地方存在硫化氢？

参考答案：

（1）阀门；（2）安全阀；（3）密封；（4）采样点；（5）井口坑室（高风险）；（6）法兰；（7）管件；（8）封头；（9）排气管线；（10）排水沟；（11）其他泄漏点（源）。

3. 井场及计量站检查内容包括哪些？

参考答案：

（1）含有硫化氢的井站和计量站的安全警示标志设置明显。

（2）硫化氢气体检测系统运行正常，通风设备性能良好，人员防护装备、检测仪性能良好并在有效期。

（3）安全阀、压力表、液位计等安全附件齐全并在有效期。

（4）周围环境硫化氢含量正常，井口装置和计量站设备无泄漏。

4. 集输管道检查哪些内容？

参考答案：

（1）集输管道无超温、超压运行，无憋压、冻凝现象。

（2）停运的管道和阀门，有防止憋压、冻凝措施。

（3）各类安全保护设施完好，泄压装置在检验期。

（4）脱硫装置运行正常，定期检测脱硫装置进口及出口气体组分。

（5）阴极保护运行正常，阴极保护的主要控制指标符合 GB/T 21448—2017《埋地钢质管道阴极保护技术规范》的有关规定。

（6）专人定期对管道及其附属设施进行徒步巡查，巡查内容执行 SY/T 6137—2017《硫化氢环境天然气采集与处理安全规范》的规定。

5. 硫化氢防护基本要求有哪些？

参考答案：

（1）员工进入含硫化氢作业场所巡检时，应携带正压式空气呼吸器或逃生空气呼吸器，做好供气准备，并佩戴便携式硫化氢报警仪；严格执行"一人巡检、一人监护"的规定。

（2）员工开展含硫化氢介质的工艺与设备操作时，应全程佩戴正压式空气呼吸器。

（3）进入含硫化氢介质泄漏场所的应急救援人员应全程佩戴正压式空气呼吸器。

（4）当气体检测仪报警或空气中硫化氢浓度达到安全临界浓度（20ppm）时，员工应立即撤离至安全地带，属地人员佩戴正压式空气呼吸器在确保安全的前提下开展应急处置，外来人员立即撤离现场。

五、论述题

1. 设备泄漏或容器不密闭时，如何预防硫化氢中毒？

参考答案：

（1）加强管线和设备的维护保养，杜绝漏气漏油。

（2）放空的含硫气和从排污口排出的含硫油水要烧掉。

（3）开采含硫气的井站应配备足够数量的防毒面具或空气呼吸器。

（4）开采含硫气的井站应配备硫化氢检测仪器，坚持经常对设备管线进行检查。

（5）化氢浓度超过规定值，应加强通风，及时查漏堵漏。

（6）对于含硫气田站场的操作人员，必须进行安全和急救的教育，未经培训不能上岗。

2. 日常进入硫化氢环境生产场所或有限空间进行取样、计量、巡检、日常维护、拆卸更换阀门和清洗孔板等如何做好防护？

参考答案：

（1）因异常情况出现不可控制的泄漏，值班人员应采取果断措施关闭井口或其他阀门，及时切断气源。

（2）加强巡检工作，认真坚持每4h进行一次现场巡回检查，巡检时一人检查，一人监护，发现问题立即采取相应的措施并做好记录；同时应严格执行每半小时一次的LCD面板巡回检查制度。

（3）应在排污前检查污水罐附近是否有人畜活动，排污时尽量将自动排污低限设置高一些，避免含硫天然气进入污水罐。

（4）每月定期定时组织井站员工进行防中毒等有针对性的安全事故应急预案的演练。

（5）每天由当班人员检查空气呼吸器的供气压力是否足够，每周一次检查空气呼吸器的管路是否完好和符合安全要求。

（6）外来施工人员进入井站施工，必须自行配备带有独立清洁空气源的呼吸器（不能挪用井站现有的空气呼吸器）。

（7）当环境空气中H_2S浓度达到$10mg/m^3$报警时，井站作业人员应立即查明泄漏点，准备防护用具。当浓度达到$50mg/m^3$报警时，所有人员必须首先通过风向标观察风向，疏散下风向人员，抢救人员进入戒备状态。同时查明泄漏原因，采取措施，控制泄漏，向上级报告情况。H_2S浓度持续上升无法控制时，立即实施应急预案。

（8）高含硫气井应定期做气质分析化验，及时了解H_2S的变化情况。

第六章　含硫天然气净化作业硫化氢防护

含硫的原料气需要经过净化处理工艺，才能成为合理的商品气。天然气净化作业中面临的硫化氢危害与其他含硫天然气生产环节相比，涉及硫化氢危害的设备更多、工艺更复杂、介质类型更多样。本章首先介绍含硫天然气净化工艺和主要设备，并结合工艺和设备详细分析硫化氢危害，同时探讨含硫天然气净化作业中的安全管理问题。

第一节　含硫天然气净化工艺及主要设备

天然气净化作业的主要任务是净化天然气，即脱除原料天然气中的硫化氢、有机硫等有害物质，同时脱除原料天然气中的二氧化碳和水，输出洁净、优质的净化天然气，同时利用脱除的硫化物生产硫磺。

天然气净化厂的脱硫、脱水工艺大致相同，脱硫单元采用湿法脱硫工艺，脱硫溶剂为甲基二乙醇胺（MDEA）。在吸收塔内原料天然气与 MDEA 逆流接触，MDEA 与 H_2S 和 CO_2 发生化学反应，将原料天然气中的绝大部分 H_2S 和部分 CO_2 脱除，脱硫之后的净化天然气中 H_2S 含量不大于 $20mg/m^3$。吸收了 H_2S 和 CO_2 的富 MDEA 溶液经过闪蒸、过滤和贫富液换热器回收热量后进入再生塔再生。再生后的贫液经过贫富液换热器和水冷器之后被 MDEA 循环泵泵入吸收塔循环使用。富 MDEA 再生出的酸气经空冷和水冷之后，分离出酸水，然后送入硫磺回收装置。脱水单元采用湿法脱水工艺，脱水溶剂为三甘醇（TEG）。在脱水塔内湿天然气与 TEG 逆流接触，TEG 与 H_2O 发生化学反应，将湿天然气中的绝大部分 H_2O 脱除，脱水之后的干天然气水露点不高于 $-10℃$，吸收了 H_2O 的富 TEG 溶液经过闪蒸、过滤和贫富液换热器回收热量后进入 TEG 再生器。再生后的贫液经过贫富液换热器后被 TEG 循环泵泵入脱水塔循环使用。富 TEG 再生出的废水送入污水处理单元。各天然气净化厂的硫磺回收工艺各有不同，主要包括克劳斯硫磺回收工艺、超级克劳斯硫磺回收工艺、转化冷床吸附（CBA）工艺、和 Clinsulf-SDP 硫磺回收工艺等，主要工艺流程如图 6-1 所示。

天然气净化厂的装置可以分为工艺装置、辅助生产设施、公共工程设施三个部分，一般包括以下设备设施：

工艺装置部分：原料天然气过滤分离单元、脱硫单元、脱水单元、硫磺回收单元和尾气处理装置。

辅助生产设施部分：硫磺成型装置（含装袋储存系统）、污水处理装置、火炬及放空装置、分析化验室、维修设施、库房及办公楼等。

公共工程设施部分：新鲜水系统、锅炉及蒸汽系统、循环冷却水系统、空气氮气系统、燃料气系统、取水泵房和水处理系统、供电系统、通信系统、消防系统等。

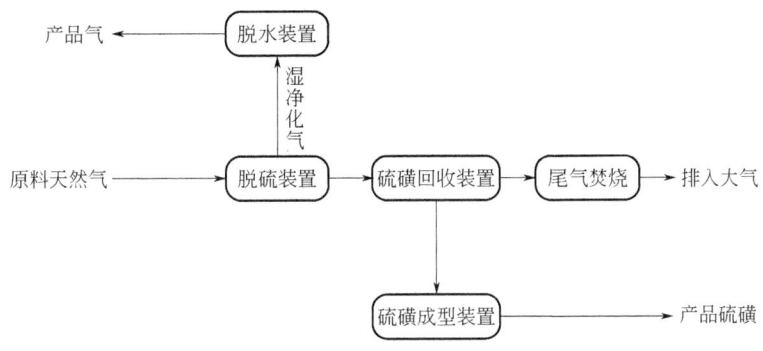

图 6-1 天然气净化工艺流程简图

主要设备的功能及原理如下：

（1）原料天然气过滤器。原料天然气过滤器是天然气净化的预处理设备，用来分离出井场带来的固体和液体杂质，通常包括机械过滤和聚结分离滤芯。

（2）脱硫塔。脱硫塔是湿法脱硫的主要设备，天然气在脱硫塔内与再生完全的贫脱硫溶剂，逆向充分接触脱除天然气里所含的 H_2S、CO_2 及低分子硫醇，达到净化天然气指标的要求。

（3）脱水塔。在脱水塔内，湿净化气从底部进入，脱水溶剂从顶部进入，通过多层塔盘逆流接触，湿净化气中的水被溶剂吸收，从而使产品气水露点达到质量指标要求。

（4）克劳斯炉。克劳斯炉是硫回收的关键设备。在克劳斯炉内，酸气与空气在高温下不完全燃烧，生成大部分的硫磺。

（5）尾气焚烧炉。尾气焚烧炉是重要的环保装置，尾气处理单元未完全吸收的 H_2S，在这里被过氧高温灼烧，全部转化为二氧化硫，并回收热能后通过烟囱排放。

（6）火炬。火炬为净化厂最重要的安全设施，并时刻处于备用状态。当出现 H_2S 泄漏不受控制或其他情况紧急停时，可燃气体能迅速减压排放。

（7）污水处理与回注站。污水处理与回注站是净化厂必须有的环保设施，主要是处理净化厂生产过程产生的污水。

第二节　含硫天然气净化工艺中硫化氢危害

天然气净化厂在生产过程中的主要危险物质有甲烷、硫化氢、二氧化硫、二氧化碳、有机硫、硫磺及硫磺粉尘、铁硫化物、甲基二乙醇胺（MDEA）、三甘醇（TEG）等；净化厂涉及的原料、中间产品、产品大部分是易燃、易爆、有毒的；火灾危险类别可通过《石油化工企业设计防火标准（2018 年版）》（GB 50160—2008）中可燃物质的火灾危险性分类确定，见表 6-1。

表 6-1　主要危险物质和重大危害事件分析

序号	危险部位	主要危险物质	重大危害事件	火灾危险类别
1	脱硫脱碳单元	H_2S、SO_2、CH_4、MDEA	中毒、火灾、爆炸、灼烫	甲
2	脱水单元	CH_4、TEG	火灾、爆炸、灼烫	甲

续表

序号	危险部位	主要危险物质	重大危害事件	火灾危险类别
3	硫磺回收单元	CH_4、H_2S、SO_2、液硫	火灾、中毒、灼烫	甲
4	硫磺成型单元	硫磺	火灾、中毒	乙
5	液硫储运、硫磺包装系统	液硫、CH_4、H_2S、硫磺	中毒、火灾、爆炸、窒息、腐蚀、灼烫、车辆伤害、机械伤害、物体打击	丙
6	火炬系统	CH_4、H_2S、SO_2	火灾、爆炸、高温噪声、中毒	甲

中毒、火灾、爆炸为贯穿净化厂的重大危害事件。其中，导致中毒的物质主要是硫化氢气体。天然气净化厂的原料气、酸气等工艺介质均含有剧毒硫化氢，硫化氢泄漏中毒是天然气净化厂最主要的风险之一。硫化氢是毒害性很强的气体，人暴露在含硫化氢的空气中，短时间内就极有可能中毒甚至死亡，在天然气净化过程中，硫化氢泄漏事故的影响性是非常严重的，它不仅具有突发性，泄漏事故发生还会造成人员大面积的群死群伤，环境的破坏和严重的社会影响。因此，在天然气净化厂生产过程中做好硫化氢防护是保证企业安全平稳运行的关键工作之一。

一、天然气净化厂 H_2S 分布情况

天然气净化工艺中 H_2S 主要分布在脱硫区、再生区、硫回收区、排污放空区，主要集中在脱硫及硫磺回收单元，另外溶剂及尾气中也存在浓度较高的 H_2S。

主要生产装置 H_2S 分布见表 6-2。

表 6-2　主要生产装中 H_2S 分布

序号	装置单元	H_2S 出现部位
1	脱硫单元	原料气过滤器、脱硫塔、溶剂闪蒸罐、溶剂再生塔、活性炭过滤器及相关排污放空管线
2	硫磺回收单元	酸气管道、克劳斯炉、一二级催化转化器、硫封罐、液硫池(罐)
3	尾气处理单元	加氢反应后取样点
4	酸性水汽提单元	酸水缓冲罐、酸水回收罐

其他作业 H_2S 分布见表 6-3。

表 6-3　其他作业环节中 H_2S 分布

序号	作业环节	H_2S 出现部位
1	化验室	主要存在于含 H_2S 介质的取样器和分析 H_2S 浓度的通风储柜
2	污水排放系统	主要存在于下水井和污水排放口
3	火炬区	主要存在火炬水封罐酸水排放点，火炬气燃烧不净也会产生

二、日常风险操作中 H_2S 风险

含硫天然气净化厂日常操作中的 H_2S 风险见表 6-4。

表 6-4 日常操作中 H_2S 风险

装置单元	具体操作	存在风险	防护措施
脱硫单元	天然气进料过滤分离器排液	高压原料气串入首站,造成首站酸水气提装置超压	排液时加强内外联系,严格控制液位
		排液过程中含高浓度 H_2S 酸水从法兰面泄漏	佩戴空气呼吸器、必要时建立呼吸
	贫富溶剂换热器过滤器更换	设备开盖时含高浓度 H_2S 富溶剂泄漏	设备开盖前进行充分置换,排净存液。开盖时佩戴空气呼吸器建立呼吸,作业全过程有监护人监护
	富溶剂过滤器更换滤芯	设备开盖时含高浓度 H_2S 富溶剂泄漏	设备开盖前进行充分置换,排净存液。开盖时佩戴空气呼吸器建立呼吸,工艺操作人员监护
	原料气胺液取样	取样口 H_2S 泄漏	取样操作标准化,取样全过程佩戴空气呼吸器建立呼吸,工艺操作人员监护
	输送溶剂机泵过滤器清洗	过滤器开盖时含高浓度 H_2S 富溶剂泄漏	开盖前进行充分置换,排净存液。开盖时佩戴空气呼吸器建立呼吸,工艺操作人员监护
	酸气空冷器检漏	酸气排放燃烧不充分,泄漏	全程佩戴空气呼吸器,监护人佩戴报警仪
硫磺回收单元	高含 H_2S 过程气取样	取样口 H_2S 泄漏	取样操作标准化,取样全过程佩戴空气呼吸器建立呼吸,工艺操作人员监护
	酸气分离器排液	分离器窜压,容器破裂造成泄漏	严格控制液位
尾气处理单元	输送溶剂机泵过滤器清洗	过滤器开盖时含高浓度 H_2S 富溶剂泄漏	开盖前进行充分置换,排净存液。开盖时佩戴空气呼吸器建立呼吸,工艺操作人员监护

三、硫化氢泄漏主要风险点

出现硫化氢泄漏最主要风险包括:原料气泄漏风险、酸气泄漏风险。

(一)原料气泄漏风险

含硫天然气净化厂原料气中含有较高浓度的硫化氢,因此所有泄漏的原料气都可能导致员工甚至周边居民硫化氢中毒。原料气系统容器、管道及附属仪器仪表都可能由于腐蚀或者老化导致泄漏。可能泄漏的位置包括:

(1)原料气管道。结合管道历次定期检验,参考其他净化厂历史事件,发现原料气管道的腐蚀主要出现在易冲刷部位,如弯头、三通、变径、焊缝。同时,原料气管管道上的仪表,如压力表、温度计的管嘴或者安全阀的连接短节处也较可能因腐蚀穿孔而引发泄漏。

(2)分离器,主要指净化厂的原料气过滤分离器和原料气重力分离器。在硫化氢环境和高应力条件下,钢内部形成细小的裂纹可能出现叠加,并发展成垂直于设备壁厚方向的应力导向氢致开裂,会极大影响设备强度,造成设备机械失效,极端情况可能出现分离器出现泄漏甚至爆炸。同时，原料气过滤分离器、原料气重力分离器的O形密封圈、焊缝和阀门也可能成为潜在的泄漏点。

（3）脱硫塔。在硫化氢环境下，塔体焊缝区域等应力集中区域，易发生应力腐蚀开裂，极端情况可能出现分离器出现泄漏甚至爆炸。同时，脱硫塔上开孔接管的阀门和与之相连的压力表、温度计的引压管线也可能因腐蚀引起的泄漏。

（二）酸气泄漏风险

在天然气净化工艺中，从再生塔解吸出来的气体称作酸气，酸气是硫磺回收装置中最主要的危险物质，天然气净化厂的酸气中的硫化氢含量约为50%，酸气密度较空气略大，泄漏后易在低洼处富集，易导致人员中毒。酸气具有较高的泄漏风险，泄漏的主要原因包括设备腐蚀原因和设备故障原因。

（1）设备腐蚀原因。首先，由于硫化氢、CO_2溶于水后，造成其总酸度较高，对设备的腐蚀较为严重；其次，酸气存在的设备中高速气流，存在冲刷腐蚀，在弯道承受气流冲刷的部位冲刷腐蚀尤为严重；最后，再生塔塔盘、脱硫塔塔盘、重沸器管束、换热器、富液流程管线易结垢，容易形成较为严重的垢下腐蚀，造成酸气泄漏风险。

（2）设备故障原因。一方面，风机如果因故突然停机，若酸气切断不及时，则酸气可能通过空气管线从风机进气口往外泄漏；另一方面，主燃烧炉如果因故熄火，而熄火后因没有及时切断酸气和空气，则可能发生爆炸事故，进而导致酸气泄漏。

脱硫单元中的酸气空冷器管束易发生腐蚀穿孔，特别是靠近管箱部位的管束外部坑蚀严重。

第三节　含硫天然气净化作业安全管理要求

一、岗位要求

（一）持证上岗

所有天然气净化操作人员上岗前应经过专业的硫化氢培训，取得相应操作资格证，并经过职业健康检查合格后方能上岗操作。

（二）熟悉使用各种防护器具

天然气净化操作人员进入含硫化氢区域现场进行巡检或操作时，必须正确佩戴硫化氢防护设备，如便携式硫化氢检测仪、正压式空气呼吸器等。

（三）熟悉并严格遵守装置操作规程

天然气净化操作人员在作业过程中应熟悉并严格遵守各项操作规程。

（四）懂得应急逃生

天然气净化操作人员必须熟悉现场的工作环境，如逃生线路、硫化氢高风险区域等，时刻观察现场作业风向，一旦发现硫化氢泄漏要迅速逆风或者侧风方向撤离现场并及时报告。

（五）定期参加应急演练

通过硫化氢泄漏及人员中毒事故定期应急演练，提高操作人员对硫化氢的认识及应对突发事故的应急处置能力。

二、作业过程中的硫化氢安全管理要求

天然气净化生产过程的清洗、检修、维保等多种作业中都涉及硫化氢,其安全管理要求见表6-5。

表6-5 作业过程安全管理要求

作业项目名称	工作步骤	硫化氢安全管理要求
罐内清洗作业(受限空间)	作业人员进入罐内	(1)塔内吹扫置换合格; (2)四合一检测硫化氢、氧气、二氧化硫均达到标准
浮阀塔内清洗作业(受限空间)	作业人员进入塔内	(1)塔内吹扫置换合格; (2)四合一检测硫化氢、氧气、二氧化硫均达到标准
液硫封更换取样包密封垫作业	螺栓拆卸	(1)作业前硫化氢气体检测合格; (2)作业过程中佩戴便携式硫化氢检测仪
脚手架搭设作业	开工条件确认	(1)佩戴报警仪,严格进行气体检测,检测合格后方可进行脚手架搭拆; (2)当硫化氢泄漏时作业人员立即停止作业并向侧风或逆风方向逃离
绿化养护作业	绿化养护作业清理作业现场	(1)严禁无关人员进入警戒区域; (2)在装置区周边绿化带作业前,作业人员须佩戴便携式硫化氢报警仪
罐内管线及短接加固检修作业	罐内检修作业	(1)确认人孔全部处于完全打开状态,长管空气呼吸器已接通并放置在离作业人员最近的人孔处; (2)气体检测仪连续检测; (3)鼓风机对罐内部连续鼓风; (4)监护人随时与设备内人员保持联系,发现异常立即停止作业,通知人员进行救援
脱硫单元活性炭过滤器更换活性炭作业	进入活性炭过滤器清掏、装填	(1)气体检测仪连续检测; (2)确认人孔全部处于完全打开状态,长管空气呼吸器已接通并放置在离作业人员最近的人孔处; (3)鼓风机对罐内部连续鼓风; (4)监护人随时与设备内人员保持联系,发现异常立即停止作业,通知人员进行救援
炉内配件检修作业	炉类检修作业	(1)确认人孔全部处于全开状态,空气置换合格; (2)气体检测仪连续检测; (3)监护人员随时与设备内人员保持联系,发现异常立即停止作业,通知人员
催化剂清掏、筛选作业	填装催化剂	(1)气体检测仪连续检测; (2)监护人随时与设备内人员保持联系,发现异常立即停止作业,通知人员进行救援
反应器内检查作业	反应器内检查作业	(1)确认人孔全部处于全开状态,专人监护; (2)气体检测仪连续检测; (3)鼓风机对罐内部连续鼓风; (4)监护人员随时与设备内人员保持联系,发现异常立即停止作业,通知人员进行救援

续表

作业项目名称	工作步骤	硫化氢安全管理要求
反应器内检修作业	反应器内检修作业	(1)气体检测仪连续检测; (2)鼓风机对罐内部连续鼓风,空间内气体检测合格专人监护
阀门注脂作业(阀门有泄漏情况)	作业人员进入现场	作业人员进入泄漏影响区域时必须佩戴空气呼吸器,并佩戴便携式硫化氢报警仪
安全阀拆装作业	拆除安全阀进出口螺栓	(1)作业前检查确认工艺隔离有效; (2)拆除作业时侧面站立,松动螺栓检查有无介质泻出,并用硫化氢报警仪检测是否有有毒气体泄漏; (3)拆除螺栓过程中,应进行气体监测
液硫软管疏通	管线拆除	人员侧面站立管线拆除点作业
液硫池衬里修复作业	拆除模具、内部除渣	监护人随时与设备内人员保持联系,发现异常立即停止作业,通知人员进行救援
液硫池底部清渣作业	内部除渣	(1)气体检测仪连续监测,属地监督确认安全绳牢固可靠; (2)监护人随时与设备内人员保持联系,发现异常立即停止作业,通知人员进行救援
装置区内坑池清洗清掏、更换填料、更换曝气管作业	坑池内作业	(1)确认人孔全部处于全开状态,长管空气呼吸器吸气口置于距作业人员最近人孔处并专人监护; (2)气体检测仪连续检测; (3)鼓风机对罐内部连续鼓风,空间内气体检测合格
化粪池清掏作业	打开盖板	气体检测仪连续监测
	内部清掏出池内部污物	(1)气体检测仪连续监测,连续抽风; (2)监护人随时与化粪池内人员保持联系,发现异常立即停止作业,通知人员进行救援
测厚作业(涉及受限空间、高处)	测厚点表面清理	(1)气体检测仪连续监测; (2)确认人孔全部处于完全打开状态,长管空气呼吸器已接通并放置在离作业人员最近的人孔处;鼓风机对罐内部连续鼓风; (3)监护人随时与设备内人员保持联系,发现异常立即停止作业,通知人员进行救援
受限空间检查验收作业	受限空间检查验收	
防腐保温作业	开工条件确认	开工前检测气体,气体合格后开工作业,气体连续检测
低位罐灌装溶液	转运、灌装溶液	佩戴报警仪,严格进行气体检测,检测合格后方可进行溶液加装作业
塔盘更换修复、塔体(容器)腐蚀检测及修复动火作业	打磨设备本体及附件、焊接	(1)确认人孔全部处于全开状态,长管空气呼吸器吸气口置于距作业人员最近人孔处并进行专人监护; (2)气体检测仪连续检测; (3)鼓风机对罐内部连续鼓风,外壳接地
电缆沟内电力电缆敷设与维护(涉及受限空间、吊装作业)	揭电缆沟盖板	(1)气体检测仪连续检测; (2)确认电缆沟盖板揭开至少3处,专人监护
变送器调校、拆装打开排污阀泄压	打开排污阀泄压	作业人员佩戴便携式硫化氢检测仪,作业人员在上风侧操作,必要时佩戴空气呼吸器

续表

作业项目名称	工作步骤	硫化氢安全管理要求
双金属温度计更换(无套管)	拆除、安装温度计、套管	(1)确认管道或设备泄压完全,置换吹扫合格; (2)作业人员佩戴便携式硫化氢检测仪; (3)作业人员在上风侧操作,必要时佩戴空气呼吸器
液位计检修、更换作业	开启排污阀泄压	作业人员佩戴便携式硫化氢检测仪,在上风侧操作
流量计拆卸、检修、更换	拆卸流量计	
程控阀更换维护作业	检修或更换程控阀	
原料气放空压调、联锁阀检查	压调、联锁阀检查	
固定式报警仪检定、拆装	拆卸仪表信号线、更换报警仪部件、检定报警仪	保持坑内持续通风,并用便携式报警仪进行连续监测
固定式报警仪在线检定	连接管线、通入标气、关闭标气、收回连接管	保持作业空间持续通风,并用便携式报警仪进行连续监测
在线分析仪调校、配件更换作业	维修、更换配件、调校	关闭取样一次阀,作业人员佩戴便携式硫化氢检测仪
燃烧炉火检查维护	切断火焰检测器前切断阀、更换配件、调试	确认隔离有效,作业人员佩戴硫化氢报警仪
坑池新建、维修作业	坑池新建、维护	(1)气体检测仪连续监测; (2)确认长管空气呼吸器已接通并放置在离作业人员较近处; (3)鼓风机对内部连续通风; (4)监护人随时与设备内人员保持联系,发现异常立即停止作业,通知人员进行救援
管沟、地沟、下水道、窨井、涵洞疏通作业	受限空间清理、疏通作业	

含硫天然气净化作业过程须严格进行硫化氢安全管理,无防护措施不应进行作业,作业场所应满足防止硫化氢中毒的要求,对存在原料气、酸气等含硫化氢气体可能发生泄漏造成中毒的风险应采取相应的措施进行管控。

复习题

一、判断题

1. 火炬是净化厂重要的安全设施,当出现 H_2S 泄漏不受控制或其他情况紧急停时,可燃气体能迅速减压排放。(　　)

2. 在脱水塔内,湿净化气从顶部进入,脱水溶剂从底部进入,通过多层塔盘逆流接触,湿净化气中的水被溶剂吸收。(　　)

3. 天然气净化工艺中 H_2S 主要分布在脱硫区、再生区、硫回收区、排污放空区,主要集中在脱硫及硫磺回收单元,另外溶剂及尾气中也存在浓度较高的 H_2S。(　　)

4. 脱硫单元的排污放空管线不会出现硫化氢气体。(　　)

5. 贫富溶剂换热器过滤器更换时,在设备开盖前应进行充分置换,排净存液。(　　)

6. 天然气净化操作人员进入含 H_2S 区域现场进行巡检或操作时，可以视情况选择不佩戴 H_2S 防护设备。（   ）

7. 对于可能发生硫化氢中毒的工作场所，在没有采取适当防护措施的情况下，领导可以视情况命令作业人员进行作业。（   ）

8. 在涉及塔、罐等受限空间作业时，应使用鼓风机对其内部进行连续鼓风。（   ）

9. 作业人员进入含有硫化氢的塔、容器、井、污水池内、下水道等区域开展作业时可根据现场情况不进行硫化氢浓度检测。（   ）

10. 天然气净化厂过程中出现硫化氢泄漏的主要风险点包括原料气泄漏风险和酸气泄漏风险。（   ）

二、单选题

1. 天然气净化作业中如需对现场硫化氢进行 24h 连续监测，需要使用（   ）硫化氢检测仪。

  A. 固定式　　　　B. 便携式　　　　C. 袖珍式　　　　D. 任意选择

2. 塔盘拆装检修作业中，为防止人员出现塔内中毒，应将长管空气呼吸器接通并放置于（   ）。

  A. 距作业人员最远人孔处　　　B. 距作业人员最近人孔处
  C. 塔器底部　　　　　　　　　D. 塔器爬梯处

3. 硫磺回收单元的主要危险物质不包括（   ）。

  A. CH_4　　　　B. SO_2　　　　C. TEG　　　　D. 液硫

4. 在天然气净化工艺中，从（   ）解吸出来的气体称作酸气，是硫磺回收装置中最主要的危险物质。

  A. 脱硫塔　　　　B. 再生塔　　　　C. 闪蒸塔　　　　D. 贫富液换热器

5. 天然气净化厂需要按照（   ）的要求合理布置固定式硫化氢检测仪。

  A. GB/T 50493—2019　　　　　B. SY/T 6227—2005
  C. GB/T 31855—2015　　　　　D. SY/T 7356—2017

6. 下列天然气净化作业中，哪项作业可能发生硫化氢中毒事故？

  A. 罐内清洗作业　　　　　　　B. 换热器清洗作业
  C. 防腐保温作业　　　　　　　D. 在线分析仪标定

7. 酸气具有较高的泄漏风险，其中设备的腐蚀是造成泄漏的主要原因，例如再生塔塔盘、脱硫塔塔盘、重沸器管束、换热器、富液流程管线等容易形成较为严重的（   ），造成酸气的泄漏。

  A. 高温腐蚀　　　B. 冲刷腐蚀　　　C. 垢下腐蚀　　　D. 氢致开裂

8. 下列操作中不存在硫化氢泄漏风险的是（   ）。

  A. 天然气进料过滤分离器排液　　B. 原料气胺液取样
  C. 富溶剂过滤器更换滤芯　　　　D. 空气过滤器更换滤芯

9. 气体检测仪连续检测是避免发生硫化氢中毒的重要措施，下列作业中不需要进行气体检测仪连续检测的是（   ）。

  A. 造粒机循环水喷头更换作业　　B. 反应器内检查作业
  C. 安全阀拆装作业　　　　　　　D. 罐内清洗作业

10. 在天然气净化生产作业中，一旦发生硫化氢泄漏，作业人员应立即停止作业并沿（　　）逃离。

　　A. 顺风向　　　　　　　　　　B. 侧风向
　　C. 逆风向　　　　　　　　　　D. 侧风向和逆风向

三、多选题

1. 天然气净化厂在生产过程中存在多种危险物质，包括（　　）。
　　A. 甲烷　　　　　　　　　　　B. 硫化氢
　　C. 二氧化硫　　　　　　　　　D. MDEA

2. 脱硫脱碳单元可能发生的重大危害事件包括（　　）。
　　A. 中毒　　　B. 火灾　　　C. 爆炸　　　D. 灼烫

3. 硫磺回收单元中 H_2S 主要分布在（　　）。
　　A. 酸气管道　　　　　　　　　B. 液硫池（罐）
　　C. 克劳斯炉　　　　　　　　　D. 活性炭过滤器

4. 原料气泄漏是硫化氢泄漏的主要风险点之一，其泄漏风险较大的位置包括（　　）。
　　A. 原料气管道　　B. 分离器　　C. 闪蒸罐　　D. 脱硫塔

5. 在天然气净化作业中，作业人员的硫化氢安全防护管理要求包括（　　）。
　　A. 持证上岗
　　B. 熟悉使用各种防护器具
　　C. 熟悉并严格遵守装置操作规程
　　D. 懂得应急逃生并定期参加应急演练

6. 作业人员在原料气胺液取样过程中存在取样口 H_2S 泄漏的风险，其防护措施包括（　　）。
　　A. 开盖前进行充分置换，排净存液　　B. 取样标准化
　　C. 取样过程佩戴空呼建立呼吸　　　　D. 工艺操作人员监护

7. 罐内检修作业在受限空间内开展，为避免硫化氢中毒，作业人员进入罐内前应（　　）。
　　A. 确认人孔全部处于完全打开状态
　　B. 气体检测仪连续检测
　　C. 鼓风机对罐内部连续鼓风
　　D. 切断与监护人的联系

8. 四合一气体检测仪是应用广泛的安全装置，它可以检测（　　）。
　　A. 可燃气体　　B. 氧气　　C. 一氧化碳　　D. 硫化氢

9. 硫化氢气体检测仪的检定应包括（　　）。
　　A. 仪器性能　　　　　　　　　B. 技术要求
　　C. 检定方法　　　　　　　　　D. 检定周期

10. 原料气管道的冲刷腐蚀是造成管道泄漏的主要原因，日常巡检和维护保养时应关注原料气的冲刷腐蚀情况，易受到冲刷部位包括（　　）。
　　A. 变径　　　B. 三通　　　C. 焊缝　　　D. 弯头

四、简答题

1. 天然气净化厂生产装置的硫化氢分布在哪些单元和装置？
2. 液硫池底部清渣作业时如何进行风险控制？
3. 天然气净化厂存在原料气泄漏风险和酸气泄漏风险，请简述原料气泄漏风险可能发生的位置。
4. 硫化氢防护、救援设备的维护保养应注意哪些方面？
5. 作业人员进行安全阀拆装作业时应如何进行防护？

五、论述题

1. 天然气净化企业将可能存在硫化氢危害的作业承包给承包商时有哪些注意事项？
2. 针对天然气净化厂酸气泄漏风险如何进行风险控制？

参考答案

一、判断题

1. √ 2. × 3. √ 4. × 5. √ 6. × 7. × 8. √ 9. × 10. √

二、单选题

1. A 2. B 3. C 4. B 5. A 6. A 7. C 8. D 9. A 10. D

三、多选题

1. ABCD 2. ABCD 3. ABC 4. ABD 5. ABCD 6. BCD 7. ABC

8. ABCD 9. ABCD 10. ABCD

四、简答题

1. 天然气净化厂生产装置的硫化氢分布在哪些单元和装置？

参考答案：

（1）脱硫单元（原料气过滤器、脱硫塔、溶剂闪蒸罐、溶剂再生塔、活性炭过滤器及相关排污放空管线）。

（2）硫磺回收单元（酸气管道、克劳斯炉、一二级催化转化器、硫封罐、液硫池（罐））。

（3）尾气处理单元（加氢反应后取样点）。

（4）酸性水汽提单元（酸水缓冲罐、酸水回收罐）。

2. 液硫池底部清渣作业时如何进行风险控制？

参考答案：

（1）气体检测仪连续检测。

（2）属地监督确认安全绳牢固可靠。

（3）监护人随时与设备内人员保持联系，发现异常立即停止作业，通知人员进行救援。

3. 天然气净化厂存在原料气泄漏风险和酸气泄漏风险，请简述原料气泄漏风险可能发生的位置。

参考答案：

（1）原料气管道。原料气管道的腐蚀主要出现在易冲刷部位，如弯头、三通、变径、焊缝。同时，原料气管管道上的仪表，如压力表、温度计的管嘴或者安全阀的连接短节处也较可能因腐蚀穿孔而引发泄漏。

（2）分离器，主要指净化厂的原料气过滤分离器和原料气重力分离器。在硫化氢环境和高应力条件下，钢内部形成细小的裂纹可能出现叠加，并发展成垂直于设备壁厚方向的应力导向氢致开裂，会极大影响设备强度，造成设备机械失效，极端情况可能出现分离器出现泄漏甚至爆炸。同时，原料气过滤分离器、原料气重力分离器的O形密封圈、焊缝和阀门也可能成为潜在的泄漏点。

（3）脱硫塔。在硫化氢环境下，塔体焊缝区域等应力集中区域，易发生应力腐蚀开裂，极端情况可能出现分离器出现泄漏甚至爆炸。同时，脱硫塔上开孔接管的阀门和与之相连的压力表、温度计的引压管线也可能因腐蚀引起的泄漏。

4. 硫化氢防护、救援设备的维护保养应注意哪些方面？

参考答案：

（1）建立硫化氢防护及应急救援设施定期检查制度，保证防护和救援设施处于完好状态。

（2）在重点防护区域附近配备相应的应急救援设施，并设置明显标识。

（3）在可能发生硫化氢泄漏或逸散的临时性工作场所，应配置正压式空气呼吸器、便携式硫化氢检测报警仪，并根据情况配置应急照明灯、安全带或安全绳等救援设施，设施应置于作业人员易于获取的位置，并有专人管理。

（4）硫化氢检测报警仪定期检定，仪器的性能、技术要求、检定方法和周期应满足《硫化氢气体检测仪检定规程》（JJG 695—2019）的要求。

（5）正压式空气呼吸器、充气压缩机等应急设备定期维护保养。

5. 作业人员进行安全阀拆装作业时应如何进行防护？

参考答案：

（1）作业前检查确认工艺隔离有效。

（2）拆除作业时侧面站立，松动螺栓检查有无介质泻出，并用硫化氢报警仪检测是否有有毒气体泄漏。

（3）拆除螺栓过程中，应进行气体监测。

五、论述题

1. 天然气净化企业将可能存在硫化氢危害的作业承包给承包商时有哪些注意事项？

参考答案：

（1）严格审查承包商的职业安全卫生作业条件，不得将硫化氢危害作业承包给不具备相应资质、不符合职业安全卫生条件的承包商。

（2）各单位与承包商签订的安全作业合同应包括硫化氢防护责任的内容，明确双方在安全、环境保护、职业病防护中的职责。

（3）告知承包商工作场所可能存在的硫化氢危害、分布及应采取的防护措施。

2. 针对天然气净化厂酸气泄漏风险如何进行风险控制？

参考答案：

（1）加强设备、管线的日常检查和维护，防止设备出现跑、冒、滴、漏。

（2）按照《石油化工可燃气体和有毒气体检测报警设计标准》（GB/T 50493—2019）

的要求合理布置固定式硫化氢检测仪,巡检人员配备便携式硫化氢报警器,并按要求设定各级报警值。

(3) 保证远程控制系统有效性,确保在发生酸气泄漏时,能及时关闭上下游装置,避免事态进一步扩大。

(4) 在编制企业专项应急预案时明确人员责任、响应策略、相关紧急联系方式、附近居民点的具体位置、可用的空气呼吸器等应急物质。定期开展地企联动的应急演练,邀请可能受影响的居民参加演练。

第七章 涉硫危险作业硫化氢防护

前面已经介绍了钻井、井下、测井、录井等采输作业过程的防硫措施，本章特对受限空间作业、设备打开作业和设备维修作业等涉硫作业的安全防护进行介绍。

第一节 受限空间作业硫化氢防护

一、受限空间作业安全管理

受限空间也称为有限空间、密闭空间等，是指封闭或部分封闭，进出口较为狭窄有限，未被设计为固定工作场所，自然通风不良，易造成有毒有害、易燃易爆物质积聚或氧含量不足的空间。

受限空间作业是指作业人员进入或探入受限空间实施的作业活动，如：清理污水池、下水道等，在反应塔或釜、槽车、储罐等容器内进行检修、清理作业等，以及在管道、烟道、隧道、沟、坑、井、地下仓库、储藏室等作业。

受限空间作业场所存在的危险有害因素主要是硫化氢、一氧化碳、二氧化碳、氨、甲烷（沼气）和氰化氢等有毒或有窒息性的气体，其中以硫化氢和一氧化碳为主的毒性气体尤为突出。

（一）受限空间作业的危害性

（1）中毒危害。有限空间容易积聚高浓度有害物质，如硫化氢、一氧化碳、氰化氢等。有害物质可以是原来就存在于有限空间的，也可以是作业过程中逐渐积聚的。

（2）缺氧危害。受限空间通常通风不良，空气中氧浓度过低会引起缺氧。当空气中氧含量降到16%以下，人即可产生缺氧症状；氧含量降至10%以下，可出现不同程度意识障碍，甚至死亡；氧含量降至6%以下，可发生猝死。

（3）燃爆危害。受限空间空气中存在易燃、易爆物质，如甲烷（沼气、瓦斯）、氨等，浓度过高遇火会引起爆炸或燃烧。

（4）其他危害。其他任何威胁生命或健康的环境条件，如坠落、溺水、物体打击、电击、坍塌等。

进入受限空间作业，应遵守相关的安全管理制度，按要求进行作业审批，办理受限空间作业许可证，严格受限空间作业监管。进入受限空间作业安全管理应严格遵循"管工作管安全"的原则，有效落实直线责任和属地管理，强化作业风险管控，落实安全措施，确保安全作业，防止事故发生。

进入受限空间作业的安全管理可从进入受限空间作业流程、进入受限空间作业安全职责、进入受限空间作业安全管理要求三个方面进行描述。

(二) 进入受限空间作业流程

实施进入受限空间作业,流程主要包括作业申请、作业审批、作业实施和作业关闭等四个环节。

(1) 作业申请由作业单位的现场作业负责人提出,作业单位参加作业区域所在单位组织的风险分析,根据提出的风险管控要求制定并落实安全措施。

(2) 作业审批由作业批准人组织作业申请人等有关人员进行书面审查和现场核查,确认合格后,批准进入受限空间作业。

(3) 作业实施由作业人员按照进入受限空间作业许可证的要求,实施进入受限空间作业,监护人员按规定实施现场监护。

(4) 作业关闭是在进入受限空间作业结束后,由作业人员清理并恢复作业现场,作业申请人和作业批准人在现场验收合格后,签字关闭进入受限空间作业许可证。

(三) 进入受限空间作业安全职责

1. 作业区域所在单位安全职责

作业区域所在单位是组织进入受限空间作业的属地主管单位,安全职责主要包括:

(1) 组织开展进入受限空间作业风险分析。

(2) 提供现场作业安全条件,向作业单位进行安全交底,告知作业单位进入受限空间作业存在的风险。

(3) 审批作业单位进入受限空间作业安全措施或工作方案,监督作业单位落实安全措施。

(4) 负责进入受限空间作业相关单位的协调工作。

(5) 监督现场进入受限空间作业,发现违章或异常情况有权停止作业。

2. 作业批准人安全职责

作业批准人应当是作业区域所在单位负责人,对进入受限空间作业全面负责,安全职责主要包括:

(1) 与作业单位沟通作业区域风险和安全要求。

(2) 组织书面审查和现场核查进入受限空间作业条件和安全措施或相关方案的落实情况。

(3) 签发和关闭进入受限空间作业许可证。

(4) 指定属地监督,明确监督工作要求。

3. 属地监督安全职责

属地监督是指作业区域所在单位指派的现场监督人员,安全职责主要包括:

(1) 了解进入受限空间作业区域、部位状况、工作任务和存在风险。

(2) 监督检查进入受限空间作业许可相关手续齐全。

(3) 监督已制定的所有安全措施落实到位。

(4) 核查进入受限空间作业人员资格和设备的符合性。

(5) 核查进入受限空间作业前气体检测及符合情况。

(6) 在进入受限空间作业过程中,根据要求实施现场监督。

(7) 及时纠正或制止违章行为,发现人员、工艺、设备或环境安全条件变化等异常情况及时要求停止作业并立即报告。

4. 作业单位安全职责

作业单位是指具体承担进入受限空间作业任务的单位，安全职责主要包括：

（1）参加进入受限空间作业现场风险分析。

（2）制定并落实进入受限空间作业安全措施。

（3）开展作业前安全培训，安排符合规定要求的作业人员从事作业，组织作业人员开展工作前安全分析。

（4）检查作业现场安全状况，及时纠正违章行为。

（5）当人员、工艺、设备或环境安全条件变化，以及现场不具备安全作业条件时，立即停止作业，并及时报告作业区域所在单位。

5. 作业申请人安全职责

作业申请人是指作业单位现场作业负责人，对进入受限空间作业实施环节负管理责任，安全职责主要包括：

（1）提出申请并办理进入受限空间作业许可证。

（2）参加进入受限空间作业风险分析，并落实安全措施。

（3）对作业人员进行作业前安全培训和安全交底，保证作业人员和设备设施满足规定要求。

（4）指定具体作业监护人，明确监护工作要求。

（5）参与书面审查和现场核查进入受限空间作业条件和安全措施或相关方案的落实情况。

（6）参与现场验收和关闭进入受限空间作业许可证。

（7）当人员、工艺、设备发生变更时，及时报告作业区域所在单位。

6. 作业监护人安全职责

作业监护人是指由作业单位指定实施安全监护的人员，安全职责主要包括：

（1）对进入受限空间作业实施全过程现场监护。

（2）熟悉进入受限空间作业区域、部位状况、工作任务和存在风险。

（3）检查确认作业现场安全措施的落实情况，以及作业人员资质和现场设备的符合性。

（4）保证进入受限空间作业过程满足安全要求，有权纠正或制止违章行为。

（5）负责进、出受限空间人员登记，掌握作业人员情况并保持有效沟通。

（6）发现人员、工艺、设备或环境安全条件变化等异常情况，以及现场不具备安全作业条件时，及时要求停止作业并立即向现场负责人报告。

（7）熟悉紧急情况下的应急处置程序和救援措施，熟练使用相关消防设备、救护工具等应急器材，可进行紧急情况下的初期处置。

7. 作业人员安全职责

作业人员是指进入受限空间作业的具体实施者，对进入受限空间作业安全负直接责任，安全职责主要包括：

（1）在进入受限空间作业前确认作业区域、内容和时间。

（2）进入受限空间作业前，参加工作前安全分析，清楚作业安全风险和安全措施。

(3) 进入受限空间作业过程中,执行进入受限空间作业许可证及操作规程的相关要求。

(4) 服从作业监护人和属地监督的监管;作业监护人不在现场时,不得作业。

(5) 发现异常情况有权停止作业,并立即报告;有权拒绝违章指挥和强令冒险作业。

(6) 进入受限空间作业结束后,负责清理作业现场,确保现场无安全隐患。

(四) 进入受限空间作业安全管理要求

1. 基本要求

(1) 进入受限空间作业实行作业许可管理,应当办理进入受限空间作业许可证,未办理作业许可证严禁作业。

(2) 作业申请人、属地监督、作业批准人、作业监护人、作业人员必须经过相应培训,具备相应能力。

(3) 进入受限空间作业许可证是现场作业的依据,只限在指定的作业区域和时间范围内使用,且不得涂改、代签。

(4) 进入受限空间作业前应按照作业许可证或安全工作方案的要求进行气体检测,作业过程中应进行气体监测,合格后方可作业。

(5) 作业人员在进入受限空间作业期间应采取适宜的安全防护措施,必要时应佩戴有效的个人防护装备。

(6) 发生紧急情况时,严禁盲目施救。救援人员应经过培训,具备与作业风险相适应的救援能力,确保在正确穿戴个人防护装备和使用救援装备的前提下实施救援。

2. 作业申请和准备

(1) 作业申请人负责与作业区域所在单位进行沟通,准备进入受限空间作业许可证等相关资料,提出作业申请。

(2) 进入受限空间作业许可证应当包括作业单位、作业区域所在单位、作业地点、作业内容、作业时间、作业人员、作业监护人、属地监督、危害识别、安全措施、气体检测,以及作业批准、延期、取消、关闭等基本信息。进入受限空间作业许可证应当编号,作业过程中应分别放置于作业现场、作业区域所在单位及相关方处;关闭后的进入受限空间作业许可证应收回,并保存一年。受限空间作业许可证样例见表7-1。

表7-1 受限空间作业证样例

生产车间(分厂): 　　　　　　　　　　　　　　　　　　编号:

受限空间所在单位负责项目栏	受限空间所在单位:
	受限空间名称:
	检修作业内容:
	受限空间主要介质:
	作业时间: 　年 月 日 时起至 　年 月 日 时止
	隔绝安全措施:
	确认人签字:
	负责人　　　　　　　　年 月 日

续表

作业单位负责项目栏	作业单位：						
	作业负责人：						
	作业监护人：						
	作业中可能产生的有害物质：						
	作业安全措施(包括抢救后备措施)：						
	负责人：						
采样分析	分析项目	有毒有害介质	可燃气体	氧含量	取样时间	取样部位	分析人
	分析标准						
	分析数据						
审批意见： 审批人 年 月 日							

（3）作业区域所在单位应组织针对进入受限空间作业内容、作业环境等进行风险分析，作业单位应参加风险分析并根据结果制定相应控制措施，必要时编制安全工作方案和应急预案。

（4）受限空间出入口应保持畅通，并设置明显的安全警示标志，空气呼吸器、防毒面具、急救箱等相应的应急物资和救援设备应配备到位。

（5）根据需要，进入受限空间作业前应当做好以下准备工作：

① 可采取清空、清扫（如冲洗、蒸煮、洗涤和漂洗）、中和危害物、置换等方式对受限空间进行清理、清洗；

② 编制隔离核查清单，隔离相关能源和物料的外部来源，上锁挂牌并测试，按清单内容逐项核查隔离措施。

（6）对可能存在缺氧、富氧、有毒有害气体、易燃易爆气体、粉尘等受限空间，作业前应进行检测，合格后方可进入。进入受限空间作业的时间距气体检测时间不应超过30min。超过30min仍未开始作业的，应当重新进行检测。氧浓度应保持在19.5%～23.5%。使用便携式可燃气体报警仪或其他类似手段进行分析时，被测的可燃气体或可燃液体蒸气浓度应小于其与空气混合爆炸下限的10%（LEL），且应使用两台设备进行对比检测。使用色谱分析等分析手段时，被测的可燃气体或可燃液体蒸气的爆炸下限大于等于4%（体积分数）时，其被测浓度应小于0.5%（体积分数）；当被测的可燃气体或可燃液体蒸气的爆炸下限小于4%（体积分数）时，其被测浓度应小于0.2%（体积分数）。有毒有害气体浓度应符合国家相关规定要求。

（7）气体检测设备必须经有检测资质单位检测合格，每次使用前应检查，确认其处于正常状态。气体取样和检测应由培训合格的人员进行，取样应有代表性，取样点应包括受限空间的顶部、中部和底部。检测次序应是氧含量、易燃易爆气体浓度、有毒有害气体浓度。

3. 作业审批

（1）根据作业风险，进入受限空间作业许可应当由具备相应能力，并能提供、调配、协调风险控制资源的作业区域所在单位负责人审批。

（2）收到作业许可申请后，作业批准人应当组织作业申请人、相关方及有关人员，集中进行书面审查。审查内容包括：

① 确认作业的详细内容。

② 确认作业单位资质、人员能力等相关文件。

③ 分析、评估周围环境或相邻工作区域间的相互影响，确认进入受限空间作业前后应采取的所有安全措施，包括应急措施。

④ 确认作业许可证期限及延期次数。

⑤ 其他。

（3）书面审查通过后，作业批准人应当组织作业申请人、相关方及有关人员进行现场核查。现场核查内容包括：

① 与作业有关的设备、工具、材料等符合情况。

② 现场作业人员资质或能力符合情况。

③ 对受限空间进行隔离、置换、吹扫及气体检测落实情况。

④ 安全设施的配备及完好性，应急措施的落实情况。

⑤ 个人防护装备的配备情况。

⑥ 作业人员、监护人员、救援人员的培训、沟通情况。

⑦ 其他安全措施落实情况。

（4）书面审查和现场核查通过之后，作业批准人应当在进入受限空间作业许可证上签字，批准可以进入受限空间作业。书面审查和现场核查可同时在作业现场进行。

（5）对于书面审查或现场核查未通过的，应当对查出的问题记录在案；整改完成后，作业申请人重新申请。

（6）当作业人员、作业监护人等人员发生变更时，应当经过作业批准人的审批。

4. 作业实施

（1）进入受限空间作业实施前应当进行安全交底，作业人员应当按照进入受限空间作业许可证的要求进行作业。

（2）进入受限空间作业应指定专人监护，不得在无监护人的情况下作业；作业人员和监护人员应当相互明确联络方式并始终保持有效沟通；进入特别狭小空间时，作业人员应当系安全可靠的保护绳，并利用保护绳与监护人员进行沟通。

（3）受限空间内的温度应当控制在不对作业人员产生危害的安全范围内。

（4）受限空间内应当保持通风，保证空气流通和人员呼吸需要，可采取自然通风或强制通风，严禁向受限空间内通纯氧。

（5）受限空间内应当有足够的照明，使用符合安全电压和防爆要求的照明灯具；手持电动工具等应当有漏电保护装置；所有电气线路绝缘良好。

（6）受限空间作业应当采取防坠落或滑跌的安全措施；必要时，应当提供符合安全要求的工作面。

（7）对受限空间内阻碍人员移动、对作业人员可能造成危害或影响救援的设备应当采取固定措施，必要时移出受限空间。

（8）进入受限空间作业期间，应当根据作业许可证或安全工作方案中规定的频次进行气体监测，并记录监测时间和结果，结果不合格时应立即停止作业。气体监测应当优先选择连续监测方式，若采用间断性监测，间隔不应超过2h。

（9）携带进入受限空间作业的工具、材料要登记，作业结束后应当清点，以防遗留在受限空间内。

（10）如发生紧急情况，需进入受限空间进行救援时，应当明确监护人员与救援人员的联络方法。救援人员应当佩戴相应的防护装备。必要时，携带气体防护装备。

（11）进入受限空间作业期间，作业人员应当安排轮换作业或休息。每次进、出受限空间的人员都要清点和登记。

（12）如果进入受限空间作业中断超过30min，继续作业前，作业人员、作业监护人应当重新确认安全条件。作业中断过程中，应对受限空间采取必要的警示或隔离措施，防止人员误入。

可在受限空间作业附近显著位置设置受限空间作业安全告知牌。安全告知牌示例见表7-2。

表7-2 受限空间作业安全告知牌示例

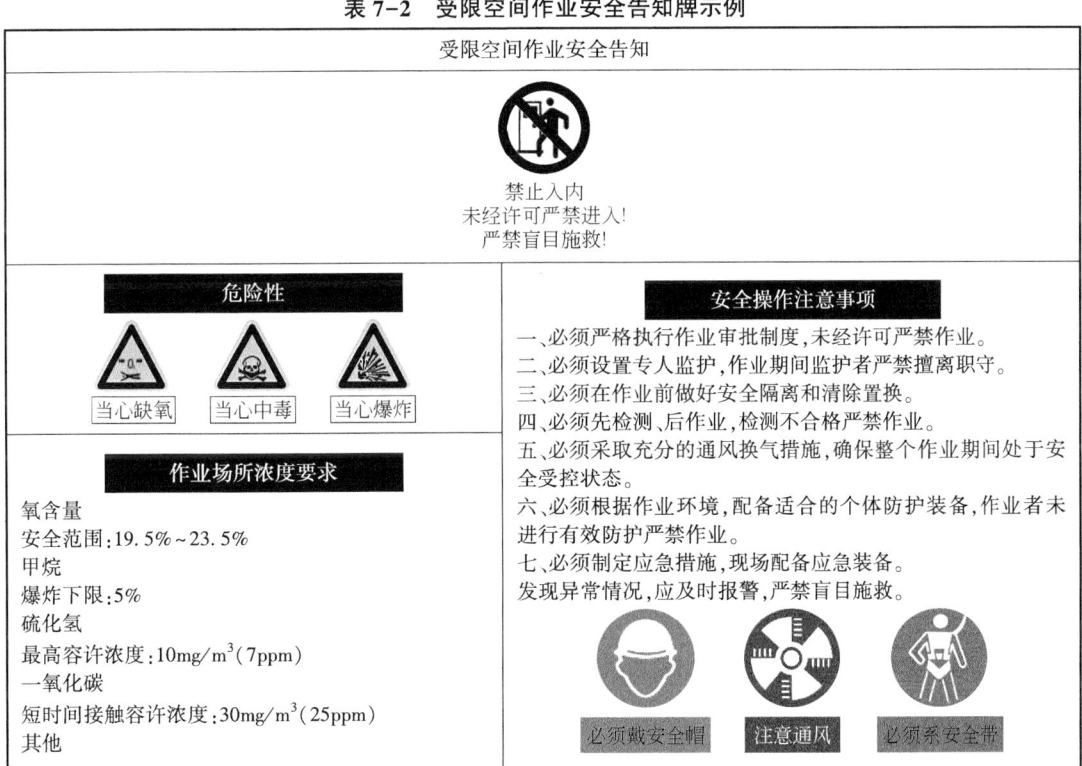

夜间实施作业，应在作业区域周边显著位置设置警示灯，地面作业人员应穿戴高可视警示服。

5. 作业延期、取消和关闭

（1）进入受限空间作业许可证的期限一般不超过一个班次，延期后总的作业期限原则上不能超过 24h。办理延期时，作业申请人、批准人应当重新核查工作区域，确认所有安全措施仍然有效，且作业条件和风险未发生变化。

（2）当发生下列任何一种情况时，现场所有人员都有责任立即终止作业，取消进入受限空间作业许可证，需要重新恢复作业时，应当重新申请办理进入受限空间作业许可证：

① 作业环境和条件发生变化而影响到作业安全时；
② 作业内容发生改变；
③ 实际作业与作业计划的要求不符；
④ 安全控制措施无法实施；
⑤ 发现有可能发生立即危及生命的违章行为；
⑥ 现场发现重大安全隐患；
⑦ 发现有可能造成人身伤害的情况或事故状态下。

（3）进入受限空间作业结束后，作业人员应当清理作业现场，解除相关隔离设施，现场确认无隐患后，作业申请人和作业批准人在作业许可证上签字，关闭作业许可。

（4）特殊情况进入受限空间作业。

① 用惰性气体吹扫空间，可能在空间开口处附近产生气体危害，此处应视为受限空间。在进入准备和进入期间，应当进行气体检测，确定空间开口周围危害区域的大小，设置路障和警示标志，防止误入。

② 紧急状态或事故情况下的应急抢险所涉及的进入受限空间作业，遵循应急管理程序，确保风险控制措施落实到位。

二、装置正常生产检查中硫化氢防护措施

装置正常生产的检查中，总要进入一些受限空间。生产装置由于操作的失误，机泵管线设备的腐蚀穿孔或密封不严造成硫化氢等泄漏，会造成环境污染和人员中毒伤亡事故。因此，务必遵守如下规定：

（1）严格工艺纪律，加强平稳操作，防止跑、冒、滴、漏。

（2）装置内安装固定式的硫化氢报警仪，对有硫化氢泄漏的地方要加强通风措施，防止硫化氢积聚，同时加强机泵设备的维护管理，减少泄漏。

对存有硫化氢物料的容器、管线、阀门等设备，要定期检查更换。发现硫化氢浓度高，要先报告，采取一定的防护措施，才能进入现场检查和处理。

三、油罐检查与清理作业硫化氢防护措施

（一）油罐的检查

（1）严禁在进、出油及调和过程中进行人工检尺、测温及拆装安全附件等作业。
（2）必要的检查，脱水，操作人员应站在上风向，并有专人监护。
（3）准备好适合的防毒面具，以便急用。

（二）油罐的清理

在硫化氢危险区内清理油罐时要求至少三个人，两个人进行工作，第二人在远离油罐

的安全位置监护。必须准备至少四套自给式呼吸器,进行清理工作的两个人每人一套,监护者一套,一套由监护者保存在安全区域备用。清理过程如下:

(1) 由三个人对自给式呼吸器进行事先检查。

(2) 停止所有在下风向的工作并且撤离所有人员。

(3) 监护者处于上风位置,确保能够监护进行工作的两个人。

(4) 关闭油罐的进料阀。

(5) 关闭油罐的出料阀。

(6) 开启排污阀并且用来自单独接头的水冲刷或者用氮气置换或放空。

(7) 停止冲洗,打开阀门,除去杂物并且将湿碎片转移到专用容器内。注意自燃硫化亚铁的影响。

(8) 进行采样分析,合格后进行工作的两个人佩戴呼吸器进入油罐进行清理。

(9) 除去用于本工作的所有设备并且按照废物管理程序处理垃圾。

四、进入设备内检修作业硫化氢防护措施

进入设备、容器进行检修,一般都经过吹扫、置换、加盲板、采样分析合格、办理进入设备安全作业许可证才能进入作业。但有些设备在检修前需进入排除油污、余渣,清理过程中,会散发出硫化氢和油气等有毒有害气体,必须采取下列安全措施:

(1) 制定施工方案。

(2) 作业人员须经过安全技术培训,学会人工急救、防护用具、照明及通信设备的使用方法。

(3) 佩戴适用的防毒面具,携带安全带(绳)、通信头盔等劳动保护用品。

(4) 进设备前,必须做好采样分析,根据测定结果进行风险评估,确定施工中的安全措施。

(5) 进设备、容器作业时间不宜过长,一般最多不超过 30min。

(6) 作业前,应按照合理审批流程,办理《进入受限空间作业许可证》。

(7) 施工过程必须有专人监护,必要时应有医务人员等应急人员在场。

五、进入下水道(井)、地沟作业硫化氢防护措施

下水道含有硫化氢、瓦斯等有毒有害气体,进入前必须采取严密的安全预防措施。执行上述进入受限空间作业的安全要求,并应注意:

(1) 严禁各种物料的脱水排凝进入下水道。

(2) 严禁在下水道井口 10m 内动火。

(3) 采用强制通风或自然通风,保证氧含量符合规定。

(4) 安装临时水泵或堵住上源的水,降低水位。

(5) 在条件允许的情况下,把作业地段的下水道用沙包两头堵住,安装防爆抽风机,使新鲜空气在管道内流通。

(6) 佩戴适用的防毒面具、携带安全带(绳)、办理安全作业票。进入下水道内作业,井下要设专人监护,并与地面保持密切联系。

六、油池清污作业硫化氢防护措施

油池清理过程中,由于搅拌,大量的有毒有害气体冲上来,严重威胁作业人员的生命安全。因此要采取下列措施:

(1) 下油池清理前,必须用泵把污油、污水抽干净,用高压水冲洗置换。
(2) 采样分析,根据测定结果,进行风险评估,确定施工方案和安全措施。
(3) 佩戴适用的防毒面具,有专人监护,必要时要携好安全带(绳)。
(4) 办理好安全作业许可证。

七、堵漏、拆卸或安装作业硫化氢防护措施

(1) 严格控制带压作业,应把与其设备容器相通的阀门关死、撤掉余压。
(2) 佩戴适用的防毒面具,有专人监护。
(3) 拆卸法兰螺栓时,在松动之前,不要把螺栓全部拆开,严防有毒气体大量泄出。

八、进入受限空间营救的硫化氢防护措施

当有人跌入受限空间(不论什么原因),需要人员到受限空间内进行抢救处理时,必须做到:

(1) 发现事故应立即呼叫或报告,个人不能贸然去处理。
(2) 佩戴适用的防毒面具,有两个以上的人监护。
(3) 进入塔、容器、下水道等事故现场,还需携带安全带(绳)。如遇到问题应按联络信号立即撤离现场。

第二节 设备打开作业硫化氢防护

设备打开作业指采取任何方式改变了封闭管线或设备及其附件完整性的作业。设备打开主要指两类情况:第一类是在运管线或设备打开;第二类是装置停车大检修,工艺处理合格后,独立单元首次管线或设备打开。常见的设备打开作业有:解开法兰,从法兰上去掉一个或多个螺栓,打开阀盖或拆除阀门,调换8字盲板,打开管线连接件,去掉盲板、盲法兰、堵头和管帽,断开仪表、润滑、控制系统管线(如引压管、润滑油管等),断开加料和饵料临时管线(包括任何连接方式的软管),用机械方法或其他方法穿透管线,开启检查孔、微小调整(如更换阀门填料),等等。

设备打开作业的风险主要为:因设备内的介质未排空,设备打开后可能导致高压(高温)介质喷出伤人;若介质是有毒物质或含有有毒物质(如硫化氢等),打开设备后,这些有毒气体泄漏,将引起人员中毒;若介质具有腐蚀性,打开设备后介质有可能喷溅到人体,引起人体化学灼伤;若介质具有易燃易爆性,打开设备后介质泄漏遇到火源,则将引发火灾爆炸事故,等等。

设备打开作业实行作业许可管理,应在打开前进行风险评估,采取安全措施,办理作业许可证,必要时需制订安全工作方案和应急预案。当管线打开作业涉及高处作业、动火作业、进入受限空间等,应同时办理相关作业许可证。

设备打开作业的安全管理要求可分为以下五部分，即：作业前准备、打开设备、工作交接、个人防护装备和设备作业打开许可证。

一、作业前准备

（一）编制安全工作方案

设备打开作业前，作业单位应进行风险评估，根据风险评估的结果制定相应控制措施，必要时编制安全工作方案。

安全工作方案应包括下列主要内容：

(1) 清理计划，应具体描述关闭的阀门、排空点和上锁点等，必要时应提供示意图；
(2) 安全措施，包括设备打开过程中的冷却、充氮措施和个人防护装备的要求；
(3) 应急、救援、监护等预备人员的要求和职责；
(4) 应急预案；
(5) 描述设备打开影响的区域，并控制人员进入。

作业前安全工作方案应与所有相关人员沟通，必要时应专门进行培训，确保所有相关人员熟悉相关的 HSE 要求。

（二）清理

需要打开的管线或设备必须与系统隔离，其中的物料应采用排尽、冲洗、置换、吹扫等方法除尽后才能进行设备打开作业。

设备清理的合格标准是：

(1) 系统温度介于 $-10℃ \sim 60℃$ 之间；
(2) 已达到大气压力；
(3) 与气体、蒸汽、雾沫、粉尘的毒性、腐蚀性、易燃性有关的风险已降低到可接受的水平。

若设备打开前并不能完全确认已无危险，应在设备打开之前做好以下准备：

(1) 确认设备清理合格，采用凝固（固化）工艺介质的方法进行隔离时应充分考虑介质可能重新流动；
(2) 如果不能确保设备清理合格，如残存压力或介质在死角截留、未隔离所有压力或介质的来源、未在低点排凝和高点排空等，应停止工作，重新制定工作计划，明确控制措施，消除或控制风险。

（三）隔离

设备打开前，应确保打开部分与系统完全隔离，以防系统物料流入一打开的设备内，引发中毒、窒息、火灾爆炸、腐蚀等事故。

设备打开前的隔离应满足以下要求：

(1) 提供显示阀门开关状态、盲板、盲法兰位置的图表，如上锁点清单、盲板图、现场示意图、工艺流程图和仪表控制图等；
(2) 所有盲板、盲法兰应挂牌；
(3) 隔离系统内的所有阀门必须保持开启，并对管线进行清理，防止设备内留存介质；
(4) 对于存在第二能源的设备，在隔离时应考虑隔离的次序和步骤。对于采用凝固

（固化）工艺进行隔离以及存在加热后介质可能蒸发的情况应重点考虑隔离。

隔离方法的选择取决于隔离物料的危险性、管线系统的结构、管线打开的频率、因隔离（如吹扫、清洗等）产生可能泄漏的风险等。隔离的方法应优先采用双截止阀，其次是单截止阀，最后是凝固（固化）工艺介质或其他隔离法。

采用单截止阀隔离时，应制定风险控制措施和应急预案。

应考虑使用手动阀门进行隔离，手动阀门可以是闸阀、旋塞阀或球阀。控制阀不能单独作为物料隔离装置，如果必须使用控制阀门进行隔离，应制定专门的操作规程确保安全隔离。应对所有隔离点进行有效隔断，并进行标识。

二、打开设备

打开设备时，要明确设备打开的具体位置。必要时在受设备打开影响的区域设置路障或警戒线，控制无关人员进入。设备打开过程中发现现场工作条件与安全工作方案不一致时（如导淋阀堵塞或管线清理不合格），应停止作业，并进行再评估，重新制定安全工作方案，办理相关作业许可证。

三、工作交接

设备打开后需要工作交接时，工作交接的双方应共同确认以下工作内容和安全工作方案：

（1）有关安全、健康和环境方面的影响；
（2）隔离位置、清理和确认清理合格的方法；
（3）设备状况；
（4）设备中残留的物料及危害等。

生产单位、维护单位或承包商的相关人员在工作交接时应进行充分沟通。当设备打开时间需超过一个班次才能完成时应在交接班记录中予以明确，确保班组间的充分沟通。

四、个人防护装备

设备打开作业时，应选择和使用合适的个人防护装备，专业人员和使用人员应参与个人防护装备的选择。个人防护装备在使用前，应由使用人员进行现场检查或测试，合格后方可使用。应按防护要求建立个人防护装备清单，清单包括使用何种、何时使用、何时脱下个人防护装备等内容。应确保现场人员能够及时获取个人防护装备。

对含有剧毒物料等可能立刻对生命和健康产生危害的设备打开作业时应遵守以下要求：

（1）所有进入受设备打开影响区域内的人员，包括预备人员应同样穿戴所要求的个人防护装备；
（2）对于受设备打开影响区域外（位于路障或警戒线之外，但能够看见工作区域）的人员，可不穿戴个人防护装备，但必须确保能及时获取个人防护装备。

五、设备打开许可证

设备打开作业实行作业许可证管理制度，由设备打开作业单位的现场负责人申请办理作业许可证，办理时应提供如下相关资料和设施：

（1）管线打开作业内容说明；

（2）相关附图，如作业环境示意图、工艺流程示意图、平面布置示意图等；

（3）风险评估结果（如工作前安全分析）；

（4）安全工作方案；

（5）个人防护装备；

（6）相关安全培训或会议记录；

（7）其他相关资料。

设备打开作业许可证的期限不得超过一个班次，延期后总的作业期限不能超过24h。管线打开作业许可证的审批、分发、延期、取消、关闭具体执行《作业许可管理规范》（Q/SY1240—2009）。

设备打开作业结束后，应清理作业现场，解除相关隔离设施，确认现场没有遗留任何安全隐患，申请人与批准人或其授权人签字关闭作业许可证。

第三节　设备维修作业硫化氢防护

设备维修是为了保持和恢复设备、设施规定的性能而采取的技术措施，包括检测和修理。对涉硫设备的维修作业中，若不遵守操作规程，安全措施不当，也会导致硫化氢中毒或其他生产安全事故。

一、设备维修作业前安全要求

（1）设备维修作业前，应有针对性的工艺处理方案。根据设备检修项目要求，应制定设备检修方案，落实检修人员、安全措施。检修项目负责人应按检修方案的要求，组织检修作业人员到检修现场，交代清楚检修项目、任务、检修方案，并落实检修安全措施。

（2）检修项目负责人应对检修安全工作负全面责任，并指定专人负责整个检修作业过程的安全工作。检修项目负责人应会同检修管理人员、工艺管理人员检查并确认设备、工艺处理等符合检修安全要求。

（3）设备检修现场应按规定设立相应的安全标志，设备检修项目负责人应组织检修作业人员到现场进行检修方案交底。

（4）应对检修作业使用的脚手架、起重机械、电气焊用具、手持电动工具、扳手管钳、锤子等各种工器具进行检查，凡不符合作业安全要求的工器具不得使用。应对检修现场的爬梯、栏杆、平台、铁箅子、盖板等进行检查，保证安全。

（5）检修带电设备时，应采取可靠的断电措施，切断需检修设备上的电源，经两次复查证明无误后，在电源开关处挂上禁止启动牌或专人监控，方能检修。对检修所使用的移动式电气工器具，应配有漏电保护装置。

（6）对检修作业使用的气体防护器材、消防器材、照明设备等器材设备应经专人检查，保证完好可靠，并合理放置。应检查、清理检修现场的消防通道、行车通道，保证畅通无阻。应将检修现场的易燃易爆物品、障碍物等影响检修安全的杂物清理干净。

（7）对有腐蚀性介质的检修场所应备有冲洗用水源。需要清洗置换的设备，必须进行分析检验,取样要有代表性,确保清洗置换有效合格。

(8) 易燃、易爆、有毒、有腐蚀性物质和蒸气设备管道检修,必须切断物料(包括惰性气体)出入口阀门,并由设备所属生产车间加设盲板。检查设备管道与运行中设备管道连接时,中间必须加隔盲板,在抽堵有毒气体盲板时,应戴好防毒面具。

(9) 设备检维修负责人要对移交检修的设备置换处理负责,移交前要查电气、查物料处理,确认合格方可办理移交。

二、上岗许可

(1) 检修易燃、易爆、有毒、有腐蚀性物质的设备时,必须进行清洗置换和有效隔离。作业人员要经过相应的安全培训,具有从事相关设备检修的技术实力,取得上岗资格证后,才能从事相关设备的检修作业。从事特种作业的检修人员应持有特种作业操作证。

(2) 检修作业前办理《设备检修作业许可证》,方可作业。《设备检修作业许可证》应至少包括设备名称、作业单位、现场监护人、作业地点、作业内容、作业人员、安全措施等项目,《设备检修作业许可证》的实例见表7-3。

表7-3 设备检修作业许可证

编号			设备名称	
作业单位			现场监护人	
作业地点				
作业内容				
作业人员				
作业时间		年 月 日 时 分至 年 月 日 时 分		
序号	主要安全措施			确认人签名
1	检查使用的检修工具			
2	切断检修设备上的电源、在电源开关上加挂"禁止启动"的安全标识,并加锁			
3	设备含有毒、有害气体物质的应经过置换、吹扫,实现无害化			
4	如需动火作业,应办理相应动火作业许可证			
5	检修人员配备相应的劳动防护用品			
6	清理检修现场的杂物,保持通道畅通			
7	作业人员需持相关有效证件上岗			
8	作业现场夜间有充足的照明			
9	其他补充安全措施			
危险、有害因素识别:				
施工单位负责人意见	设备使用部门负责人意见		安全管理部门意见	项目负责人审批意见
年 月 日	年 月 日		年 月 日	年 月 日
完工验收:			验收人签名	年 月 日

三、设备检修中及检修后的安全要求

(一) 检修中的安全要求

(1) 检修作业过程中,应正确佩戴和使用个人防护用具和用品。检修作业人员应遵守本工种安全技术操作规程。多工种、多层次交叉作业时,应统一协调,采取相应的防护措施。

(2) 拆卸有毒有腐蚀管道,应穿戴好防护用品,松螺栓时,应先松外面的,防止中毒和灼伤。检修有易燃易爆物料的设备,要使用防爆工具,防止产生火花。应对检修区域内的各种机动车辆进行严格管理。

(3) 在危险性较高的场所进行设备检修时,检修项目负责人应与当班班长联系。如生产出现异常情况,危及检修人员的人身安全时,生产当班班长应立即通知检修人员停止作业,迅速撤离作业场所。待上述情况排除完毕,确认安全后,检修项目负责人方可通知检修人员重新进入作业现场。

(4) 需夜间检修的作业场所,应设有足够亮度的照明装置。

(5) 检修过程中,严禁变更作业内容、扩大作业范围或转移作业地点。

(6) 设备内的检修作业还应该遵守本章第一节关于受限空间作业的安全要求。

(二) 检修后的安全要求

(1) 检修完毕后,检修项目负责人应会同有关检修人员检查检修项目是否有遗漏,工器具和材料等是否遗漏在设备内。

(2) 因检修需要而拆移的盖板、箅子板、栏杆、防护罩等安全设施应恢复正常。

(3) 应将检修废弃物清理干净,废旧物资合理安置。

(4) 检修所用的工器具,脚手架、临时电源、临时照明设备等应及时拆除。检修人员应会同设备所在岗位进行试车,验收交接。

四、容易发生事故的环节

(一) 需要动火的检修作业

(1) 在检修含有易燃易爆物料的设备时,若安全措施不到位,如处理不干净、容器内存在死角、盲板插加不合理、相连物料管线未隔开、阀门内漏等,动火检修时易发生火灾爆炸事故。

(2) 可燃、易爆介质吸附在设备、管道内壁表面的积垢或外表面的保温材料中,如处理不干净,动火时会释放出来,易发生火灾爆炸事故。

(3) 动火检修点周围及下方存在易燃、易爆物品,如未清除干净,易发生火灾爆炸事故。

(4) 不按规定办理动火证、不执行动火证规定的安全措施就实施动火作业检修,易造成火灾爆炸事故。

(二) 设备内的检修作业

(1) 在进行设备内检修时,若有毒有害气体(如硫化氢、一氧化碳、氰化物等)未经清洗置换、分析合格，可能造成中毒。

(2) 容器中氧含量不符合要求，可能造成窒息。

(3) 检修作业时间长，容器通风不好，有造成窒息的危险。

(4) 容器内照明和电动工具使用的电源不是安全电压或电源线破损，工具设备漏电，都可能造成触电事故。

(5) 未戴防毒器材进入有毒区、进入设备内作业时防毒器材缺陷、氧气源不足、药剂失效等，可能造成中毒事故。

(6) 进入高深容器作业，安全措施不完善，可能造成物体打击事故。

(三) 涉高处作业的检修

(1) 高处作业进行检修时，若脚手架搭设不规范、稳定性差，造成高处坠落事故。

(2) 周围环境变化，有毒气体突然散发时，易造成中毒及高处坠落事故。

(3) 措施不落实（未办登高作业证、未系安全带、未戴安全帽），易造成高处坠落事故和物体打击事故。

(4) 检修时围栏、楼板等移开后未采取相应的措施而发生坠落。

(5) 此外，在检修过程中，人员还具有被灼伤、烧伤的危险性；或在狭小场所碰撞摔倒、跌打损伤；或被卷于运转的机器设备里，造成断伤肢体等事故。

复习题

一、判断题

1. 未进行气体检测和办理作业许可证，可以在油罐区内动火或进入受限空间作业。(　　)

2. 作业人员不可以随便进入受限空间。(　　)

3. 进入受限空间作业人员必须佩戴好规定的劳动防护用品，如安全帽、工作服、工作鞋、防毒。(　　)

4. 进入有限空间的作业人员必须携带空气呼吸器。(　　)

5. 进入有限空间，作业人员必须先检测里面的气体。(　　)

6. 作业人员可以长时间在有限空间内作业。(　　)

7. 企业应当按照有限空间作业方案，明确作业现场负责人、监护人员、作业人员及其安全职责。(　　)

8. 企业实施有限空间作业前，应当将有限空间作业方案和作业现场可能存在的危险有害因素、防控措施告知作业人员。(　　)

9. 有限空间作业应当严格遵守"先通风、再检测、后作业"的原则。(　　)

10. 有限空间未经通风和检测，作业人员就能进去作业。(　　)

二、单选题

1. 根据规定，进入受限空间作业前要进行（　　）。
A. 气体检测和办理作业许可证　　B. 防护用品检查
C. 身体检查　　　　　　　　　　D. 现场考核

2. 关于进入受限空间说法错误的是（　　）。

A. 进入者必须经过专门培训　　　　B. 必须在现场进行风险评估

C. 作业人员派代表在许可证上签字即可　D. 许可证全部张贴在现场

3. 有限空间进行作业前检测，检测的时间不得早于作业开始前（　　）min。

A. 10　　　　　B. 15　　　　　C. 20　　　　　D. 30

4. 关于受限空间作业的安全规定，以下说法正确的是（　　）。

A. 必须严格实行作业审批制度，作业人员可随意进入有限空间作业

B. 必须做到"先通风、再检测、后作业"，严禁通风、检测不合格作业

C. 可以适当进行安全培训，培训后就可上岗作业

D. 作业人员在有限空间发生危险时，应第一时间进入有限空间救援

5. 有限空间作业应执行审批程序，监护人员不应少于（　　）人。

A. 0　　　　　B. 1　　　　　C. 2　　　　　D. 无人数限制

6. 以下不属于受限空间作业的是（　　）。

A. 进入锅炉内检修　　　　　　　　B. 进入污水井清理

C. 进入储槽检修　　　　　　　　　D. 管线腐蚀探测

7. 凡要进入受限空间作业时，必须按照（　　）原则进行。

A. 边检测，边作业　　　　　　　　B. 先检测，后作业

C. 先作业，后检测　　　　　　　　D. 不检测，只作业

8. 受限空间作业时，应保证受限空间内的氧气浓度保持在（　　）浓度范围。

A. 16%~21%　　B. 17%~21%　　C. 18%~21%　　D. 19.5%~23.5%

9. 在受限空间作业时，以下措施不必要的是（　　）。

A. 在受限空间外设置醒目的安全警示标志

B. 受限空间出入口应保持畅通

C. 封闭作业现场

D. 对全厂实行停产

10. 下列不属于有限空间的是（　　）。

A. 管道　　　　B. 垃圾站　　　　C. 粮筒仓　　　　D. 生活房间

三、多选题

1. 受限空间监护人职责是（　　）。

A. 会同作业人员检查安全措施，统一联系信号

B. 进入受限空间监护

C. 当发现异常时，向作业人员发出撤离警报

D. 发现异常时，立即进入抢救

2. 进入受限空间作业前，要进行（　　）。

A. 气体检测　　　　　　　　　　　B. 办理作业许可证

C. 身体检查　　　　　　　　　　　D. 现场考核

3. 下列关于受限空间作业安全管理的说法正确的是（　　）。

A. 必须严格实行作业审批制度，严禁擅自进入有限空间作业

B. 必须做到"先通风、再检测、后作业"，严禁通风、检测不合格作业

C. 可以适当进行安全培训，培训后就可上岗作业

D. 必须制定应急措施，现场配备应急装备，严禁盲目施救

4. 有限空间作业应（　　）。

A. 在作业点设置醒目的警示标识和作业流程

B. 严格执行危险作业审批程序，办理有限空间作业票

C. 先检测、再通风、后作业

D. 监护和救援人员应能正确使用有限空间作业安全设施与个体防护用具

5. 有限空间可能造成的事故有（　　）。

A. 中毒　　　　　　B. 火灾　　　　　　C. 爆炸　　　　　　D. 窒息

6. 有限空间作业的人员的职责有（　　）。

A. 在进入受限空间作业前确认作业区域、内容和时间

B. 进入受限空间作业前，参加工作前安全分析，清楚作业安全风险和安全措施

C. 进入受限空间作业过程中，执行进入受限空间作业许可证及操作规程的相关要求

D. 服从作业监护人和属地监督的监管；作业监护人不在现场时，不得作业

7. 有限空间一旦发生事故，救援的程序包含（　　）。

A. 有限空间发生事故时，监护者应及时报警，救援人员应做好自身防护

B. 配备必要的呼吸器具、救援器材

C. 严禁盲目施救，导致事故扩大

D. 发现作业者晕倒，应立即进入营救

8. 当作业者进入受限空间作业时，在受限空间外负责安全监护的人员的职责是（　　）。

A. 对进入受限空间作业实施全过程现场监护

B. 熟悉进入受限空间作业区域、部位状况、工作任务和存在风险

C. 检查确认作业现场安全措施的落实情况，以及作业人员资质和现场设备的符合性

D. 保证进入受限空间作业过程满足安全要求，有权纠正或制止违章行为

9. 受限空间内的有毒有害气体主要有（　　）。

A. 硫化氢　　　　　B. 一氧化碳　　　　C. 氧气　　　　　　D. 甲烷

10. 受限空间作业，发生安全事故的原因有（　　）。

A. 没有采取安全措施　　　　　　　B. 没有遵守规章制度

C. 盲目施救　　　　　　　　　　　D. 低估了面临的危险

四、简答题

1. 简要列举受限空间作业的种类。
2. 受限空间作业的危险是什么？
3. 受限空间作业的程序是什么？
4. 受限空间作业许可证上包含哪些信息？
5. 设备打开作业前编制安全工作方案的内容是哪些？

五、论述题

1. 受限空间作业监护人的主要职责有哪些？
2. 受限空间作业审批书面审查后开展的现场核查内容有哪些？

参考答案

一、判断题

1. ×　2. √　3. √　4. ×　5. √　6. ×　7. √　8. √　9. √　10. ×

二、单选题

1. A　2. C　3. D　4. B　5. C　6. D　7. B　8. D　9. D　10. D

三、多选题

1. AC　2. ABD　3. ABD　4. ABD　5. ABCD　6. ABCD　7. ABC

8. ABCD　9. ABD　10. ABCD

四、简答题

1. 简要列举受限空间作业的种类。

参考答案：

常见的受限空间作业有：清理浆池、沉淀池、酿酒池、沤粪池、下水道、蓄粪坑、地窖等；工地桩井、竖井、矿井等；反应塔或釜、槽车、储藏罐、钢瓶等容器，以及管道、烟道、隧道、沟、坑、井、涵洞、船舱、地下仓库、储藏室、谷仓等。

2. 受限空间作业的危险是什么？

参考答案：

受限空间作业的危害性主要有以下几点：

（1）中毒危害。有限空间容易积聚高浓度有害物质，如硫化氢、一氧化碳、氰化氢等。有害物质可以是原来就存在于有限空间的，也可以是作业过程中逐渐积聚的。

（2）缺氧危害。空气中氧浓度过低会引起缺氧。

（3）燃爆危害。空气中存在易燃、易爆物质，如甲烷（沼气、瓦斯）、氨等，浓度过高遇火会引起爆炸或燃烧。

（4）其他危害。其他任何威胁生命或健康的环境条件，如坠落、溺水、物体打击、电击等。

3. 受限空间作业的程序是什么？

参考答案：

进入受限空间作业，流程主要包括作业申请、作业审批、作业实施和作业关闭四个环节。

4. 受限空间作业许可证上包含哪些信息？

参考答案：

进入受限空间作业许可证应当包括作业单位、作业区域所在单位、作业地点、作业内容、作业时间、作业人员、作业监护人、属地监督、危害识别、安全措施、气体检测，以及作业批准、延期、取消、关闭等基本信息。

5. 设备打开作业前编制安全工作方案的内容是哪些？

参考答案：

设备打开作业前，编制的安全工作方案应包括下列主要内容：

（1）清理计划，应具体描述关闭的阀门、排空点和上锁点等，必要时应提供示意图。

（2）安全措施，包括设备打开过程中的冷却、充氮措施和个人防护装备的要求。

（3）应急、救援、监护等预备人员的要求和职责。

（4）应急预案。

（5）描述设备打开影响的区域，并控制人员进入。

五、论述题

1. 受限空间作业监护人的主要职责有哪些？

参考答案：

（1）对进入受限空间作业实施全过程现场监护。

（2）熟悉进入受限空间作业区域、部位状况、工作任务和存在风险。

（3）检查确认作业现场安全措施的落实情况，以及作业人员资质和现场设备的符合性。

（4）保证进入受限空间作业过程满足安全要求，有权纠正或制止违章行为。

（5）负责进、出受限空间人员登记，掌握作业人员情况并保持有效沟通。

（6）发现人员、工艺、设备或环境安全条件变化等异常情况，以及现场不具备安全作业条件时，及时要求停止作业并立即向现场负责人报告。

（7）熟悉紧急情况下的应急处置程序和救援措施，熟练使用相关消防设备、救护工具等应急器材，可进行紧急情况下的初期处置。

2. 受限空间作业审批书面审查后开展的现场核查内容有哪些？

参考答案：

（1）与作业有关的设备、工具、材料等符合情况。

（2）现场作业人员资质或能力符合情况。

（3）对受限空间进行隔离、置换、吹扫及气体检测落实情况。

（4）安全设施的配备及完好性，应急措施的落实情况。

（5）个人防护装备的配备情况。

（6）作业人员、监护人员、救援人员的培训、沟通情况。

（7）其他安全措施落实情况。

第八章 硫化氢事故应急管理

第一节 概述

一、应急管理的过程

应急管理是对重大事故的全过程管理,贯穿于事故发生前、中、后的各个过程,充分体现了"预防为主,常备不懈"的应急思想。它是一个动态的循环过程,包括预防、准备、响应和恢复四个阶段。

(一) 预防

在应急管理中预防有两层含义,一是事故的预防工作,即通过安全管理和安全技术等手段,来尽可能地防止事故的发生,实现本质安全;二是在假定事故必然发生的前提下,通过预先采取的预防措施,来达到降低或减缓事故的影响或后果的严重程度。

(二) 准备

应急准备是应急管理过程中一个极其关键的过程,它是针对可能发生的事故,为迅速有效地开展应急行动而预先所做的各种准备,包括应急体系的建立、有关部门和人员职责的落实、预案的编制、应急队伍的建设、应急设备(施)与物资的准备和维护、预案的演习、与外部应急力量的衔接等,其目标是保持重大事故应急救援所需的应急能力。

(三) 响应

应急响应是在事故发生后立即采取的应急与救援行动,包括事故的报警与通报、人员的紧急疏散、急救与医疗、消防和工程抢险措施、信息收集与应急决策及外部求援等,其目标是尽可能地抢救受害人员、保护可能受威胁的人群,尽可能控制并消除事故。

(四) 恢复

恢复工作应在事故发生后立即进行,它首先使事故影响区域恢复到相对安全的基本状态,然后逐步恢复到正常状态。要求立即进行的恢复工作包括事故损失评估、原因调查、清理废墟等。

二、应急管理的内容

应急管理工作内容概括起来叫作"一案三制"。"一案"是指应急预案,就是根据发生和可能发生的突发事件,事先研究制订的应对计划和方案。应急预案包括各级政府总体预案、专项预案和部门预案,以及基层单位的预案和大型活动的单项预案。"三制"是指应急工作的管理体制、运行机制和法制。

(一) 建立健全和完善应急预案

要建立"纵向到底,横向到边"的预案体系。所谓"纵",就是按垂直管理的要求,从国家到省到市、县、乡镇各级政府和基层单位都要制订应急预案,不可断层;所谓"横",就是所有种类的突发公共事件都要有部门管,都要制订专项预案和部门预案,不可或缺。相关预案之间要做到互相衔接,逐级细化。预案的层级越低,各项规定就要越明确、越具体,避免出现"上下一般粗"现象,防止照搬照套。

(二) 要建立健全和完善应急管理体制

主要是建立健全集中统一、坚强有力的组织指挥机构,发挥我们国家的政治优势和组织优势,形成强大的社会动员体系。建立健全以事发地党委和政府为主、有关部门和相关地区协调配合的领导责任制,建立健全应急处置的专业队伍、专家队伍。必须充分发挥人民解放军、武警和预备役民兵的重要作用。

(三) 要建立健全和完善应急运行机制

主要是要建立健全监测预警机制、信息报告机制、应急决策和协调机制、分级负责和响应机制、公众的沟通与动员机制、资源的配置与征用机制,奖惩机制和城乡社区管理机制等。

(四) 要建立健全和完善应急法制

主要是加强应急管理的法制化建设,把整个应急管理工作建设纳入法制和制度的轨道,按照有关的法律法规来建立健全预案,依法行政,依法实施应急处置工作,要把法治精神贯穿于应急管理工作的全过程。

三、应急管理体制的内涵

应急管理体制是指为保障公共安全,有效预防和应对突发事件,避免、减少和减缓突发事件造成的危害,消除其对社会产生的负面影响,而建立起来的以政府为核心、其他社会组织和公众共同参与的组织制度体系。

(一) 应急管理体制确立

2007年11月1日起施行的《中华人民共和国突发事件应对法》明确规定,国家建立"统一领导、综合协调、分类管理、分级负责、属地管理"为主的应急管理体制。2006年4月,设置国务院应急管理办公室(国务院总值班室),承担国务院应急管理的日常工作和国务院总值班工作,履行值守应急、信息汇总和综合协调职能,发挥运转枢纽作用。根据规定,我国把突发事件主要分为四大类并规定相应的牵头部门:自然灾害主要由民政部、水利部、中国地震局等牵头管理;事故灾难由国家安全生产监管总局等牵头管理;突发公共卫生事件由卫生行政部门牵头管理;社会安全事件由公安部牵头负责。最后,由国务院办公厅总协调。

(二) 应急管理体制改革

2014年1月24日我国成立了"国安委",全称为"中国共产党中央国家安全委员会"。中央国家安全委员会由习近平任主席,李克强、张德江任副主席,下设常务委员和委员若干名。中央国家安全委员会作为中共中央关于国家安全工作的决策和议事协调机构,向中央政治局、中央政治局常务委员会负责,统筹协调涉及国家安全的重大事项和重要工作。从我国应急管理工作的角度来看,国安委的成立提高了国家突发事件应急管理的协调层级,为应急管理的决策提供了有力保证,有利于统筹国内与国际、军和民、党和政府及各部门的应急力量,将最大限度地避免部门利益的相互消耗,保证应急管理体制的高效运转。

(三) 应急管理体制优化

2018 年 3 月 13 日,国务院机构改革方案由第十三届全国人民代表大会第一次会议批准,设立中华人民共和国应急管理部。这标志着中国应急管理形成合力,迈入现代国家应急治理的新阶段。

应急管理部将国家安全生产监督管理总局的职责,国务院办公厅的应急管理职责,公安部的消防管理职责,民政部的救灾职责,国土资源部的地质灾害防治、水利部的水旱灾害防治、农业部的草原防火,国家林业局的森林防火相关职责,中国地震局的震灾应急救援职责及国家防汛抗旱总指挥部、国家减灾委员会、国务院抗震救灾指挥部、国家森林防火指挥部的职责整合,作为国务院组成部门。公安消防部队、武警森林部队转制后,与安全生产等应急救援队伍一并作为综合性常备应急骨干力量,由应急管理部管理,实行专门管理和政策保障,制定符合其自身特点的职务职级序列和管理办法,提高职业荣誉感,保持有生力量和战斗力。

按照分级负责的原则,一般性灾害由地方各级政府负责,应急管理部代表中央统一响应支援,发生特别重大灾害时,应急管理部作为指挥部,协助中央指定的负责同志组织应急处管工作,保证政令畅通、指挥有效。应急管理部要处理好防灾和救灾的关系,明确与相关部门和地方各自的职责分工,建立协调配合机制。与此同时,考虑到中国地震局、国家煤矿安全监察局与防灾救灾联系紧密,划由应急管理部管理。

应急管理部的职责定位是防范化解重特大安全风险的主管部门,健全公共安全体系的牵头部门,整合优化应急力量和资源的组织部门,推动形成中国特色应急管理体制的支撑部门,承担提高国家应急管理水平、提高防灾减灾救灾能力、确保人民群众生命财产安全和社会稳定的重大任务。

应急管理部的成立,对于构建统一指挥、权责一致、权威高效的国家应急体系具有非常重要的作用,有利于保障人民生命财产安全和社会稳定,是人民和时代发展的需要。另外,《中华人民共和国突发事件应对法》没有明确的执法部门,在实践中都由各级政府负责。新组建的应急管理部应当是《中华人民共和国突发事件应对法》的主要执法部门。

四、应急管理的组织体系

高效有力的组织体系是应急管理的根本保证。当前,应急管理主要是各级政府及相关部门的责任,这在任何一个国家都不例外,但是政府不是唯一的应急管理组织。随着社会的发展和应急管理组织体系的完善,我国政府在应急管理中经历了"全能者""领导者""协调者"三个阶段的变化,当前包括政府、社会及公众在内的多元协作结构成为现代应急管理组织体系正在日益形成。

政府主导下的"多元协作"应急管理模式以政府系统为界线,划分为两个部分:一是政府内部协作系统,二是政府与社会协作系统。

(一) 政府内部协作系统

政府内部协作系统是应急管理多元协作格局的核心部分，包含横向和纵向两个层面。横向层面包括三个部分：

(1) 政府不同职能部门之间的协同运作即跨部门管理。参与应急管理的政府职能部门有：①履行应急管理职能的部门，如应急管理部门、公安机关、民政部门、医疗卫生部门、环境保护部门等；②公共安全危机涉及的单位主管部门；③不同类型的突发事件性质对应的管辖部门；④技术支持和保障部门，如交通、气象、物资、通信、商业等部门。尽管不是每一起突发事件的应急处置都需要以上所有部门参与，但在应急管理多元协作过程中，必须事先明确各部门机构的职责权限，统筹协调，合理配置资源。

(2) 政府与武装力量之间的协同运作。武装力量主要包括人民解放军和武装警察部队。

(3) 政府与专家组之间的协同运作。各级别和专业的专家组可根据实际需要临时设立，主要为经营管理通过决策建议，必要时参加应急管理处置工作。

纵向层面以行政组织层次为分界构建，包括中央与地方政府之间的协作、省际政府间的协作、省内政府间的协作。

(二) 政府与社会协作系统

政府与社会协作系统包括三个部分：
(1) 政府与非政府组织的协作系统。
(2) 政府与企业之间的协作系统。
(3) 政府与公众的协作系统。

相比较而言，当前我国政府与社会协作系统有很大的发展空间。

五、应急管理的主体与职责分工

(一) 政府及其职责

(1) 构建突发事件信息共享平台，疏通危机信息沟通渠道，实现危机管理过程中的信息整合。

(2) 以地方政府为中心建立内部系统和外部系统、横向层面和纵向层面协调联动的弹性链接机制，调整权资结构、优化组织结构。

(3) 完善应急管理制度体系，强化制度能力建设。其工作职责主要集中反映在对规范制度、监管制度、问责制度和信息披露制度等方面的建设管理中。

除此之外，政府在应急管理中的具体职责，体现在应急准备、预防、处置、恢复的各阶段中。

(二) 企业、事业单位及其职责

(1) 结合日常的治安保卫工作，加强风险与危机意识，积极做好事故预防和风险源排查工作，早发现、早调控、早处置，防患于未然。

(2) 加强单位内部重点部位的保护，对内部安全事故及其他突发事件积极处置。

(3) 依法参与突发事件报告和救援。

(4) 制定完善本单位应急预案。

(5) 在政府统一领导下，加强与周边单位及有关部门治安联防和应急管理工作。

六、应急管理机制的内涵

所谓机制，一般指行为主体按照事物的机理，为了解决所出现的问题而制定的一套行为规范与准则。根据这一概念，应急管理机制则是处理突发公共事件时所遵循的一系列制度运行实施体系。具体而言，应急管理机制应包含以下几层含义：

(1) 应急管理机制是经过应急管理实践检验证明有效的、较为固定的方法。
(2) 应急管理机制本身含有制度因素，并且要求所有相关人员严格遵守。
(3) 应急管理机制是比一般制度更具有刚性的"制度"。
(4) 应急管理机制是在各种方式方法基础上总结和提炼出来的，并经过加工使之系统化、理论化的方法。
(5) 应急管理机制一般是依靠多种方式方法共同作用来运作的。

七、我国应急管理机制的主要构成

突发公共事件应急管理是一个综合的、动态的博弈过程。从体系构成看，不同系统的职责不同，但是目标相同；从各个系统内部构成来看，同系统的成员可能来自不同的部门或者领域，因此要保证目标的顺利实现，同样需要协同作战。因此，除了及时有效、准确充足的信息及充足的应急资等必备件之外，高效的管理机制是保障各个系统协同运作，从而保障应急理体系顺利运行的必备条件，应急管理机制应由体系运行机制、监控与预警机制、应急处置和协调机制、事后恢复与评估机制四部分构成。

（一）体系运行机制

应急管理体系运行机制可以概括为以下四个方面：

(1) 统一指挥、分工协作。应急管理体系由不同职责的系统构成，要想实现统一目的，需要统一指挥、分工协作，这既是管理体系有效运行的要求，又是由突发事件的综合性来决定的。

(2) 分级分类处理。对突发事件进行分类、分级，不同类型、不同级别的突发事件采用不同的应对方法。同时，要对机构进行分类、分级，使得相应的机构与相应的突发事件进行挂钩，以便明确职责，也为整个体系的应急能力评估做好准备工作。

(3) 及时切换。主要包括平战切换和级别切换。平战切换包含两个方向的动作，一是在信息反馈体系一旦发现突发事件的先兆，及时根据分级判定机理标识出突发事件级别，采取应对措施，并发出早期警告。这一阶段如不能消除该突发事件，则立即发出警报激活战时保障系统。二是在保障系统对突发事件处理结束后，应该关闭战时保障系统，进入平时状态。级别切换是在没有突发事件发生先兆的情况下，为了确保在特殊时期的安全需要，指挥调度机构可以主动调整安全保障系统安全级别，或进入战时保障系统。

(4) 资源的协调及管理。这里的资源包括人力、信息、知识、物力、财力，它们可能来自政府、企业、公共组织、大学及其他社会相关单位。应急处置中，本地区或系统的内部应急资源应首先得到最大的利用，当本地的资源和能力难以承受时，再向外部需求支援和救援，同时要建立应急处置过程中征用不同所有者资源的法律、法规、政策等，并给出相应的补偿方案。

(二) 监控与预警机制

监控与预警机制是应对突发事件的第一道防火墙。监控机制能够尽早识别突发事件发生的早期征兆，进行前期预警，以避免事件爆发或者将危害降到最低程度。一旦事件发生，监控与预警机制可以及时监控突发事件的发展情况，利用预警的方式为应急决策提供依据。

1. 监控机制

应急监控机制是指事件发生前对其致灾因子及其与承载体之间的相互关系和运行方式进行监控，目的是及时发现突发事件的安全隐患，并通过预警机制制止和预防突发事件的发生。

2. 预警机制

按照突发事件发生的紧急程度、发展态势和可能造成的危害程度，《中华人民共和国突发事件应对法》将自然灾害、事故灾难和公共卫生事件的预警级别分为一级、二级、三级和四级，并分别用红色、橙色、黄色和蓝色表示，一级为最高级别。通过对国内公共场合突发事件的总结和分析，借鉴国外的研究思路可以将应急预警过程简单分为准备、事件检测、风险因素分析、抑制、报告等阶段。

(三) 应急处置和协调机制

应急处置和协调机制是公共场所突发事件应对的核心，他们往往同时存在于突发事件的应对过程中。公共场所的应急主管部门处置突发事件时，必然会涉及多个相关主体，需要启动应急协调机制对相关部门或利益相关者进行协调。

1. 应急处置机制

根据现代应急管理的一般性机理分析，应急处理机制应遵循人本性、资源优化、分类分级处置、授权处置及预案优先等原则。公共场所一旦出现突发情况，并达到一定的预警等级，应急工作人员应快速启动相应类型的应急预案和相关等级的应急响应，成立突发事件应急指挥部。指挥人员收到事故预警报告的信息后，应尽快组织人员对事态进行快速评估，充分考虑事态的发展路径和可能演化出的次生灾害及连锁反应和后果，迅速确定有效的处置方案。在事故处置过程中，加强相关部门间的沟通与协调，通过事故现场分析和实时监控数据的对比，对应急处置方案和应急相应等级进行调整。

2. 协调机制

公共场所突发事件的处置过程往往涉及多个部门或社会资源，具体包括组织、人员、物资和信息等，这就要求在应急过程中建立一套良好的协调机制实现突发事件中人员和组织间的协调配合。协调机制通过整合应急管理过程中各组织、人员、信息及物资，达成应急管理体系的纵向信息畅通以及横向部门协调，实现应急管理各职能部门的统一指挥和相互协调，最终提高应急的效率。

(四) 事后恢复与评估机制

事后的恢复与评估机制往往需要经历较长的时间。例如，2008年汶川地震结束后，四川省计划利用三年的时间对灾区进行恢复重建，具体包括对受灾人群生理与心理的康复，对被破坏房屋、设施和场所的恢复，对事件的调查评估和总结，对地震受灾者的补偿等。

评估机制主要包括：

(1) 对突发事件的分类分级指标体系。
(2) 预案及预案库的有效性。
(3) 应对效果的评估体系。
(4) 对体系整体和各机构应对能力的评估。
(5) 处置效果的动态评估等。

八、应急法制的内涵

应急法制指与应急管理相关的法律体系，其目的是通过依法行政，努力使突发公共事件的应急处置逐步走上规范化、制度化和法制化轨道。应急法制体系建立的主要目的包括以下几项。

（一）配置协调紧急权力，调动整合应急资源

建立突发事件应急法制，首先有利于依法配置、协调紧急权力，使得政府依法调动、整合应急资源，在法的权威的保证下，发挥各种资源优势，有效应对危机；其次有利于完善应急系统，通过法制化的监督预警制度、应急预案制度、危机确认宣告制度、危机处理制度、事后评估制度、纠纷平息制度、事后补偿及救济制度来为突发公共事件的处理提供基本模式。法律在某种意义上是一种经验总结，应急法制的功能之一就是在总结应对突发事件经验的基础上，将其中可行、有效的部分以权威形式固定下来，形成一定的原则和程序，为将来可能发生的突发事件的处理提供方案。

（二）建立完善应急机制，规范应急管理过程

全面依法治国已成为我国的基本治国方略，在现代法治原则的支配下，国家生活的各个方面，包括紧急状态的处理与应对，都应纳入法治的轨道。尤其是发生突发事件后，政府的权力得到扩张、强化，如果政府权力得不到法的规制，必然会在紧急状态下走向失控、混乱、无序、低效。突发事件发生后其本身会以一种非程序化、超渐进型的态势发展，但是应急管理应当是程序化的、可持续性的决策、执行系统，只有法律的规范性、程序性、稳定性和预测性才能使之实现。

应急法制的建立还有利于推进政府决策的开放性、透明性，将政府如何处理突发公共卫生事件置于公众监督之下，这是法律自身公开性的必然要求。这样既保证公民的知情权，还有利于调动社会参与应对危机的热情，降低处理成本，同时推动了政府内部决策的科学化和民主化。

（三）约束限制行政权力，保障公民合法权益

突发事件发生后，公民权利的保护体现为公众利益的保护和公民个体利益的保护两方面，对公益的保护有赖于法律赋予政府紧急权力，对私益的保护则有赖于法律对紧急权力的规制，避免其越位而行造成的非法侵害。应急法制体现出"危机管理+利益平衡"的基本功能。只有法才能找到公共利益和个体利益的结合点，以及行政效率与权利保障的平衡点，这也是建立应急法制的基本价值理念之所在。

九、应急法制的主要特征

应急法制的主要特征有以下五个方面：

（1）权力优先性。这是指在非常规状态下，与立法、司法等其他国家权力相比，与法定的公民权利相比，行政紧急权力具有某种优先性和更大的权威性。例如，可以限制或者暂停某些公民权利的行使。

（2）紧急处置性。这是指在非常规状态下，即使没有针对某种情况的具体法律法规，行政机关也可以进行紧急处置，以防止公共利益和公民权利受到更大损失。

（3）程序特殊性。这是指在非常规状态下，行政紧急权力的行使过程当中遵循一些特殊的（要求更高或者更低的）行为程序。例如，通过简易程序紧急出台某些政令和措施的出台设置更高的事中或事后审查门槛。

（4）社会配合性。这是指在非常规状态下，有关组织和个人有义务为配合行政紧急权力的行使提供各种必要的帮助。

（5）救济有限性。这是指在非常规状态下，依法行使行政紧急权力造成行政相对人合法权益的损害后，如果损害是普遍而巨大的，政府可提供有限的救济，如适当补偿（但不得违背公平负担的原则）。具有这些特点的应急法制，也是具有对公民权利造成严重损害可能性的。

十、硫化氢应急管理的基本要求

（1）由于硫化氢气体的剧毒性及其特点，在进入含硫化氢地区作业前制定一个有效的应急预案是保证作业安全进行的前提。

（2）预案中除考虑防硫化氢的要求外，还应考虑二氧化硫可能产生的危害和影响区域。

（3）应急管理中还应充分考虑周围居民和公众的利益。

（4）建立三级应急管理体系，集团公司级、油田企业级和施工单位级。

（5）制定预案前应对作业区内和可能涉及范围的环境、人员、设施进行调查。

（6）应急预案制定或修订后，应经本级安全生产第一责任人审批执行，并报上一级部门批准后才能实施并到相应的部门备案，保证预案具有一定的权威性和法律保证。

十一、硫化氢事故应急管理原则

根据硫化氢产生机理和事故原因、特点分析，结合国家突发公共事件总体应急预案提出的六项工作原则，即：以人为本，减少危害；居安思危，预防为主；统一领导，分级负责；依法规范，加强管理；快速反应，协同应对；依靠科技，提高素质。硫化氢事故应急管理要遵守以下几点原则：

（1）生产经营单位要认真宣传贯彻《中华人民共和国职业病防治法》和《使用有毒物品作业场所劳动保护条例》（国务院令第352号），加强作业场所劳动保护工作，改善安全生产条件，保证安全生产的投入，落实安全生产责任。

（2）生产经营单位应对从业人员如实告知作业场所和工作岗位存在的危险因素、防范措施及事故应急措施，上岗前和在岗期间要实行安全叮嘱，提示安全措施并指导从业人员正确使用职业防护设备和用品。

（3）生产经营活动有可能产生硫化氢气体的场所，必须为从业人员配备气体检测仪器、呼吸器、救护带等安全设备；配备有毒有害气体报警仪、医疗救护设备和药品。防毒器具要定期检查、维护，确保整洁完好。

第二节 应急救援与应急预案

在应急管理过程中,要坚持以预防为主的原则,努力将突发事件消解在萌芽状态。但是,预防不是万能的,许多突发事件日益表现出防不胜防的特点。在这种情况下,要按照"全风险"的理念,在日常工作中做好突发事件应对的各方面准备,争取能够以不变应万变。

一、应急救援的基本原则

(1) 用人单位应根据本单位硫化氢的危害情况,建立应急救援组织机构,配备应急救援人员。

(2) 立即将中毒人员移离中毒现场。

(3) 严禁无防护救援,事故抢险救援人员应佩戴正压式空气呼吸器。密闭空间尽可能施行非进入救援。

(4) 迅速查明事故原因,第一时间控制硫化氢中毒发生源,避免事态进一步扩大。

(5) 应急救援人员应经过专业培训,培训内容应包括基本的急救、心肺复苏术、呼吸防护器的使用等。

二、应急预案的编制方法

(一) 假定突发事件肯定发生

制定应急预案的一个重要前提是假定事件肯定发生,应急管理可能涉及预防、应急响应和事后调查处理与整改,但应急预案的对象主要在应急响应阶段,即使是应急准备工作,也强调针对事件发生的准备。预防是公共安全管理的基本原则,但并不是应急预案的特点、工作目标和主要内容。

(二) 突发事件具有不可预见性和严重破坏性

突发公共事件是在难以预见的情况下突然爆发,而且具有扩展、放大和激变的潜力,一旦失控可由事件转化为危急,对国家政治、经济、社会秩序和人民生命与财产安全形成冲击。应急预案的对象不是日常工作中紧急的一般性问题,而是用常规管理无法应对的不可预见和具有破坏性的事件。

(三) 应急预案的重点是应急响应的指挥协调

突发公共事件往往诱因复杂,形式多变,激化迅速,而且其时间和空间分布范围难以把握。几乎每次重大事件应急响应活动都涉及数十个部门、上百个单位,少则百人,多则万人,还可能出现跨地区甚至跨国境的复杂情况。从这个意义上讲,每一次应急响应都是一个复杂开放的巨大系统,使这个系统能够快速、高效运行的关键是多机构的联合指挥与协调。应急预案的主要功能就是建立统一、有序、高效的运行机制。

(四) 应急指挥的核心是控制

从系统动力学观点来看,突发事件的诱发、发展和演变是一个"能量"转化的动力过程。应急指挥的核心就是应用反馈机制,合理应用应急力量和资源,把握时机,尽早切断事故正效应链,采取常规与非常规措施,如紧急状态下的媒体导向和公共关系处理等,强化控制力度,防止事件向危急方向转化。对已出现的危机,将其破坏力和影响范围都控制在最低级别。

(五)应急预案应覆盖应急准备、初级响应、扩大应急和应急恢复全过程

根据国外应急管理经验和近年来我国"一案三制"工作实践,普遍的认识是应急预案不仅注重应急响应活动,还应包括应急准备和应急恢复这两个部分的重要内容。而且,为了突出"第一反应"和"属地为主"的原则,应急响应活动必须明确划分为初级响应和扩大应急两个阶段。

(六)应急预案只写能做到

应急预案与应急体系建设规划有原则上的区别。应急预案是应急活动的具体指导,应急活动必须以现有能力和资源为基础,动员现有力量和整合存量资源成为应急预案编制与实施的基本原则。未来建设目标和规划内容不应列在应急预案中。

(七)强调预案的培训、宣传和演练

针对预案目标与内容的培训、宣传和演练是应急预案管理的基础,美国国家应急预案编制指南的前言中就指出"没有经过培训和演练的任何预案文件只是束之高阁的一纸空文""预案不仅是让人看,更重要的是要在实践活动中切实应用"。应急预案中列入的所有功能和活动都必须经过培训演练,包括切实提高领导干部在内的各类应急工作人员的意识和能力,熟悉和掌握应急响应程序和方法,在培训和演练中发现的问题可以成为预案修改更新的参考。

三、应急预案的基本内容

应急预案应包括但不限于以下内容:
(1)应急组织机构。
(2)应急岗位职责。
(3)现场监测制度。
(4)应急程序报告程序、井口控制程序、人员救护程序、人员撤离程序、点火程序等。
(5)应急联系通信表:
① 应急服务机构;
② 政府机构和联系部门;
③ 生产经营单位与承包商。
(6)周边公众警示和撤离计划:
① 公众警示要点;
② 区域平面图及联络框图;
③ 硫化氢可能泄漏区域附近所有居民、学校、商业区的标识号码、所在位置及电话号码,以及道路、铁路、厂矿的位置,并注明撤离路线;
④ 当附近地区硫化氢浓度可能达到 75mg/m(50ppm)时,对邻近居民进行撤离。
(7)预案的培训与演练。

(8) 预先通知危险区内居民的内容应包括以下几方面：
① 硫化氢的危险与特点；
② 应急反应方案的必要性；
③ 硫化氢可能的来源；
④ 紧急情况通知给公众的方式；
⑤ 紧急情况发生时所应采取的步骤。

四、应急预案的演练

应急预案的演练是作业人员熟悉应急程序、应急岗位职责和组织机构之间协调的重要方式。演练应包括所有的应急程序。

应急演练按演练场地可分为室内演练（台面演练）和现场演练两种。根据其任务要求和规模又可分为单项演练、部分演练和综合演练三种。

（一）单项演练

它是针对性地完成应急任务中的某个单项科目而进行的基本操作，如空气呼吸器佩戴演练、空气监测演练、报告程序演练等的单一科目演练。

（二）部分演练

它是检验应急任务中的某几个相关联的科目、某几个部分准备情况，同应急单位之间的协调程度等进行的基本演练，如人员救护演练、点火程序演练、井口控制演练等。

（三）综合演练

它是指所有应急程序都涉及的演练。

五、应急预案的更新

对应急预案应定期复核和通过演练进行评审，应及时对条款或覆盖范围的改变进行更新。特别是当居所或住宅区、公园、商店、公路等发生变化时，应及时更新。当油气井作业的设备或设施、人员、组织机构等发生变更时，应及时更新。

六、事故应急救援

（一）事故应急救援的基本任务

事故应急救援的总目标是通过有效的应急救援行动，尽可能地降低事故的后果，包括人员伤亡、财产损失和环境破坏等。事故应急救援的基本任务包括下述几个方面：

(1) 立即组织营救受害人员，组织撤离或者采取其他措施保护危害区域内的其他人员。通信抢救受害人员是应急救援的首要任务，在应急救援行动中，快速、有序、有效地实施现场急救与安全转送伤员是降低伤亡率、减少事故损失的关键。

(2) 迅速控制事态，并对事故造成的危害进行检测、监测，确定事故的危害区域、危害性质及危害程度。及时控制造成事故的危险源是应急救援工作的重要任务，只有及时控制危险源，防止事故的继续扩展，才能及时有效进行救援。

(3) 消除危害后果，做好现场恢复。针对事故对人体、动植物、土壤、空气等造成的现实危害和可能的危害，迅速采取封闭、隔离、洗消、监测等措施，防止对人的继续危害和对环境的污染。

（4）查清事故原因，评估危害程度。事故发生后应及时调查事故的发生原因和事故性质；评估事故的危害范围和危险程度，查明人员伤亡情况，做好事故原因调查，并总结救援工作中的经验和教训。

（二）事故应急救援的特点

应急工作涉及多个公共安全领域，构成一个复杂的系统，具有不确定性、突发性、复杂性，以及后果、影响易猝变、激化、放大的特点。

1. 不确定性和突发性

不确定性和突发性是各类安全事故、灾害与事件的共同特征，大部分事故都是突然爆发的，爆发前基本没有明显征兆，而且一旦发生，发展蔓延迅速，甚至失控。因此，要求应急行动必须在极短的时间内在事故的第一现场做出有效反应，在事故产生重大灾难后果之前，采取各种有效的防护、救助、疏散和控制事态等措施。

2. 复杂性

应急活动的复杂性主要表现在：事故、灾害或事件影响因素与演变规律的不确定性和不可预见的多变性；众多来自不同部门参与应急救援活动的单位，在信息沟通、行动协调与指挥、授权与职责、通信等方面的有效组织和管理；应急响应过程中公众的反应、恐慌心理、公众过激等突发行为复杂性等。

3. 易猝变、激化和放大

公共安全事故、灾害与事件虽然是小概率事件，但后果一般比较严重，能造成广泛的公众影响，应急处理稍有不慎，就可能改变事故、灾害与事件的性质，使平稳、有序、和平状态向动态、混乱和冲突方面发展，引起事故、灾害与事件波及范围扩展，卷入人群数量增加和人员伤亡与财产损失后果加大。猝变、激化与放大造成的失控状态，不但迫使应急响应升级，甚至可导致社会性危机出现，使公众立刻陷入巨大的动荡与恐慌之中。因此，重大事故（件）的处置必须坚决果断，而且越早越好，防止事态扩大。

七、事故应急救援体系响应程序

事故应急救援体系响应程序按过程可分为接警与相应级别确定、应急启动、救援行动、应急恢复和应急结束等几个过程。

（一）接警与相应级别确定

接到事故报警后，按照工作程序，对警情做出判断，初步确定相应的响应程序级别。

（二）应急启动

应急响应级别确定后，按所确定的响应启动应急程序，通知应急中心有关人员到位，开通信息与通信网络，通知调配救援所需的应急资源，成立现场指挥部等。

（三）救援行动

有关应急队伍进入事故现场后，迅速开展事故侦测、警戒、疏散、人员救助、工程抢险等有关应急救援工作，专家组为救援决策提供建议和技术支持。当事态超出响应级别无法得到有效控制时，相应应急中心请求实施更高级别的应急响应。

（四）应急恢复

救援行动结束后，进入临时应急恢复阶段。该阶段主要包括现场清理、人员清点和撤离、警戒解除、善后处理和事故调查等。

（五）应急结束

执行应急关闭程序，由事故总指挥宣布应急结束。

八、硫化氢应急响应程序

（1）当硫化氢浓度达到 15mg/m³（10ppm）阈限值时，作业现场应执行以下程序：
① 立即安排专人观察风向、风速以便确定受侵害的危险区；
② 切断危险区的不防爆电器的电源；
③ 安排专人到危险区检查泄漏点。

（2）当硫化氢浓度达到 30mg/m³（20ppm）时，执行以下应急程序：
① 向上级（第一负责人）报告；
② 指派专人在主要下风口 100m 以外进行硫化氢监测；
③ 实施井控（应急）程序，控制硫化氢泄漏源；
④ 撤离现场的非应急人员；
⑤ 在作业现场禁止使用明火；
⑥ 通知救援机构。

（3）当井喷失控，井口主要下风口 100m 以外测得硫化氢浓度达到 75mg/m³（50ppm）时，在执行以上程序外执行以下应急程序：
① 向当地政府报告，协助当地政府做好井口 500m 范围内居民的疏散工作；
② 关停生产设施；
③ 设立警戒区，任何人未经许可不得入内；
④ 请求援助。

（4）当井喷失控，井场硫化氢浓度达到 150mg/m³（100ppm）时，现场作业人员应按预案立即撤离井场。第一负责人应按应急预案的通信表通知其他有关机构和相关人员（包括政府有关负责人）。由生产经营单位向国家安全生产主管部门上报。

在采取控制和消除措施后，继续监测危险区大气中的硫化氢及二氧化硫浓度，以确定在什么时候方能重新安全进入。

九、硫化氢应急救援设施

（1）存在硫化氢的工作场所应配备事故应急救援设施，建立健全维护管理制度，保证应急救援设施处于正常使用状态。

（2）存在硫化氢危害的高风险行业用人单位宜建立硫化氢气体防护站，气防站的场所、人员、设备应根据企业规模和实际需要确定，并可参考 GBZ 1—2010 配置。

（3）存在硫化氢危害的高风险行业用人单位宜在重点防护区域设置气防柜，气防柜铅封存放，设置明显标识，并定期检查与维护，确保应急时使用。

（4）可能发生硫化氢泄漏或逸散的临时性的工作场所，应配置空气呼吸器、逃生型呼吸防护器具、便携式硫化氢检测报警设备、应急照明灯、安全带或安全绳等救援设施，设施宜置于作业人员易于获取的位置，并有专人管理，定期检查与维护。

（5）可能发生硫化氢大量泄漏的工作场所，应设置应急撤离通道和泄险区。

第三节 硫化氢现场应急处置

一、硫化氢现场应急处置方案的编制要求

（1）现场人员应定期对作业场所潜在风险源进行风险辨识，并从工艺流程、现场监测与警戒、人员救护与疏散、消防灭火等方面制定各类应急事件的处置预案。现场应急处置方案的编制应符合 GB/T 29639—2020 的要求。

（2）现场应急处置方案应根据现场工作岗位、组织形式及人员构成，明确各岗位人员的应急工作分工和职责。

（3）现场应急处置方案中应明确应急处置程序、措施、报警电话、应急救援联络方式等内容，针对硫化氢泄漏、中毒、扩散等险情发生时明确应急信号、应急行动、应急救援的相关要求。

二、硫化氢现场应急处置方案的编制内容

应根据不同应急事件类别和对潜在风险源的辨识，针对具体的作业场所、装置或设备、设施制定相应的应急处置方案，主要包括应急事件风险分析、应急工作组织、应急处置和注意事项等内容。其中应急处置方案应包括但不限于以下类别：

（1）井口、管线、装置硫化氢气体泄漏；

（2）井口、管线、装置泄漏火灾爆炸；

（3）井口失控。

三、应急行动

（一）信息报送

应按照制定的硫化氢应急处置方案，以应急事件发现、类型辨识、严重程度判断、现场处置（撤离）。信息报送采取以下应急行动：

（1）信息报送应明确发生时间、地点及现场情况。

（2）已经造成或可能造成的损失情况。

（3）已经采取的措施。

（4）简要处置经过。

（5）其他需要上报的情况。

（二）硫化氢气体泄漏处置措施

（1）利用事故区域固定消防设施和强风消防车等移动设施，通过水雾稀释，降低硫化氢浓度；消防车要选择上风方向的入口、通道进入现场，停靠在上风方向或侧风方向，进入危险区的车辆应戴防火罩。在上风、侧上风方向选择进攻路线，并设立水枪阵地。使

用上风向的水源，合理组织供水，保证持续充足的现场消防供水。不允许救援人员在泄漏区域的下水道或地下空间的顶部、井口处、储罐两端等处滞留，防止爆炸冲击造成伤害。

（2）吹扫硫化氢等气体，控制气体扩散流动方向。

（3）掩护、配合工程抢险人员施工。

（4）杜绝气体泄漏区域及其周边范围产生火源，防止发生爆炸。

（三）硫化氢中毒事故应急处理措施

（1）硫化氢中毒事故贵在及时、在出现事故第一时间迅速做出反应。

（2）当下井作业人员接到硫化氢气体泄漏警报或闻到有臭鸡蛋味时，要立即进行撤离并通知井上人员通过保护绳进行辅助工作。

（3）所有作业人员立即用碱性的湿毛巾（用肥皂水浸渍）捂住嘴、鼻，避免直接面对井口。

（4）撤离疏散时后，带队队长需清点人数。发现人数缺少，必须立即查清原因，确认发生中毒事故后，就地成立救援小组。

（5）开展自救工作时，救援人员应佩戴防毒面具后靠近清淘井口，使用探测器对井下气体浓度进行探测，利用保护绳将井下人员拖拽出井口，没有佩戴用具不得靠近井口。

（6）采用一切办法对井内进行通风处理，严禁将头探入井口，严禁盲目下井施救。

（7）对中毒人员要立即转移至通风地点，严禁采用口对口人工呼吸方式。

（8）自救的同时向硫化氢防护工作组求救，同时拨打专业救助队伍求助，并拨打120急救中心进行救治。

（四）防范硫化氢中毒的措施

根据硫化氢产生机理和事故原因、特点分析，防范硫化氢中毒关键要抓好以下"六大环节"：

1. 普及防范知识

（1）污水处理、市政建设及化工等企业每年要开展一次专题教育，针对硫化氢的防治进行安全培训，提高企业管理者、安全人员、从业人员对硫化氢危害的认识。必要时可依法向所在地卫生行政部门申报职业病危害项目，接受指导、监督。

（2）卫生、安监、市政等部门加大对防范硫化氢中毒事故的安全知识宣传力度，引起全社会广泛关注，提高防范硫化氢中毒事故安全知识的普及覆盖率。

2. 落实责任主体

各生产经营单位是安全生产的责任主体，生产经营主要负责人应对本单位的安全生产工作全面负责。

（1）生产经营单位要认真宣传贯彻《中华人民共和国职业病防治法》和《使用有毒物品作业场所劳动保护条例》（国务院令第352号），加强作业场所劳动保护工作，改善安全生产条件，保证安全生产的投入，落实安全生产责任。

（2）生产经营单位应对从业人员如实告知作业场所和工作岗位存在的危险因素、防范措施以及事故应急措施，上岗前和在岗期间要实行安全叮嘱，提示安全措施并指导从业人员正确使用职业防护设备和用品。

（3）生产经营活动有可能产生硫化氢气体的场所，必须为从业人员配备气体检测仪器、呼吸器、救护带等安全设备；配备有毒有害气体报警仪、医疗救护设备和药品。防毒器具要定期检查、维护，确保整洁完好。

3. 完善管理制度

（1）进入密闭空间作业应由用人单位实施安全作业许可。

凡进入坑、池、罐、釜、沟以及井下、管道等存在硫化氢气体的场所作业的，用人单位应制定施工方案、进入许可程序、作业规程和相应的安全措施，明确作业负责人、进入作业劳动者和外部监护者的职责，并实施安全作业许可。

作业负责人的职责。作业负责人应确认作业者、监护者的职业卫生培训及上岗条件，确认作业环境、作业程序和防范设施及用品符合进入要求；同时检查、验证应急救援服务、呼叫方法的效果；在作业完成后，要确认作业者及所携带的设备和物品均已撤离。

作业者的职责。作业者应接受本单位职业卫生培训，持证上岗；遵守密闭空间作业安全操作规程；正确使用密闭空间作业安全设施与个体防护用品；应与监护者进行有效的安全、报警、撤离等双向信息沟通。

监护者的职责。监护者应接受本单位职业卫生培训，持证上岗；在作业者作业期间保证在密闭空间外持续监护；适时与作业者进行必要有效的安全、报警、撤离等信息沟通；在紧急情况时向作业者发出撤离警告，必要时立即呼叫应急救援服务，并在密闭空间外实施应急救援工作；监护者在履行监测和保护职责时，必须坚守岗位，履行职责；对未经许可欲进入者予以警告并劝离。

许可作业程序和安全操作规程应包括：对危险场所有毒有害气体进行检测；对含有毒害气体的作业场所，通过采取强制通风、氮气吹扫、空气置换等，直至检测合格；保证整个许可期内始终处于安全卫生受控状态。

作业人员作业前，要戴好防毒面具，系好救护带，现场必须落实专人监护。各项安全措施落实后，方可批准作业。

（2）建立健全硫化氢中毒事故的应急救援预案。

污水处理和石化、化学纤维制造及某些化工原料制造等可能产生硫化氢等毒害气体中毒的行业、企业应建立健全硫化氢等毒害气体中毒事故应急救援预案，根据作业要求，落实应急救援组织、救援人员、救援器材，落实各项安全设施、处置流程。

企业应对制定的应急预案根据需要加以修缮并定期演练。

4. 严格作业准入

（1）各单位要切实执行有关规定，不得将阴沟疏通、河道挖掘、污物清理等项目，发包给不具备安全生产条件的单位和个人，严禁安排未经专业培训并取得上岗证的人员上岗作业。各单位在签订项目合同时，同时应签订安全生产协议，规定各自的管理职责。发包单位应对承包单位统一协调、管理。用人单位应当在与承包方签订项目合同时，告知承包方工作场所存在的危险因素，要求承包方制定许可作业程序，并保证作业条件达到要求后，方可批准进入。承包方应遵照发包方的要求，制定进入作业程序文件，按照程序严格执行。

（2）切实加强对中小企业的监管，严格作业准入，尤其要将涉及生产危险化学品的企业列为重点监管对象，强制性规定相关企业配置防毒设施、设备和器具，制定作业规范，提高小企业的安全生产水平。

5. 坚持按章作业

用人单位应积极制定并严格实施密闭空间作业进入许可程序和安全作业规程，各级管理人员和作业人员应认真学习，熟记与作业相关的规定并认真执行。要强化安全意识，克服麻痹的思想，杜绝违章作业、违章指挥的现象，防止硫化氢中毒事故的发生。

6. 加强现场管理

（1）要在高危场所设置警示标志，并在有专人监护且配备有效个人防护的条件下进行作业。禁止在未采用任何防护措施的情况下私自清理下水道。

（2）当有人发生硫化氢中毒时，救援者应佩戴专业防护面具实施救援，制止不具备条件的盲目施救，避免出现更多的伤亡，并及时报警寻求专业救护。

（3）各施工单位和物业管理部门，在安排工作时，必须安排现场专人监护，检查上岗人员的上岗资格，提出安全生产要求，监督安全措施的落实，对作业中可能发生的不安全问题及时告知，发现不符合安全生产规定的情况立即制止，确保安全生产落实到全过程。

（五）井硫化氢泄漏、逸散处置应急预案

（1）当硫化氢浓度达到 15mg/m（10ppm）的阈限值时启动应急程序，现场应：

① 立即安排专人观察风向、风速，以便确定受侵害的危险区；

② 切断危险区的不防爆电器的电源；

③ 安排专人佩戴正压式空气呼吸器到危险区检查泄漏情况；

④ 非作业人员撤入安全区。

（2）当硫化氢浓度达到 30mg/m^3（20ppm）的安全临界浓度时，按应急程序现场应：

① 戴上正压式空气呼吸器；

② 向上级（第一责任人）报告；

③ 指派专人至少在主要下风口 100m、500m 和 1000m 处进行硫化氢监测，需要时监测点可适当加密；

④ 实施关井程序，控制硫化氢泄漏源；

⑤ 撤离现场的非应急人员；

⑥ 清点现场人员；

⑦ 切断作业现场可能的火源。

（3）当 H_2S 失控时，按照下列应急程序，立即执行：

① 由现场负责人或其指定人员向当地政府报告，协助当地政府做好井口 500m 范围内的居民疏散工作，根据监测情况决定是否扩大撤离范围；

② 关停生产设施和断电；

③ 设立警戒区，任何人未经许可不得入内；

④ 请求援助。

（4）当 H_2S 失控、井场硫化氢浓度达到 150mg/m^3（100ppm）的危险临界浓度时，现场作业人员应立即撤离井场，现场总负责人通知（或安排通知）其他有关机构和相关人员（政府有关负责人），并向上级主管报告。

（5）井喷失控后，在人员的生命受到巨大威胁、人员撤离无望、失控井无希望得到控制的情况下，作为最后手段要按抢险作业程序对油气井井口实施战火。点火人员应佩戴防护器具,并在上风方向离井口距离不少于10m处点火。

(6) 油气井点火决策人宜由现场总负责人担任。

(六) 硫化氢泄漏应急处置

1. 硫化氢四级现场应急预案

当现场硫化氢浓度达到15mg/m³(10ppm)时,按如下程序进行控制。

1) 现场应急指挥小组

(1) 接到当班控制组的硫化氢浓度达到15mg/m³(10ppm)的报告或听到报警器报警后,立即到现场查看情况,若硫化氢浓度持续上升,则通知当班控制组挂出黄牌,宣布进入硫化氢四级应急状态。立即通知现场抢险突击组、现场医疗救护组、安全警戒疏散组组长带领人员赶赴井场。

(2) 立即安排专人观察风向、风速以便确定可能影响的区域,将此区域设立为危险区,在危险区周边设置安全警示带。将井场边缘范围内设为隔离区,不设立警戒区或将隔离区作为警戒区,在进井场路口设立警示标志。

(3) 安排当班控制组和抢险突击组人员,查找泄漏点,并采取措施控制泄漏点,截断硫化氢泄漏源。

(4) 密切关注硫化氢浓度的变化情况,随时考虑启动三级、二级、一级现场应急预案。

(5) 经监测各处硫化氢浓度为0且硫化氢泄漏点已得到彻底控制,现场应急指挥小组组长通知现场控制组挂出绿牌,宣布解除硫化氢应急状态。

(6) 现场应急指挥小组组长通知或指定人通知现场抢险突击组、现场医疗救护组和安全警戒疏散组撤离现场。

(7) 对各组应急措施的落实情况进行监督检查。

2) 当班控制组

(1) 向现场应急指挥组组长报告,组长不在时,向第一或二或三副组长报告。

(2) 按现场应急指挥小组组长的指令,在井场挂出明显、清晰的黄牌警示标志(作为报警信号)。

(3) 切断危险区的不防爆电器的电源。

(4) 安排专人佩戴正压式空气呼吸器到危险区检查泄露点。

(5) 当监测到硫化氢浓度大于或等于30mg/m³(20ppm)时,立即向现场应急指挥组组长报告,并建议启动三级硫化氢现场应急预案。

3) 现场抢险突击组

(1) 接到通知后,立即带领本组人员赶赴井场。

(2) 戴上正压式空气呼吸器协助当班控制组检查和控制泄露点。现场医疗救护组接到通知后,立即携带医疗器械、药品及通知值班车驾驶员驾驶车辆赶赴井场安全地点待令。

4) 安全警戒疏散组

(1) 接到通知后,立即带领本组人员赶赴井场。

(2) 检查硫化氢防护用具,拿出井场放至安全地点待用。

(3) 观察风向、风速以便确定受侵害的危险区,在危险区周边设置安全警示带。

（4）将井场划定为安全警戒区域，做好警戒工作，并在可能进井场的路口设立警示标志，防止非作业人员进入警戒区；安排人员到井场各处查找、通知将非作业人员撤出井场，对拒不撤离的人员，强制其撤离。

（5）保持固定式 H_2S 监测仪的完好，携带便携式 H_2S 监测仪巡回对井场内空气中的 H_2S 浓度进行监测。如果监测出的 H_2S 浓度达到 $30mg/m^3$（20ppm）以上，立即向现场应急指挥小组组长报告。

2. 硫化氢三级现场应急预案

当现场硫化氢浓度达到 $30mg/m^3$（20ppm）的安全临界浓度时，且未发现井控失控，按如下程序进行控制。

1）现场应急指挥组

（1）接到当班控制组监测的硫化氢浓度达到 $30mg/m^3$（20ppm）的报告或听到报警器在 $30mg/m^3$（20ppm）的浓度报警后，立即到现场查看情况，若硫化氢浓度持续上升，则通知当班控制组挂出红牌，宣布进入硫化氢三级应急状态。判断硫化氢可能影响的区域，将此区域设立为危险区，将井场边缘范围内设为隔离区，不设立警戒区或将隔离区作为警戒区。立即通知现场抢险突击组、现场医疗救护组、安全警戒疏散组组长带领人员赶赴井场。

（2）向上级（第一责任人及授权人）报告。

（3）通知内部医院或当地挂钩医院派出救护车和救护人员赶赴现场待令。

（4）指派专人戴上空气呼吸器至少在主要下风口 100m、500m 和 1000m 处进行硫化氢监测，需要时监测点可适当加密。

（5）若同时发生溢流或井喷，则还应按《溢流现场应急预案》和《井喷现场应急预案》进行控制。

（6）对各组应急措施的落实及各岗位戴正压式呼吸器的情况进行监督检查。

（7）发现人员中毒后，则立即启动《人员伤害现场应急预案》。

（8）若同时发生了井喷失控或其他情况，则宣布应急状态升级，启动相应的现场应急预案，如硫化氢浓度低于 $30mg/m^3$（20ppm）且稳定，则宣布降级，进入硫化氢四级应急状态或关闭硫化氢现场应急状态。

2）当班控制组

（1）在井场挂出明显、清晰的红牌警示标志（作为报警信号）。

（2）向现场应急指挥组组长报告，组长不在时，向第一或二或三副组长报告。

（3）实施井控程序，控制硫化氢泄漏源。

（4）切断井场可能的着火源。

3）现场抢险突击组

（1）接到通知后，立即带领本组人员赶赴井场。

（2）戴上正压式空气呼吸器协助当班控制组实施井控程序，控制硫化氢泄漏源。

（3）戴好正压式空气呼吸器到岗位检查是否有人中毒。若发现人员中毒立即抬出井场到上风口地方。

4）现场医疗救护组

（1）接到通知后，立即携带医疗器械、药品及通知值班车驾驶员驾驶车辆赶赴井场安全地点待令。

（2）对中毒人员立即抬至空气流通处实施现场急救，同时与挂钩医院人员联系，或与现场应急医院人员共同实施抢救，按《人员伤害现场应急预案》实施，并向现场应急指挥组组长报告。

5）安全警戒疏散组

（1）接到通知后，立即带领本组人员赶赴井场。

（2）检查硫化氢防护用具，拿出井场放至安全地点待用。

（3）根据判断的硫化氢可能影响的区域或按现场应急指挥组组长的指令，将此区域设立为危险区，在危险区周边设立安全警示带；将井场边缘范围内设为隔离区，将隔离区作为警戒区，在各井场路口设立安全警示标志，并派人在各路口实施警戒，防止非应急人员进入井场。

（4）指派专人戴上空气呼吸器至少在主要下风口 100m、500m 和 1000m 处进行硫化氢监测，需要时监测点可适当加密；

（5）按现场应急指挥组组长的指令，清点现场人员。钻井队人员应以各生产班、行政班人员、钻井液组等为基本单位，现场钻井队以外的录井队、井下作业等人员，以其所属的作业单位为基本单位，各基本单位负责人分别确定各自的应急人员，同时清点各自人员，安排并监督各自非应急人员撤离井场，并将清点和撤离情况及时向钻井队安全警戒疏散组组长报告。钻井队安全警戒疏散组组长组织人员对各基本单位人员的撤出情况进行监督，将现场其他如周边居民、社会或单位在现场参观、逗留等非应急人员全部撤出井场，并将情况向现场应急指挥组组长报告。

3. 硫化氢二级现场应急预案

当球型、半封闸板防喷器或钻具内防喷工具失效导致井喷失控后，实施了剪切板防喷器关井程序后仍不能控制井口，井口即已完全失控，只能依靠上级单位启动专项应急预案来实施控制。当井喷失控时且现场硫化氢浓度未达到 $150mg/m^3$（100ppm）的危险临界浓度时，在上级应急救援人员到现场之前，按如下程序进行控制。

1）现场应急指挥组

（1）下达撤离指令，撤离指令信号：船用电笛（或手摇报警器）长鸣（持续 60s 以上）后，启动硫化氢二级现场应急预案。

（2）组长不在现场，在现场副组长立即报告组长，组长立即赶赴现场。在上级应急指挥人员未到现场之前，承担现场应急总指挥的职责。现场应急指挥组组长或指定人向上级（第一责任人及授权人）报告，请求启动上级单位的硫化氢专项应急预案。

（3）由组长或由组长指定人员打镇和县政府 24h 值班电话，同时向村主任报告，请求地方政府立即安排相关人员，做好井口 500m 范围内的居民的疏散工作，并告诉其钻井队现场应急指挥组组长的有效联系方式。

（4）通知内部医院或当地挂钩医院派出救护车和救护人员赶赴现场，在井场上风方向方便进出的区域待令。现场应急指挥组组长安排本队一名人员带上硫化氢监测仪，保持对待令处硫化氢浓度进行监测，如浓度持续超过 $30mg/m^3$（20ppm），被安排的人员则要求所有救护人员上车，选择一个距井场较远、浓度不超过 $30mg/m^3$（20ppm）的适当位置待令。撤离前、撤离后均向现场应急指挥组组长报告。

(5) 关停井场一切生产设施，杜绝火源，防止事态进一步升级为井喷失控着火和爆炸。如果控制措施失败，出现井喷失控着火和爆炸，则启动相应的应急程序。

(6) 将井场边缘范围内设为危险区，在危险区边缘设立警示带；将井口周围500m范围内设立为隔离区；根据监测的情况，将井口周围500m到3km的范围设为警戒区，在进警戒区的各路口设立禁入标志并派人把守，任何人未经许可不得入内。

(7) 在地方政府疏散人员未到现场之前，现场应急指挥组组长安排人员戴上空气呼吸器，配合当地村、组干部疏散井场下风向的、距井场较近的居民，通知全部人员立即向上风向撤离到3km以外的安全区，情况允许时，最好安排车辆运送。当镇政府或县政府疏散负责人到达现场以后，现场应急指挥组组长将疏散居民工作指挥移交给其负责人，告诉其疏散的相关要求及注意事项，本队人员听从其指挥，配合其开展疏散工作。疏散时，先疏散较危险区域及距井场近处人员。如当地农村有广播，则立即利用广播方式反复通知当地村民，讲明疏散的方向、到达的安全地点的注意事项；若没有广播，则让各村村干部配合，每家清理，问清家里一共有多少人，力争最短时间内清理撤出警戒区全部人员。距井场近、较危险区域的疏散人员应戴上空气呼吸器。发现人员中毒立即报告现场应急指挥组组长，请值班车司机驾驶车辆在适当的位置接应，同时将中毒人员抬至约定的值班车位置，送至医院急救。

(8) 钻井队人员应以各生产班、行政班人员、钻井液组等为基本单位，现场钻井队以外的录井队、井下作业等人员，以其所属的作业单位为基本单位，同时清点各自人员（包括井场和生活区）。现场应急指挥组组长亲自确定的现场控制、监测人员戴上空气呼吸器留下，其余人员听从现场应急指挥组组长或安全警戒疏散组组长的指挥，按其指明的撤离路线，有序的撤离现场。在各基本单位负责人的带领下，一面按撤离路线向安全区逃生，一面可用车辆（包括井队值班车及本单位车辆）运送。留下人员应能保证一人一台空气呼吸器。

(9) 将空气压缩机转移至500m以外设立的安全区内，最好放置在高处、井场的上风方向和能提供空气压缩机电源的地方。

(10) 指派专人戴上空气呼吸器至少在主要下风口100m、500m和1000m处保持对硫化氢浓度进行监测，根据现场需要，监测点可适当加密。根据监测的情况，考虑增加撤离和警戒的范围。监测人员在硫化氢浓度低于$30mg/m^3$（20ppm）时，可将空气呼吸器背在身上而不使用，当高于$30mg/m^3$（20ppm）时，则使用空气呼吸器。如发现空气呼吸器空气瓶压力即将降到5MPa时，则立即与现场应急指挥组组长报告，撤离监测点到经监测硫化氢浓度不足$30mg/m^3$（20ppm）的安全区域，充气或换装有足够压力的气瓶后再实施监测。在本队采取控制和消除措施后，要继续监测危险区大气中的硫化氢有二氧化硫浓度，以便确定在什么时候方能重新安全进入。当点火后应对下风方向的尤其是井场生活区、周围居民区、医院和学校等人员聚集场所的二氧化硫的浓度进行监测。

(11) 如果井场硫化氢浓度达到了$150mg/m^3$（100ppm），则宣布启动硫化氢一级现场应急预案，指挥现场人员撤离井场。在确定所有人员撤离现场以前，现场应急指挥组组长应在井场坚守岗位，不得自己先撤出井场。

(12) 当上级应急人员到达现场以后，井队现场应急指挥组组长将指挥权转移至上级驻现场应急指挥小组组长，应急人员由其统一调度，并服从其指挥。井队现场应急指挥组组长按照上级应急指挥小组重新组建的应急分小组的组成人员和明确的职责,指挥本队人员认真履行职责,实施其指令,并随时将情况向其汇报。

(13) 根据抢险的需要,抢险人员为避免烧伤、噪声伤害,应配备护目镜、阻燃服、防水服、防尘口罩、防辐射安全帽、手套、耳塞等防护用品。

(14) 对本队各岗位的应急措施的落实情况进行监督检查。

(15) 保存或记录有关现场状态,妥善保管有关资料,为下步事故调查提供基础。

(16) 记录事件全过程。

(17) 压井结束,井下情况恢复正常后,接到上级现场应急指挥小组组长宣布解除井喷应急状态后,本队现场应急指挥组组长配合上级制定下步措施、及时补充生活物资,恢复正常生产。

(18) 配合上级有关部门人员对井喷事故进行调查。

2) 当班控制组

(1) 一旦确认为井喷失控,接到现场应急指挥组组长的指令后,当班控制组发出井喷失控信号,信号为钻机汽笛长鸣(持续60s以上)后,必要时再发出一次。

(2) 戴上正压式空气呼吸器,一人作业一人监护,关停所有生产设施。

(3) 戴上正压式空气呼吸器,一人作业一人监护,切断井场可能的着火源。指挥本组人员将氧气瓶、乙炔瓶、油桶和油罐等易燃易爆物品撤离危险区。

(4) 接到现场应急指挥组组长的点火指令后,两人以上同行并佩戴防护器具,在确保自身安全的前提下,使用点火装置在上风方向,离火口距离不少于10m处实施点火。

(5) 按本队现场应急指挥组组长指令,非必要人员尽可能撤离至安全区。

(6) 随时将相关情况向本队现场应急指挥组组长报告。

(7) 如果听到井场出现爆炸声或看到井场喷出的可燃气体着火,或接到现场应急指挥组的通知,则马上按相应的预案执行。

(8) 当上级单位现场应急指挥人员到现场后,认真落实其分工的职责和指令。

(9) 记录工对整个过程做好记录,并妥善保管相关资料。

(10) 积极配合事故调查组对事故进行调查。

3) 现场抢险突击组

(1) 听到报警信号后,按照现场应急指挥组组长指令,支援当班控制组进行抢险突击工作,戴上正压式空气呼吸器协助当班控制组关停所有生产设施、切断井场一切可能的着火源。

(2) 两人一组戴好正压式空气呼吸器到岗位检查是否有人中毒,若发现人员中毒立即抬至安全区,与卫生员一同实施急救。

(3) 安排人员,按照应急指挥组组长的指令,对硫化氢浓度保持实施监测,随时将情况向现场应急指挥组组长报告。

(4) 按本队现场应急指挥组组长指令,非必要人员尽可能撤离至安全区。

(5) 如果听到井场出现爆炸声或看到井场喷出的可燃气体着火,或接到现场应急指挥组的通知,则马上按相应的预案执行。

(6) 当上级单位现场应急指挥人员到现场后,认真落实其分工的职责和指令。

(7) 积极配合事故调查组对事故进行调查。

4) 现场医疗救护组

(1) 听到撤离信号后,卫生员立即携带医疗器械、药品按现场应急指挥小组的统一安排,撤离到安全区外的一个方便的地方。如果内部医院或当地挂钩医院的救护人员已到现场,则在现场应急指挥组组长安排的专人带领下,和救护人员一到,乘坐救护车撤到安全区待令。撤离前、撤离后均应及时向现场应急指挥组组长报告。

(2) 密切关注人员中毒状况,接到人员中毒或受伤的消息后,在经监测硫化氢浓度小于 $30mg/m^3$(20ppm)的情况下,尽可能让救护车靠近受伤者。如果浓度高于 $30mg/m^3$(20ppm),则选择一个靠近现场的安全位置,做好救护伤员的一切准备,待将伤员抬到时,按《人员伤害现场应急预案》实施。

(3) 如果听到井场出现爆炸声或看到井场喷出的可燃气体着火,或接到现场应急指挥组的通知,则马上按相应的预案执行。

(4) 随时将情况向现场应急指挥组组长报告。

(5) 当上级单位现场应急指挥人员到现场后,认真落实其分工的职责和指令。

(6) 积极配合事故调查组对事故进行调查。

5) 安全警戒疏散组

(1) 接到现场应急指挥组组长指令后,由组长或由组长指定人员立即向乡和县政府报告,请求地方政府立即启动地方应急救援预案和疏散危险区域内居民。安全警戒疏散组组长负责指挥本组人员的应急工作,并随时了解情况,向现场应急指挥组组长报告。

(2) 将空气压缩机转移至500m以外设立的安全区内,最好放置在高处、井场的上风方向和能提供空气压缩机电源的地方,做好给空气瓶充气的准备工作。

(3) 按现场应急指挥组组长指令,设立危险区、警戒区,组织或协助当地政府有关人员疏散距井口500m到3km范围内的当地居民,任何人未经许可不得进入警戒区。

(4) 负责现场人员的清点,组织非必要留井场人员的有序地撤离。

(5) 指派专人戴上空气呼吸器至少在主要下风口100m、500m和1000m处进行硫化氢监测,需要时监测点可适当加密。在本队采取控制和消除措施后,要继续监测危险区大气中的硫化氢和二氧化硫浓度,以便确定在什么时候方能重新安全进入。当点火后应对下风方向的尤其是井场生活区、周围居民区、医院和学校等人员聚集场所的二氧化硫的浓度进行监测。

(6) 发现现场人员或在疏散过程中发现人员中毒,立即组织人员将其抬出硫化氢区域到新鲜空气处,实施急救,并与现场医护救护组联系,按《人员伤害现场应急预案》具体实施。

(7) 随时将情况向现场应急指挥组组长报告。

(8) 当上级单位现场应急指挥人员到现场后,认真落实其分工的职责和指令。

(9) 积极配合事故调查组对事故进行调查。

4. 硫化氢一级现场应急预案

当井喷失控时,现场立即启动硫化氢二级现场应急预案,当井场硫化氢浓度达到 $150mg/m^3$(100ppm)的危险临界浓度时,在继续实施硫化氢二级现场应急预案的基础上，还应实施如下程序。

1）现场应急指挥组

（1）现场应急指挥组组长下达硫化氢一级现场应急预案启动指令，信号为：先发出船用电笛长鸣（持续60s以上）后，接着发出钻机汽笛（持续60s以上）。如果此时已关停所有生产设施，则口头通知现场有关人员，宣布进入硫化氢一级现场应急状态。

（2）现场应急指挥组组长立即告知生产经营单位（甲方）住现场监督或其他人员现场情况请求其向所在上级生产经营单位主管部门汇报。

（3）现场应急指挥组组长向本单位上级（第一责任人及授权人）报告。

（4）在人员的生命受到巨大威胁、人员撤离无望、失控井无希望得到控制的情况下，按照生产经营单位代表或其授权的现场总负责人的决策指令，安排点火人员，在确保自身安全的前提下，佩戴防护器具，在上风方向离火口距离不少于10m处实施点火。现场可根据实际情况，使用自动点火装置或自动点火器具实施点火。

（5）如现场点火无望，空气呼吸器数量不够、压力不足或者已损坏，不能保证人员安全，现场应急指挥组组长请示上级人员后，下达现场人员撤离指令。撤离前，安排人员两人一组，搜索井场是否有中毒人员并清点人数，确认人数到齐后，背着空气呼吸器、带着便携式监测仪起撤离现场到空气压缩机处，给所有气瓶充足气体备用。

（6）由组长或由组长指定人员立即按本应急预案的通信表通知其他有关机构和相关人员（包括政府有关负责人），告知情况并请求援助。

（7）撤离后，应安排人员佩戴防护设施（每两人一组），针对不同的地方成梯队继续监测危险区大气中的硫化氢及二氧化硫浓度并观察井口情况，根据监测情况决定是否扩大撤离范围确定在什么时候方能重新安全进入。

（8）当上级应急人员到达现场以后，井队现场应急指挥组组长将指挥权转移至上级现场应急指挥小组组长，并服从其指挥。井队现场应急指挥组组长按照上级应急指挥小组重新组建的应急分小组的组成人员和明确的职责，指挥本队人员认真履行职责，落实其指令，并随时将情况向其汇报。

2）当班控制组

（1）接到现场应急指挥组组长的指令后，发出报警信号。

（2）接到现场应急指挥组组长的点火指令后，两人以上同行并佩戴防护器具，在确保自身安全的前提下，使用点火装置在上风方向，离火口距离不少于10m处实施点火。

（3）按现场应急指挥组组长的安排，撤出井场到安全区待命。

3）现场抢险突击组

（1）按现场应急指挥组组长的安排，协助当班控制组，两人以上同行并佩戴防护器具，在确保自身安全的前提下，使用点火装置在上风方向，离火口距离不少于10m处实施点火。

（2）按现场应急指挥组组长的安排，撤出井场到安全区待命。

4）现场医疗救护组

按《硫化氢一级现场应急预案》的相关程序执行。

5）安全警戒疏散组

按《硫化氢一级现场应急预案》的相关程序执行。

四、应急撤离

(一) 应急撤离方案的编制

在一个场所内工作的一个或多个单位,应编制一个统一行动的硫化氢现场应急撤离方案。方案编制应符合以下要求:

(1) 应符合 GB/T 29639—2020 的规定。

(2) 应在方案中特别规定应急行动的统一现场应急指挥。

(3) 应在方案中明确应急信号,海上采用的信号应符合 SY/T 6633—2019 的规定。

应急撤离方案应随单位、人员、环境等变化而及时更新。

(二) 应急撤离区域

(1) 天然气集气场站的应急撤离区域应符合以下要求:

① 硫化氢体积分数为 13%~15% 的天然气集气场站,应急撤离区域边缘距最近的装置区边缘宜不小于 1500m;

② 硫化氢体积分数低于 13% 或高于 15% 的天然气集气场站,建设单位参考相关规定,在组织专家技术论证后,可适当减小或增大应急撤离区域。

(2) 单列脱硫装置处理能力为 $300 \times 10^4 m^3/d$ 级的天然气净化厂应急撤离区域应符合以下要求:

① 硫化氢体积分数为 13%~15% 的单列脱硫装置处理能力为 $300 \times 10^4 m^3/d$ 级的天然气净化厂应急撤离区域边缘距最近的装置区边缘宜不小于 1500m。

② 硫化氢体积分数低于 13%(或高于 15%)的单列脱硫装置处理能力小于(或大于)$300 \times 10^4 m^3/d$ 级的天然气净化厂,建设单位参考相关规定,在组织专家技术论证后,可适当增大或减小应急撤离区域。

(3) 其他硫化氢环境的工作场所,应经过模拟计算或安全评价确定应急撤离区域。

(三) 撤离

(1) 当发生下列情况时应急处置人员应立即疏散撤离:

① 井喷失控。

② 当现场的硫化氢已经或可能会高于 $30mg/m^3$(20ppm),场站围栏或围墙外环境空间已经能够检测出硫化氢且浓度可能达到或超过 $15mg/m^3$(10ppm)。

(2) 生产经营单位代表或其授权的现场总负责人决策撤离,采用有线应急广播或声光报警等通知方式。

(3) 撤离主要程序:

① 向企业、当地政府报告,直接或通过当地政府机构通知公众,协助、引导当地政府做好居民的疏散、撤离工作。

② 应向远离泄漏源的上风向、逆风向、高处疏散撤离。

③ 疏散撤离时佩戴硫化氢防护器具或使用湿毛巾捂住口鼻呼吸等措施。

④ 监测暴露区域大气情况(在实施清除泄漏措施后),以确定何时可以重新安全进入。

五、医疗救护

（1）存在硫化氢危害的高风险行业的用人单位宜与附近有应急救援能力的医疗机构签订事故医疗救援协议，建立联系，保证发生事故时医疗机构能够及时参与医疗救援。

（2）出现中毒事故时迅速将现场中毒人员抬离危险区至上风向空气新鲜处。如皮肤或眼部被污染，用大量清水冲洗干净，输氧，并保持中毒者的体温。如果中毒者已停止呼吸和心跳，应立即实施人工心肺复苏术，并立即送往附近医疗机构救治。

六、事故后处置

（1）对事故发生地点进行妥善处理，收集泄漏物料，并用水冲洗干净，冲洗水妥善排入废水处理系统，避免二次事故发生。

（2）查明事故原因，对事故设施设备进行维修维护，对其他可能的隐患点进行排查，杜绝类似事故再次发生。

七、培训和演练

（1）涉及硫化氢环境天然气采集与处理的相关单位部门应定期组织应急处置方案的培训与演练。人员培训和应急演练记录应形成文件并至少保留一年。

（2）应急演练可以通过实操演练和模拟演练的方式进行，演练应通知地方相关部门参加。对预案演练中存在的不足还应进行修订和再测试，其中，演练内容宜包括但不限于以下内容：

① 采取应急措施的各种必要操作及步骤；
② 正压式空气呼吸器保护设备的使用演练；
③ 硫化氢中毒人员施救的演练。

（3）应急培训与演练应确保作业队人员明确自己的紧急行动责任及操作要点，熟悉紧急情况下装置关停程序、救援措施、通知程序、集合地点，紧急设备的位置和应急疏散程序。

第四节 硫化氢应急设备管理及处置措施

一、硫化氢易泄漏危险部位的监测与设备管理

（一）硫化氢易泄漏危险部位

硫化氢存在于石油石化各个生产环节中，如钻井、测（录）井、井下作业、采油（气）、集输、仓储和炼制过程等。

1. 钻井作业

井口、钻台下、钻井循环系统、放喷管线、燃烧池、污水、废液回收池（罐）、节流管线、除气（砂）器等。

2. 井下作业

井口、循环泵送系统、放喷管线、分离器、水套炉、燃烧池、循环罐、污水、废液回

收池（罐）产液罐等。

3. 采油作业

井口装置，取样点，油、水和乳化剂的储藏罐及相应的人行道，油、气、水和乳化剂处理器及分离器，空气干燥器，输送装置，集油罐及其管道系统，燃烧池和放空管汇，装载油气场所，计量站等。

4. 增产措施作业

井口、循环泵送系统、循环罐、罐车区、管汇区、废液回收罐、燃烧池等。

5. 油气处理场所

进口分离器、预处理容器、增压车间、脱硫间、储存和运输装置、储藏罐等。

6. 集输作业

车（船）集输：产品运输端口与车（船）之间、舱口、排空和洒落处等。

管道集输：计量站、扫线点、增压间等。

7. 炼油厂、化工厂

裂解装置、蒸馏塔、油气储存罐区、取样阀、密封件、连接件、法兰、排污系统及其他破裂部位等。

（二）硫化氢泄漏部位的监测及安全注意事项

（1）为防止硫化氢中毒，消除硫化氢对职工的危害，应从设计抓起，凡新建、改建、扩建工程项目中防止硫化氢中毒的设施必须与主体工程同时设计、同时施工、同时使用，使作业环境中硫化氢浓度符合国家安全卫生标准。

（2）生产企业内有可能泄漏硫化氢有毒气体的场所，应配置固定式硫化氢检测报警器，有硫化氢危害的作业场所，应配备便携式硫化氢检测报警器及适用的防毒防护器材。硫化氢检测报警器具安装率、使用率、完好率应达到100%。

（3）加强防止硫化氢中毒工作，按相关装置和罐区动态硫分布情况进行调查，建立动态硫分布图，在每一个可能泄漏硫化氢造成中毒危险的工作场所设置警示牌和风向标，明确作业时应采取的防护措施。

（4）要根据不同的生产岗位和工作环境，为作业人配备适用的防毒防护器材，并制定使用管理规定。定期、定点对生产场所硫化氢的浓度进行检测，对于硫化氢浓度超标点应立即清查原因并及时整改。

（5）开好脱硫和硫黄回收装置，搞好设备、管线的密封，禁止将含硫化氢的气体排放大气；含硫污水禁止排入其他污水系统。

（6）必须将生活污水系统与工业污水系统隔离，防止硫化氢渗入生活污水系统，发生中毒事故。

（7）禁止任何人员在不佩戴合适的防毒器材的情况下进入可发生硫化氢中毒的区域，并禁止在有毒区内脱掉防毒器材。遇有紧急情况，按应急预案进行处理。

（8）在含有硫化氢的油罐、粗汽油罐、轻质污油罐及含有毒有害气体的设备上作业时，必须随身佩戴好适用的防毒救护器材。作业时应有两人同时到现场，并站在上风向，必须坚持一人作业，一人监护。

（9）凡进入含有硫化氢介质的设备、容器内作业时，必须按规定切断一切物料，彻底冲洗、吹扫、置换，加好盲板，经取样分析合格，落实好安全措施，并按"作业许可证制度"办理作业票，在有人监护的情况下进行作业。

（10）原则上不得进入工业下水道（井）、污水井、密闭容器等危险场所作业。必须作业时，按"生产作业许可证制度"办理作业票，报主管生产领导批准签发后，在有人监护的情况下方可进行作业。作业人员一般不超过两人，每人次工作不得超过1h。

（11）在接触硫化氢有毒气体的作业中，作业人员一旦发生硫化氢中毒，监护人员应立即将中毒人员脱离毒区，在空气新鲜的毒区上风口现场对中毒人员进行人工呼吸，并通知气防站。对中毒人员进行救护时，救（监）护人员必须佩戴好适用的防毒救护器材，并应防止二次中毒发生。

（12）在发生硫化氢泄漏且硫化氢浓度不明的情况下，必须使用隔离式防护器材，不得使用过滤式防护器材，对从事硫化氢作业的人员，要按国家有关规定进行定期体检。

（13）对可能发生硫化氢中毒的作业场所，在没有适当防护措施的情况下，任何单位和个人不得强制作业人员进行作业。

（三）防硫化氢呼吸器及监测仪的管理

在钻井、井下作业过程中应配备空气呼吸站和相应的面罩、管线和应急气瓶组成供气系统，在没有条件的情况下应配备足够数量的正压式空气呼吸器和与空气呼吸器气瓶压力相应的充装器。

采油作业、增产措施作业、油气处理场所、炼油厂、化工厂等作业过程中都必须配备一定数量的正压式空气呼吸器和与空气呼吸器气瓶压力相应的充装设备，还应按要求配备固定式和便携式硫化氢监测仪。

1. 陆地钻井作业

钻井队生产班应每人配备一套正压式空气呼吸器（按岗位配备），另配一定数量的公用正压式空气呼吸器；井场应配备一定数量的备用空气钢瓶并充满压缩空气，以作快速充气用。在井口、钻井液出口及其他硫化氢容易泄漏的部位应设置固定式多点硫化氢监测仪探头，并在探头附近同时设置报警喇叭，主机应安装在控制室内，并至少应配备5台携带式硫化氢监测仪。每个井场应至少有3个指示风向的风向标，应遵循设置标志牌的规定，在井场入口和硫化氢泄漏区域设置清晰地警示标志。

2. 井下作业

井下作业过程中，应配备正压式空气呼吸器及与空气呼吸器气瓶压力相应的空气压缩机。井场应配备一定数量的备用空气瓶并充满压缩空气。在井口及其他硫化氢容易泄漏的部位应设置固定式多点硫化氢监测仪探头，并在探头附近同时设置报警喇叭，主机应安装在控制室内。至少应配备4台携带式硫化氢监测仪。每个井场应至少有3个指示风向的风向标，应遵循设置标志牌的规定，在井场入口和硫化氢泄漏区域设置清晰地警示标志。

特别注意：对于硫化氢油气井，井场应设置颜色鲜艳、明显区别于周围设备的风向标。风向标置于人员在现场作业或进入现场时容易看见的地方，必须保证所有现场工作人员能够观察到，微风情况下即可引起人们的注意。放喷口附近、值班房、钻台、器防器材室、井场入口处都应设置风向标。全体人员必须自觉地注意观察风向，养成在紧急情况下向上风方向疏散的习惯。

当空气中硫化氢含量超标时，监测仪自动报警。报警器装置设置在井场各个不同的区域，如司钻操作台、动力间、钻井液房、生活区、控制间、值班房等，并且能够发出声音和光线的报警，贯穿整个井场。井场人员或井场附近工作的所有人员应了解各种报警信号的含义，以便对声光报警系统做出反应。

第一级报警阈值设置在 $15mg/m^3$（10ppm），达到此浓度时启动报警，提示现场作业人员硫化氢浓度超过阈限值，应检查泄漏点和加强通风。小于此浓度时作业井场应挂绿色警示标志，表明井处于受控状态，但存在对生命健康的潜在或可能的危险。

第二级报警值应设置在硫化氢含量达到安全临界浓度 $30mg/m^3$（20ppm），达到此浓度时，现场作业人员应佩戴正压式空气呼吸器。浓度在 $15mg/m^3$（10ppm）~ $30mg/m^3$（20ppm）范围内，井场应挂黄色警示标志，表明对生命健康有影响。

硫化氢浓度大于或可能大于 $30mg/m^3$（20ppm）时，井场应挂红色警示标志，表明对生命健康有威胁。

第三级报警值应设置在硫化氢浓度达到危险临界浓度 $150mg/m^3$（100ppm），报警信号应与二级报警信号有明显区别，警示立即组织现场人员撤离。

3. 集输站

应按岗位配备正压式空气呼吸器和相应的气体充装设备，空气呼吸器与气体充装设备应有专人管理。作业人员进入站区、低洼区、污水区及硫化氢易于积聚的区域时，应佩戴正压式空气呼吸器。在各单井进站的高压区、油气取样区、排污放空区、油水罐区等易泄漏硫化氢区域应设置醒目的警示标志和风向标，并设置固定探头，在探头附近同时设置报警喇叭。

作业人员巡检时应佩戴便携式硫化氢监测仪，进入上述区域应注意是否有报警信号。

固定式多点硫化气监测仪放置于仪表间，探头信号通过电缆送到仪表间，报警信号通过电缆从仪表间传送到危险区域。

4. 天然气净化站

应按岗位配备正压式空气呼吸器和相应的空气压缩机，空气呼吸器与压缩机必须有专人管理。作业人员进入脱硫、再生、硫回收排污放空区域时，应佩戴正压式空气呼吸器。应在硫化氢易于聚集的区域设置固定式多点硫化氢监测探头和报警装置，并且应设置醒目的警示标志和风向标。

5. 炼油厂、化工厂

应按岗位配备正压式空气呼吸器和相应的空气压缩机，空气呼吸器与压缩机必须有专人管理。作业人员进入低洼区、污水区及硫化氢和易燃易爆气体易于积聚的区域时，应佩戴正压式空气呼吸器。在易泄漏硫化氢和易燃易爆气体区域应设置醒目的警示标志和风向标，并设置固定探头，在探头附近同时设置报警喇叭。

作业人员巡检时应佩戴便携式硫化氢监测仪，进入上达区域应注意是否有报警信号。

6. 水处理站

油田企业水处理站和回注站的防护、监测与油气集输站相同。

在可能含有硫化氢的其他作业场所如集输站、天然气净化站、炼化厂、化工厅、水处理站、采油作业和特殊作业现场中的防硫化氢安全设备的配置，可参照 SY/T 6137—2017 和 SY/T 6277—2017 有关标准执行。

二、硫化氢中毒及应急处置措施

（一）预防措施

涉及硫化氢作业活动，必须严格遵守《化学品生产单位特殊作业安全规范》（GB 30871—2014）及相关的规范、标准、制度，并特别注意以下几点：

（1）产生硫化氢的生产设备应尽量密闭，并设置自动报警装置（不能根据臭味来判断危险场所硫化氢的浓度，硫化氢达到一定浓度时会导致嗅觉麻痹）。

（2）对含有硫化氢的废水、废气、废渣，要进行净化处理，达到排放标准后方可排放。

（3）进入可能存在硫化氢的密闭容器、坑、窑、地沟等工作场所，应首先测定该场所硫化氢浓度，采取通风排毒措施，确认安全后方可操作。作业过程中应连续测定硫化氢浓度。

（4）操作时做好个人防护措施，配好防毒用具（防毒面具一般为逃生自救用），作业工人腰间缚以救护带或绳子。做好互保，要2人以上人员在场。

（5）患有肝炎、肾病、气管炎的人员不得从事接触硫化氢作业。

（6）加强员工有关专业安全知识技能的培训，提高自我防护意识和能力。

（二）作业有关注意事项

1. 采样作业注意事项

（1）检查采样器是否完好，采用密闭取样；

（2）佩戴便携式有毒有害（硫化氢）气体检测仪、适用的防毒用具，站在上风向，并有专人监护；

（3）采样过程中手阀应慢慢打开，不要用扳手敲打阀门。

2. 切水作业注意事项

（1）佩戴便携式有毒有害（硫化氢）气体检测仪、适用的防毒用具，站在上风向，并有专人监护；

（2）切水阀与切水口应有一定距离；

（3）脱出的酸性气要用氢氧化钙或氢氧化钠溶液中和，并有隔离措施，防止过路行人中毒；

（4）切水过程中人不能离开现场。

3. 设备内检修作业

需进入设备、容器进行检修，应经过加盲板、吹扫、置换、采样分析合格、办理进设备容器安全作业票后，才能进入作业。但有些设备容器在检修前，需进人排除残余的油泥、余渣，清理过程中会散发出硫化氢和油气等有毒有害气体，必须做好安全措施。

以下七项为设备内检修作业步骤：

（1）制定施工方案；

（2）作业人员经过安全技术培训；

（3）进设备容器作业前，必须作好气体采样分析；

（4）办理进入受限空间安全作业票；

(5) 佩戴防毒用具（空呼等），携带好安全带（绳）；

(6) 作业时间不宜过长，一般不超过 30min；

(7) 施工过程须有专人监护，必要时应有医务人员在场。

4. 进入下水道（井）、地沟作业

(1) 执行进入受限空间作业安全防护规定；

(2) 控制各种物料的切水排凝进入下水道；

(3) 采用强制通风或自然通风，保证氧含量为 18%～21%，在富氧环境下不应大于 23.5%；

(4) 佩戴防毒用具（空呼等）；

(5) 携带好安全带（绳）；

(6) 进入下水道内作业井下要设专人监护，并与地面保持密切联系。

5. 油池清污作业

(1) 下油池清理前，必须用泵把污油、污水抽干净，用高压水冲洗置换；

(2) 采样分析，根据测定结果确定施工方案和安全措施，办理好进入受限空间作业票；

(3) 配备防毒用具（空呼等），有专人监护，必要时要携好安全带（绳）。

6. 堵漏、拆卸或安装作业

设备、容器、管线存有硫化氢物料的堵漏、拆卸或安装作业时，必须做到：

(1) 严格控制带压作业，应把与其设备容器相通的阀门关死，安装盲板，撤掉余压；办理相应安全作业票；

(2) 佩戴适用的防毒用具（空呼等），有专人监护；

(3) 拆卸法兰螺栓时，在松动之前，不要把螺栓全部拆开，严防有毒气体大量冲出。

7. 检查生产装置的注意事项

(1) 平稳操作，严防跑、冒、滴、漏；

(2) 装置易泄漏或气体易积聚的位置应安装固定式硫化氢检测报警器；

(3) 加强机泵设备的维护管理，减少泄漏；

(4) 可能有泄漏的地方加强通风；

(5) 涉及硫化氢物料的容器、管线、阀门等要定期检查更换；

(6) 发现硫化氢浓度高，要先报告，采取一定防护措施后，才能进入现场检查和处理。

8. 油罐的检查作业

(1) 严禁在进、出油及调合过程中进行人工检尺、测温及拆装安全附件等作业；

(2) 必要的检查、切水，操作人员应佩戴便携式有毒有害（硫化氢）气体检测仪，站在上风向，并有专人监护；

(3) 准备好适合的防毒面具，以便急用。

9. 化学清洗作业

涉及有可能存在产生（逸出、外泄）硫化氢或者残存硫化氢的清洗作业时，应事先进行风险辨识分析，并结合分析结果采取安全措施。

(三) 硫化氢中毒应急处置

涉及硫化氢的装置、设备设施应制定硫化氢中毒专项应急预案、现场处置方案，发生硫化氢中毒事故时，参与现场抢救者必须在做好安全防护保障情况下进行施救。应穿隔离衣、戴防毒用具（空呼等），切忌盲目施救，谨防自身中毒。

1. 配备的劳动防护用品应急物资

工作服、手套，安全带、安全帽、防护眼罩或眼镜、防毒面具等。

2. 应急物质

警戒线，急救包，担架，正压式空气呼吸器等。

3. 现场应急处置措施

（1）进入事故现场的救援人员必须佩戴防毒面具、正压式空气呼吸器。不得贸然行动。

（2）救援组人员佩戴防毒面具和正压式空气呼吸器进入现场实施救助。同事疏散组人员将周围人员疏散至上风口安全区域。

（3）救援人员迅速将中毒人搀扶或拖、抬等方式移出事故现场外的上风口空气新鲜的场所。

（4）皮肤接触：脱去污染的衣着，用流动清水冲洗，并立即就医。

（5）眼睛接触：立即提起眼睑，用大量流动清水或生理盐水彻底冲洗至少15min，如中毒者眼睛轻度损害，可用清洁的水清洗或冷敷，并立即就医。

（6）若中毒者停止呼吸或心跳立即进行胸外心脏按压及人工呼吸。当中毒者呼吸和心跳恢复后，可给中毒者饮些兴奋性的饮料，如浓茶、咖啡。同时拨打120，在医护人员未赶来之前不得放弃救助。

4. 现场恢复

（1）抢修组做好个人防护，打开事故现场的门窗进行通风，并用大量的水冲洗事故现场，对调节池进行稀释。同时使用检测仪对现场硫化氢浓度进行检测。

（2）抢修组对堵塞的管道进行疏通。严禁动用明火，防止发生火灾事故。

（3）待硫化氢气体未检出时，污水处理可以恢复正常运行状态。

5. 应急结束

（1）应急指挥组织人员进行现场清理、人员清点和安置。

（2）应急终止条件：事故隐患消除，事故现场得以控制，环境污染不再扩展。

第五节 典型硫化氢事故应急处置

一、案例1

（一）公司概述

中国石油天然气集团有限公司兰州石化分公司是目前我国西部地区最大的炼油化工企业，公司拥有1050×10^4t/a原油一次加工能力和70×10^4t/a乙烯生产能力，主要生产装置50余套，炼化工艺主体技术处于国内领先水平，能生产汽油、煤油、柴油润滑油基础油、合成塑料、合成橡胶、化肥及催化裂化催化剂等多品种、多牌号的石化产品，其炼油化工产品在国内外市场享有良好信誉。公司形成了"以客户为中心的质量管理体系，以员工为中心的安全健康管理体系，以环境为中心的清洁生产体系，以财务为中心的内部控制体系，以思想道德为核心的企业文化体系"，通过了 QHSE 体系认证，为企业持续发展提供了强有力的管理支撑。

（二）事故概述

2002 年 8 月 27 日 17 时 10 分，兰州石化分公司炼油厂北围墙外西固环形东路，发生一起 H_2S 气体泄漏导致人员中毒的重大事故。造成 5 人死亡、45 人不同程度中毒。

（三）事故经过

2002 年 8 月，兰州石化分公司决定对炼油厂 1998 年停产的旧烷基化装置进行拆除。炼油厂烷基化车间为了确保旧烷基化装置的拆除工作安全顺利进行，计划对该装置进行彻底工艺处理。在处理废酸沉降槽（容—7）内残存的反应物过程中，因该沉降槽抽出线已拆除，无法将物料回抽处理，装置所在分厂向公司生产处打报告，申请联系收油单位对槽内的残留反应物进行回收。

27 日 15 时左右，烷基化车间主任张某带领车间管理工程师程某、安全员锁某，协助三联公司污油回收队装车。由于从废酸沉降槽人孔处用蒸汽往复泵不上量，张某等 3 人决定从废酸沉降槽底部抽油。在废酸沉降槽放空管线试通过程中，违反含硫污水系统严禁排放废酸性物料的规定，利用地下风压罐的顶部放空线将废酸沉降槽中的部分酸性废油排入含硫污水系统。酸性废油中的硫酸与含硫污水中的硫化钠反应产生了高浓度硫化氢气体，硫化氢气体通过与含硫污水系统相连的观察井口溢出。

17 时 10 分，在炼油厂北围墙外西固区环形东路长约 40m 范围内，有行人和机动车司机共 50 人出现中毒现象。17 时 15 分，兰州石化分公司总医院急救车到达现场将受伤人员送往医院抢救。其中 4 名受伤人员在送往医院途中死亡，1 名受伤人员于 9 月 1 日经抢救无效死亡，45 人不同程度的中毒，经济损失达 250 多万元。

（四）直接原因

烷基化车间在对废酸沉降槽进行工艺处理过程中，由于蒸汽往复泵不上量，决定从废酸沉降槽底部抽油，在废酸沉降槽放空管线试通过程中，违反含硫污水系统严禁排放废酸性物料的规定，将含酸废油直接排入含硫污水管线，酸性废油中的硫酸与含硫污水中的硫化钠反应产生了高浓度硫化氢气体，硫化氢气体通过与含硫污水系统相连的观察井口溢出，导致中毒事故发生。

（五）间接原因

炼油厂烷基化车间主任张某等人在对废酸沉降槽进行工艺处理时，操作人员对含酸废油排入含硫污水系统会产生硫化氢的认识不清，安全防范意识差，业务技能不过关，没有掌握最基本的应知应会知识，对作业过程中的危害性认识不够，后果估计不足，贪图便捷，盲目操作。在试通管线过程中，将含酸废油直接排入含硫污水管线，导致了事故的发生。

报废装置在停车后应该进行彻底工艺处理，倒空物料，装置出入界区物料管线加堵盲板。但旧烷基化装置于 1998 年长期停车后，没有及时对停车后的装置进行彻底的工艺处理，致使废酸沉降槽内残存反应物未及时处置。同时，调查发现装置停车后，在装置前期拆除过程中，没有进行风险辨识，制订的拆除方案不严密，导致正常的倒料流程被提前拆除，致使槽内含酸废油无法按照正常流程回抽处理。

含硫污水硫化氢吸收塔由于设计原因，经常出现碱结晶，系统运行受到较大影响，硫化氢吸收效果较差。同时，含硫污水系统观察井没有及时进行封闭。含硫污水系统的清污分流工作由于受到技术上的限制，一直未能实施。另外，随着周边地区的发展，该公司生产装置被周围村庄、道路包围，城市道路、周边居民与生产装置的安全防护间距严重不符合国家规范的要求。隐患治理力度不够，无法确保本质安全。

（六）应急处置

根据《兰州石化公司生产事故与应急管理规定》第二十五条：

（1）各类紧急情况和突发事件发生时，所在单位按照紧急预案，迅速有序采取应急措施，同时应根据现场情况迅速对紧急情况和突发事件的严重性做出准确判断，确定是否需要上报到上一级单位或部门，需要上报时，所在单位应尽快将情况报告到上一级单位和部门。

（2）公司及二级单位办公室、生产调度部门、值班室接到下级部门门的报告后，应做好记录，并按照应急预案的要求迅速报告应急指挥部或应急指挥小组，应急救援领导小组人员未到达指挥岗位时，由调度部门主任担任应急救援指挥部临时指挥，全权负责应急救援工作，各级应急指挥部或应急指挥小组成员接到报告后，应在尽可能短的时间内赶赴事发现场或指挥现场，确保将损失和社会影响降低到最小程度。

（3）对可能威胁到厂外居民（包括友邻单位人员）安全时，由应急指挥部与地方政府有关部门联系，引导居民迅速撤离到安全地点。

（七）现场处置措施

1. 仅仅发生危险化学品泄漏的处置措施

（1）进入泄漏现场进行处理时，应注意安全防护进入现场救援人员必须配备应急救援器材呼吸器。硫化氢是易燃易爆的，事故中心区应严禁火种、切断电源、禁止车辆进入、立即在边界设置警戒线根据事故情况和事故发展，确定事故波及区人员的撤离。硫化氢是有毒的，应使用专用防护服、隔绝式空气气面具。为了在现场上能正确使用和适应，平时应进行严格的适应性训练。立即在事故中心区边界设置警戒线。根据事故情况和事故发展，确定事故波及区人员撤离。应急处理时严禁单独行动，要有监护人，必要时用水枪、水炮掩护。

（2）泄漏源控制。管线发生泄漏，应先降低管道内气体压力以便于对泄漏点进行处理。为防止硫化氢气体达到爆炸浓度应尽快通风驱散。

（3）堵住泄漏点。在落实上述工作后，抢险人员佩戴好防毒面具，抓紧时间，利用准备好的堵漏物资和防爆工具设法将漏点堵住。此时，应注意：

① 储罐、管线、阀门、法兰等如果是轻微泄漏，可以立即旋紧、带压非焊堵漏。若使用螺栓的紧固件的螺栓数少于或等于4个的，若非已经断裂，不得进行更换、拆卸螺栓。

② 设备内部有压力时，对容器和直连进出口管线、接口等第一道阀及以内，不得进

行焊接、紧固工作。特殊情况需要带压紧固时必须由施工单位制定施工方案和安全措施，经现场指挥同意后方可施工。

2. 在危险化学品事故区域应采取的具体应对措施

（1）事故中心区域。事故中心区的救援人员需要全身防护，并佩戴隔绝式面具。救援工作包括切断事故源、抢救伤员、保护和转移其他危险化学品、清除渗漏液态毒物、进行局部的空间洗消及封闭现场等。非抢险人员撤离到中心区域以外后应清点人数，并进行登记。事故中心区域边界应有明显警戒标志。

（2）事故波及区域。该区域的救援工作主要是指导防护、监测污染情况，控制交通，组织排除滞留危险化学品气体。视事故实际情况组织人员疏散转移。事故波及区域人员撤离到该区域以外后应清点人数，并进行登记。事故波及区域边界应有明显警戒标志。

（3）受影响区域。该区救援工作重点放在及时指导群众进行防护，对群众进行有关知识的宣传，稳定群众的思想情绪，做基本应急准备。

二、案例2

（一）公司概述

兰州石化分公司由原兰州石化分公司和兰州石油化工公司于2007年合并重组成立，隶属中国石油天然气集团有限公司，是集炼油、化工、装备制造、工程建设、检维修及矿区服务为一体的大型综合炼化企业。该公司营业执照由省工商行政管理局2012年5月颁发，注册地址兰州市西固区玉门街10号，总资产397亿元，主要负责人李家民，《安全生产许可证》由甘肃省安全生产监督管理局2005年7月颁发，2014年7月延期，有效期3年。

（二）事故概述

2014年8月4日7时55分，兰州石化分公司炼油厂年处理30×10^4t气体分馏装置发生丙烯泄漏事故，8时41分，引发火灾。事故直接经济损失56.21万元，未造成人员伤亡。

（三）事故经过

2014年8月4日6时58分，兰州石化分公司炼油厂催化一联合车间年处理30×10^4t气体分馏装置当班内操工朱某发现DCS（分散型控制系统）显示丙烯塔（T-6）压力超过日常控制值（1.75MPa），达到1.762MPa，温度超过日常控制值（42℃），达到42.2℃，便通知当班外操工段某打开丙烯塔塔顶回流罐（V-8）复线，并检查空冷风机和管道泵运行是否正常。经检查发现空冷器水箱液位指示与实际液位存在偏差，水箱水量不足。

7时20分左右，启动P12备用泵向水箱补水3~5min，使管道泵恢复正常能够持续喷水冷却，但系统运行参数继续上升。

至7时40分，丙烯塔顶（T-6）压力达到1.987MPa，超出工艺卡片指标的上限（工艺卡片指标1.65~1.9MPa，空冷器设计压力2.5MPa，安全阀定压2.09MPa），空冷器回流冷后（丙烯）温度达到48.6℃，之后空冷器回流冷后（丙烯）温度和压力逐步下降。

7时50分左右，丙烯塔（T-6）压力和温度恢复正常，随后段某去检查之前温度较高的 14 号物料泵轴温是否正常。

7 时 55 分，正在装置区巡检的段某突然听到"砰"的一声，发现丙烯塔空冷器（B-15/A）框架处出现泄漏，大量白色雾状物料迅速蔓延至装置地面，立即跑回操作室向当班班长张某汇报。张某接到报告后，立即将泄漏情况向炼油厂调度室汇报，请求支援，并按照应急操作卡和应急预案对装置紧急停车。同时安排当班人员到装置主要路口警戒封路，段某上至空冷框架确认是丙烯塔空冷器（E-15/A）出口管箱区域发生泄漏，立即关闭丙烯塔空冷器（E-15/A）两个入口阀及丙烯塔 I（T-5）进料手阀，由于泄漏量过大，操作人员无法靠近丙烯塔空冷器（E-15/A）出口阀关闭阀门。朱某通过 DCS 远程依次关闭脱丙烷塔（T1）、碳四塔（T2）、脱碳五塔（T3）、脱乙烷塔（T4）的进料阀，切断各塔底重沸器热源。段玉林打开丙烯塔回流罐（V-8）通向瓦斯系统管网的 194 复线，进行紧急泄压。

8 时 20 分左右，兰州石化分公司组织消防队员、装置操作人员准备再次强行关闭丙烯塔空冷器（B-15/A）出口阀，但由于泄漏量过大还是不能靠近装置，无法关闭出口阀。为确保人员安全，企业立即安排现场人员撤离泄漏区域。

8 时 41 分，泄漏部位突然起火。

9 时 00 分，丙烯塔内残余物料通过丙烯、丙烷流程向罐区输送。

10 时 00 分，现场作业人员打开原料罐（V-3）、脱丙烷塔回流罐（V-4）、脱乙烷塔回流罐（V-7）、脱碳五塔回流罐（V-6）安全阀副线，实施系统泄压。

11 时 46 分，装置内物料压力降至 0.017MPa，现场火势基本得到控制。

12 时 20 分，装置内物料压力降为 0.01MPa，通过外接氮气将装置内物料排出，泄漏点维持保护性燃烧，火势得到全面控制。

13 时 00 分，关闭丙烯塔 II（T-6）塔顶压控阀、下游阀及，副线阀，切断空冷入口。

13 时 20 分，关闭塔顶回流泵（P-7. P-8）出入口阀。

13 时 40 分，现场明火全部扑灭。

15 时 00 分，关闭丙烯塔回流罐（V-8）入口阀，对丙烯塔空冷器（E-15/A）进行了系统盲板隔绝。

（四）直接原因

丙烯塔空冷器（E-15/A）丙烯出口端东侧管箱法兰连接处使用了质量不合格的密封垫片，在运行过程中密封失效造成丙烯泄漏，泄漏的丙烯高速喷射产生静电，引燃丙烯与空气的混合气体，发生火灾。

1. 泄漏原因

蓝科高新公司要求兰州立本公司按照《钢制管法兰用柔性石墨复合垫片》（HG 20608—1997）的规定等技术要求加工制造法兰密封垫片，但经对丙烯塔空冷器（B-15/A）丙烯出口端东侧管箱拆下的垫片残片和兰州石化分公司备件库内尚未使用的同型号同批次密封垫片检查，发现垫片不符合设计要求，垫片金属芯板无冲齿、无翻边，削弱了金属芯板对上下复合石墨材料的加强作用，导致垫片使用过程中石墨产生流动；垫片金属芯板采用多条钢带拼接而成，金属芯板边角和西侧短边部位采用上下贴补金属片搭桥、局部点焊方式拼接，降低了金属芯板的强度，同时造成垫片在整个密封平面上受力不均；拼接部位存在缝隙；垫片厚度与图纸厚度不符，偏差值过大。在设备承压运行状态下，受上述诸因影响，导致法兰密封失效，丙烯塔空冷器（E-15/A）出口端东侧管箱法兰密封处发生丙烯泄漏。

2. 起火原因

丙烯属于甲类易燃气体，其点火能量为 0.28mJ。丙烯塔空冷器（E-15/A）出口端东侧管箱法兰密封处从 7 时 55 分发生泄漏到 8 时 41 分起火，丙烯高速喷射约 46min，产生的高压静电电荷超过丙烯点火能量，引燃泄漏的丙烯和空气混合气体，导致火灾发生。

（五）间接原因

（1）蓝科高新公司对采购的密封垫片质量控制不严格。根据兰州石化分公司同蓝科高新公司签订的协议，蓝科高新公司负责其制造的丙烯塔空冷器的售后检维修及保养（含配件）。但蓝科高新公司在此次检维修过程中未对从兰州立本公司采购的密封垫片进行质量检测、验收，产品质量把关不严，导致空冷器使用了不合格的密封垫片。

（2）兰州石化分公司检维修管理不到位。炼油厂催化一联合车间对设备的检维修规定执行不严格，设备管理不到位，空冷器开车前未按照《空气冷却器维护检修规程》（SHS 01010—2004）的要求进行耐压试验，就投入使用。炼油厂未认真执行公司有关设备检修管理规定，对装置投用前安全检查不彻底，在开车过程中，没有按照相关管理的规定，对检修设备的可靠性进行确认。公司设备管理部门对炼油厂设备管理制度的执行监督不到位。

（六）应急处置

8 时 03 分，兰州石化分公司向各二级单位发出事故预警，启动公司生产安全事故应急预案，开展抢险处置，公司消防支队派出消防车对泄漏区域进行冷却、稀释保护。

8 时 57 分，公安消防部门接到报警后，根据《甘肃省公安消防部队火灾等级划分和灭火救援力量编成调度规定》，立即启动《石油化工灭火救援预案》，一次性调集兰州支队 11 个中队、1 个战勤保障大队、43 台消防车、252 名指战员赶赴现场处置，并准备泡沫、水炮、空呼及个人防护等物资，赶赴现场增援。同时通知市自来水公司为火场附近管网增压供水，通知市环卫局紧急调集 12 辆洒水车在兰州石化公司炼油厂外围集结待命。

9 时 05 分，兰州石化分公司先后向兰州市政府、省安监局报告事故情况。接到事故报告后，省委、省政府第一时间派常务副省长罗笑虎、副省长黄强带领公安、安监、环保等相关部门人员赶赴事故现场，成立现场应急指挥部，制定抢险方案，组织应急处置。一是周边生产装置紧急停车，熄灭加热炉等各类明火，开启消防栓炮及汽幕对周边装置进行冷却掩护和隔离；二是按照应急预案，组织现场作业人员及周边装置作业人员有序疏散；三是调集兰州市消防力量紧急增援，控制火情；四是妥善收集消防水，及时切换雨排管线，防止消防水、含物料污水经雨排流入黄河污染水体；五是召开新闻发布会，及时向社会发布事故信息，维护社会稳定。省委、省政府主要领导赶赴事故现场，一线指导。

兰州石化分公司"8.4"泄漏火灾事故，企业先期处置措施得当，省、市、区各级政府响应迅速，救援现场管理有序，信息发布及时透明，施救过程安全平稳，应急处置积极有效。

复习题

一、判断题

1. 现场处置预案应当包括危险性分析、可能发生的事故特征、应急处置程序、应急处置要点和注意事项等内容。（ ）

2. 空气呼吸器气瓶压力大于5MPa时禁止使用。（ ）

3. 进入毒气抢险现场的作业工人，可以不使用空气呼吸器。（ ）

4. 企业现场带班人员、班组长、调度人员是重点岗位人员，他们都需要持应急处置卡上岗作业。（ ）

5. 有毒有害气体防治管理制度的目的是遵循"安全第一，预防为主"的方针和检查防御与救援相结合的原则，为强对有毒有害气体的有效控制，最大限度地降低突发事件的危险程度，保障员工生命财产安全，保护环境。（ ）

6. 在抢救硫化氢中毒的病人时，首先将病人脱离现场，放在下风向处。（ ）

7. 正压式空气呼吸器应由上向下戴面罩。（ ）

8. SY/T 6277—2017规定：在硫化氢环境中的作业人员上岗前都应接受培训，经考核合格后持证上岗。每二年复训一次，复训时间不少于6h。（ ）

9. 过滤式防毒面具适用于环境空气中氧含量大于20%、毒气浓度低于2%的作业场所，不适用槽罐等密闭容器作业场所。（ ）

10. 现场救护的救护原则有"立即、就地""先群体后个人""现危重后较轻""防、救兼顾"。（ ）

二、单选题

1. 车间空气中硫化氢最高容许浓度为（ ）。
A. $5mg/m^3$　　　B. $10mg/m^3$　　　C. $20mg/m^3$　　　D. $50mg/m^3$

2. 对于工伤事故中停止呼吸和心跳的伤员，在（ ）内抢救成功率极高。
A. 180s　　　B. 240s　　　C. 300s　　　D. 600s

3. 硫化氢蒸气最小点火能量为（ ）。
A. 0.196mJ　　　B. 0.282mJ　　　C. 0.077mJ　　　D. 0.096mJ

4. 停车检修时要对设备、管道、容器进行（ ）。
A. 置换、清洗、分析　　　　　　B. 泄压
C. 通风　　　　　　　　　　　　D. 不做任何处理

5. 白天煤气小量泄漏下风向的防护距离是（ ）。
A. 50m　　　B. 100m　　　C. 150m　　　D. 200m

6. 能降低气体混合物爆炸危险性的气体是（ ）。
A. 氮气　　　B. 氧气　　　C. 氢气　　　D. 乙炔

7. 进入肌体后，累积达到一定的量，能使体液组织发生生物化学作用或生物物理学变化，扰乱或破坏肌体的正常生理功能，引起暂时性或持久性的病理状态，甚至危及生命的物品指（ ）。
A. 毒害品　　　B. 易燃品　　　C. 爆炸品　　　D. 危险品

8. 硫化氢被吸入人体后,首先刺激( )。

A. 眼睛　　　　　B. 呼吸道　　　　C. 皮肤　　　　　D. 肺

9. 将空气呼吸器气瓶瓶阀打开和关闭,观察压力表,在1min内压力的下降不得大于( ),说明气密性良好。

A. 1MPa　　　　 B. 2MPa　　　　 C. 3MPa　　　　 D. 4MPa

10. 过滤式防毒面具使用前必须分清( )。

A. 型号、专防专用　　B. 注意生产日期　　C. 罐体颜色　　　D. 罐体大小

三、多选题

1. 预防安全工作纳入生产、行政管理计划应做到( )。

A. 同计划　　　　B. 同检查　　　　C. 同总结　　　　D. 同评比

2. 硫化氢成因类型包括( )。

A. 生物化学成因　　　　　　　　B. 热化学成因
C. 金属硫化物的氧化产物　　　　D. 岩浆成因

3. 供消防员使用的呼吸保护器具主要有( )。

A. 过滤式防毒面具　　　　　　　B. 自动呼吸复苏器
C. 空气呼吸器　　　　　　　　　D. 氧气呼吸器

4. 消防员佩戴空气呼吸器可使其呼吸器官免受( )的伤害。

A. 浓烟　　　　　B. 毒气　　　　　C. 高温　　　　　D. 缺氧

5. 空气呼吸器每次使用后要对( )等组件进行清洁、消毒。

A. 全面罩　　　　B. 背托　　　　　C. 气瓶　　　　　D. 减压阀

6. 心肺复苏徒手操作法的分类是( )。

A. 口对口吹气　　B. 体外心脏按压　C. 输氧仪送气　　D. 胸部按压

7. 多用途滤毒罐适合在( )的情况下使用。

A. 氧气含量不低于17%　　　　　B. 狭小空间
C. 一定浓度有害气体场所　　　　D. 通风条件不好场所

8. 在硫化氢氢浓度高于10mg/m³的区域作业,下列描述错误的是( )。

A. 在防中毒措施未落实好之前,作业人员有权拒绝作业
B. 遇紧急情况,作业人员可在没有佩戴防护器材的情况下进行作业
C. 遇中毒事故状态,不能直接向主管领导报告
D. 不需要硫化氢检测仪进行监测

9. 凡进入含有硫化氢的储罐、下水井等受限空间内,不应选用以下哪些防护器具( )。

A. 空气呼吸器　　　　　　　　　B. 橡胶防毒面罩
C. 过滤式防毒面具　　　　　　　D. 长管式防毒面具

10. 以下关于在装置现场工作中描述错误的是( )。

A. 在岗职工可不进行硫化氢中毒知识教育和培训
B. 进行从事与硫化氢相关的作业必须二人同时到现场,一人作业,一人监护
C. 如果在有毒区作业感觉身体不适,应马上摘下面罩离开毒区
D. 作业人员一旦发生硫化氢中毒,监护人应立即不顾一切进入毒区抢救中毒者

四、简答题

1. 硫化氢有哪些特殊的物化性质？
2. 硫化氢中毒的途径有哪些？
3. 硫化氢的来源有哪些途径？
4. 日工作 8h 硫化氢的暴露安全极限是多少？
5. 制定应急预案的原则有哪些？

五、论述题

（一）硫化氢中毒事故案例分析

硫化氢是具有高度危害的窒息性气体，因硫化氢中毒致人死亡的恶性事故在石油化工企业频繁发生。因此，积极稳妥地做好预防工作，避免硫化氢中毒尤为必要。下面，先看两个硫化氢中毒事故案例：

（1）1999 年 8 月 7 日，某厂加氢裂化车间硫化氢管道泄漏，9 点 15 分，一职工巡检时被熏倒。班长发现后，立即佩戴防毒面具去施救。在救人过程中，因所戴防毒面具不能防硫化氢，故也被熏倒，造成两人死亡的重大事故。这起事故是职工巡检时没有采取必要的防范措施，班长施救时错戴了防毒面具所致。

（2）2000 年 1 月 21 日，某厂催化装置精制工段酸性水系统停车，对各有关管线进行排液处理。按规定应先将酸性水泵向汽提塔进料管线上的阀门关上，再将酸性水泵的出口阀和出口排凝阀打开排液。但是，操作人员未关酸性水泵向汽提塔进料管线上的阀门，就打开水泵出口阀和排凝阀排液，排放过程中又无人监护。在进料管线内酸性水排放完后，汽提塔内压力为 0.23MPa、浓度为 68% 的硫化氢气体经过进料管线从酸性水泵的排凝阀处排出，迅速弥漫整个泵房。此时约 10 点 5 分，2 名女工正在泵房内打扫卫生，立即被硫化氢气体熏倒，中毒窒息。10 点 10 分左右被人发现，立即进行抢救，抢救中又有 7 人不同程度地中毒，2 名女工抢救无效死亡，其余 7 人送医院观察治疗，幸好无险。事故的直接原因是当班操作工在脱水排凝时未将酸性水向汽提塔管线上的阀门排入泵房。这是一起性质严重的违章操作事故。

仅这两起事故，对于在含硫化氢设备区域工作的人们来说，无疑就是一个足够的警示。那么，在此类区域作业应如何避免人身伤亡事故发生呢？

（二）赵 48 井硫化氢中毒事故案例分析

1993 年 9 月 28 日 15 时，位于河北省石家庄市附近赵县的一口预探井（编号为赵 48 井），在试油射孔作业中发生井喷，地层中大量硫化氢气体随着喷出井口，毒气扩散面积达 10 个乡镇 80 余个村庄。造成 7 人死亡，24 人中等中毒，440 余人轻度中毒，附近村民 22.6 万人被紧急疏散。

这口井在赵县各子乡宋城村北约 700m 处，该井在钻探中见到了良好的含油显示，为搞清地下情况，决定对该井逐层进行试油。

当日下午，由某油田井下作业公司物理站射孔一队对该油井进行射孔，10min 后引爆射孔弹。在开始上提电缆时，井口发生外溢，且外溢量逐渐增大，溢出的水中有气泡。当电缆全部从井中提出后，作业队副队长李某立即带领当班的 5 名工人抢装事先准备好的总闸门。在准备关闭套管闸门时，因有硫化氢气体随同压井液、轻质油及天然气一同喷出，现场一名工人中毒昏迷。其他人员迅速将这名工人抬离现场，当其他人再想返回时，终因喷出的硫化氢气体浓度加大,工人们不得不从井口撤离。撤出井场后,李某及时向上级汇报并通知村民转移。

从 28 日夜至 29 日上午,抢险指挥部组织专家深入实地考察,制定抢险方案,筹备抢险设备、机具。29 日上午,16 人抢险小分队佩戴防毒面具接近井口,根据井口和井喷情况,在当地驻军防化兵和井陉煤煤矿抢险队的支援下,5 名抢险人员关闭了左右两翼套管闸门。9 点 20 分,抢险队完全控制了井喷,从井喷到控制井喷历时 18h。

1. 请分析该事故的原因。
2. 应该采取怎样的防范措施?

参考答案

一、判断题
1. √ 2. × 3. × 4. √ 5. √ 6. × 7. × 8. √ 9. × 10. √

二、单选题
1. B 2. C 3. C 4. A 5. D 6. A 7. A 8. B 9. B 10. A

三、多选题
1. ABCD 2. ABD 3. ACD 4. ABCD 5. ABCD 6. AB 7. ABCD
8. BCD 9. BC 10. ACD

四、简答题

1. 硫化氢有哪些特殊的物化性质?

参考答案:

(1) 比空气密度大;
(2) 易燃、易爆;
(3) 无色气体,有臭鸡蛋气味,易溶于水。

2. 硫化氢中毒的途径有哪些?

参考答案:

硫化氢侵入人体的途径有三条:
(1) 通过呼吸道吸入;
(2) 通过皮肤吸收;
(3) 通过消化道吸收。

3. 硫化氢的来源有哪些途径?

参考答案:

硫化氢不仅仅存在于石油工业的各个环节中,如钻井、试油、采油(气)作业、油气集输、炼油等。而且许多工作场所,都能发现硫化氢,包括一些人们意想不到的地方,例如:船舱、矿坑、制浆厂、沼泽地、下水道、阴沟、粪池、清理垃圾、橡胶合成、煤气制取等地方,目前有 70 多种职业涉及硫化氢。

4. 日工作 8h 硫化氢的暴露安全极限是多少?

参考答案:

倘若不超过 15ppm 与 20ppm 的安全暴露工作极限,工人们可以在限时加权平均值为

10ppm 的硫化氢气体中暴露工作 8h。

5. 制定应急预案的原则有哪些？

参考答案：

（1）预案制定应遵循预防为主的原则。

（2）制定预，必须坚持统一领导、统一指挥的原则。

（3）制定预案前应对作业区内和可能涉及的范围的环境、人员、设施进行调查。

（4）预案应充分考虑公众的利益。

（5）预案所涉及的内容应符合所在国的有关标准、法律、法规。

（6）坚持单位自救和社会救援相结合的原则。

（7）预案应保存在有利于启动的地方。

五、论述题

（一）硫化氢中毒事故案例分析

参考答案：

（1）在含硫化氢设备区域作业的人员，上岗前必须接受硫化氢中毒及救护知识的教育培训，并经考试合格方准上岗。

（2）通过教育培训，还要使职工掌握事故现场急救要点，并进行演练。及时正确地做好事故现场抢救工作，常能使中毒者"起死回生"，为进一步治疗创造条件。

（3）要求职工熟练掌握设备安全操作规程及有关管理规定，并制定翔实的事故预案，定期组织演练，不断提高职工的安全操作技能和处理事故的应急能力。在脱水排凝等操作时，必须首先截断硫化氢一切可能的来源并加好盲板，做到万无一失。职工在含硫化氢设备区域巡检或作业时，必须佩戴合适的防毒面具。

（4）掌握设备区域硫化氢的分布情况及本岗位存在的硫化氢中毒的危险源。在硫化氢可能存在的区域设置固定式有毒有害气体报警装置和明显的安全警示牌，提醒作业人员做好安全防护工作，必要时还应加设附加告示。报警器设定点和零点每天至少检查一次，发现异常及时调整，现场人员不能单独处理报警器；探头若安在露天环境中，应装备防雨罩；定期校对传感器和监测系统，使其准确无误，至少每季度校准一次。

（5）根据生产岗位和工作场所空气的含氧量及硫化氢的浓度等情况给职工配备完善、适用的防护用品，要求职工会熟练使用、正确维护及妥善保管。

（二）赵 48 井硫化氢中毒事故案例分析

1. 请分析该事故的原因。

参考答案：

（1）直接原因：油田井下作业公司物理站射孔一队对该油井进行射孔，10min 后引爆射孔弹。在开始上提电缆时，井口发生外溢，且外溢量逐渐增大，溢出的水中有气泡。导致硫化氢气体大量泄漏。

（2）间接原因：①对井下情况预计不准确，设计中未提到该井可能含有硫化氢。②作业前未进行防硫化氢准备工作，现场无硫化氢监测仪器和空气呼吸器、防毒面具等防护用具。

（3）员工安全防护知识欠缺，在硫化氢溢出后未采取有效的防范及自我保护措施。

2. 应该采取怎样的防范措施?

参考答案:

(1) 在进行钻井、试油设计时要认真研究相关地质资料,充分认识作业过程中可能发生的风险和危害,在设计中制定相应的安全措施。

(2) 作业前进行危险、危害因素辨识,有针对性地制定事故的预防、控制和应急措施。

(3) 施工作业前,对施工作业及突发情况下可能危及的人员进行事故防范知识和应急知识的宣传。

(4) 作业过程中严格执行各项安全操作规程和规定。

第九章　硫化氢中毒现场急救

硫化氢中毒现场急救是指发生硫化氢泄漏事故后，对伤者、中毒者进行的现场救护，即在事发现场发生事故开始到医院就医之前这一阶段的救护。在油气勘探开发的过程中硫化氢这种剧毒气体的产生是无法避开的，因此，掌握硫化氢中毒的现场急救知识，对于保障人身安全、实现安全生产等都具有十分重要的意义。

本章主要介绍现场硫化氢中毒现场急救的基本要求、作业人员准备、现场救护程序、转移搬运技术、心肺复苏术等内容。

第一节　概述

一、硫化氢中毒的表现及其诊断

（一）硫化氢中毒概述

1. 中毒的概念

毒物侵入人体后，与人体组织发生化学或物理化学作用，并在一定条件下破坏人体的正常生理机能，引起某些器官和系统发生暂时性或永久性的病变，这种病变称为中毒。

2. 毒物进入人体的途径

（1）呼吸道吸入。

（2）皮肤吸收。

（3）消化道吸收。

硫化氢是一种神经毒剂，亦为窒息性和刺激性气体。其毒作用的主要靶器官是中枢神经系统和呼吸系统。急性硫化氢中毒一般发病迅速，出现以脑和（或）呼吸系统损害为主的临床表现，也可伴有心脏等器官功能障碍。临床表现可因接触硫化氢的浓度等因素不同而有明显差异。

（二）硫化氢急性中毒

急性中毒多在事故现场发生昏迷，其程度因接触硫化氢的浓度和时间而异，偶尔可伴有呼吸衰竭。部分病例在脱离事故现场或转送医院途中即可复苏。到达医院时仍维持生命体征的患者，如无缺氧性脑病，一般恢复较快。昏迷时间较长者在复苏后可有头痛、头晕、视力或听力减退、定向障碍、共济失调或癫痫样抽搐等，绝大部分病例可完全恢复。

（三）急性硫化氢中毒诊断主要依据

（1）有明确的硫化氢接触史，患者的衣物和呼出气有臭蛋气味。

（2）事故现场可产生或测得硫化氢。

（3）患者在发病前闻到臭蛋气味可作参考。

(4) 明显的眼、呼吸道刺激症状，伴有头痛、心悸、胸闷及脑或呼吸系统损害为主的临床表现，严重者有"电击样"意识丧失，并伴多器官损害等表现。

(5) 肤色灰蓝或发绀，容易发生休克。

(6) 实验室检查。目前尚无特异性实验室检查指标。

(7) 鉴别诊断。事故现场发生电击样死亡应与其他化学物，如一氧化碳或氰化物等相鉴别，也需与进入含高浓度甲烷或氮气等化学物造成空气缺氧的环境而致窒息相鉴别，也应与其他病因所致昏迷相鉴别。

（四）硫化氢中毒的诊断分级标准

根据吸入硫化氢浓度的高低与临床症状，可分为轻、中、重三度。不同程度的中毒，其临床表现有明显的差别。

1. 轻度中毒

接触低浓度硫化氢气体后，主要表现为对眼及呼吸道产生的刺激作用，如眼内刺痛、畏光、流泪、异物感、眼睑痉挛、视力模糊或有彩环出现，同时有咽干、咽痒、咽痛、胸闷、刺激性咳嗽等急性气管炎或支气管周围炎的症状，可伴有明显的头痛、头晕、乏力、恶心、食欲不振等症状。此时迅速离开中毒环境，上述症状多可自行缓解，一般无并发症。

2. 中度中毒

吸入较高浓度硫化氢后，上述刺激症状加重，出现明显的头痛、头昏、乏力、呕吐；烦躁、步态蹒跚；胸闷、气急、呼吸困难。意识障碍为浅至中度昏迷。查体时可见病人皮肤湿冷、呼吸浅快、脉快而弱、眼结膜水肿及角膜溃疡、肺部可闻及干性或湿性啰音。此时病人移离中毒现场，经积极治疗，患者可以治愈。

3. 重度中毒

在吸入高浓度硫化氢后，主要表现为明显的中枢神经系统症状和多脏器损害，如极度烦躁、谵妄、惊厥、可成癫痫样抽搐，并迅速进入昏迷状态；昏迷及惊厥可持续数小时或反复发作，并往往有多种并发症，如肺水肿、脑水肿、心肌损害、肝肾受损。若抢救不及时，患者因呼吸循环衰竭而很快死亡。

急性硫化氢中毒致死病例的尸体解剖结果与病程长短有关，常见肺水肿、脑水肿，其次为心肌病变。一般可见尸体明显发绀，解剖时发出硫化氢气味，血液呈流动状，内脏略呈绿色。脑水肿最常见，脑组织有点状出血、坏死和软化灶等；可见脊髓神经组织变性。

二、硫化氢中毒现场急救的基本要求

所有可能接触硫化氢的人员，上岗前必须接受有关防止硫化氢中毒及救护知识的教育培训，经考试合格后，方准上岗作业。

硫化氢中毒现场急救的基本要求应符合 SY/T 7357—2017《硫化氢环境应急救援规范》的规定的人员中毒处置要求：

(1) 确定现场救护点位置，确认中毒类别。

(2) 采取正确的救助方式，迅速将中毒病人移至空气新鲜处，对救出人员进行登记、标识。

(3) 脱去被污染衣服，松开衣领，保持呼吸道通畅，注意保暖，使用特效药物对症治疗。当出现大批中毒病人，应首先进行现场检伤分类，优先处理重症病人。

(4) 将伤情较重者交医疗急救部门进行救治，心跳、呼吸停止者应立即进行心肺复苏，并做好记录。

(5) 伤员送医疗急救部门佩戴标牌分为三类，并将标牌佩戴在患者胸前或上臂：

① 红牌，需要立即处理和转运。

② 黄牌，不严重的伤害，可以随后处理和转运。

③ 绿牌，未中毒无伤害或轻微中毒者。

三、硫化氢中毒现场急救原则

一旦发生硫化氢泄漏导致中毒事故，一定要在保证自身安全的前提下在第一时间内对中毒人员采取紧急救护。

(1) 保持镇定，理智科学地判断。在硫化氢风险区域内，人员发生不明原因的晕厥时，未佩戴个体防护器具的现场人员应立即沿上风向撤离，任何人员不得盲目施救。

(2) 评估现场，确保自身与伤员安全。进入现场时必须佩戴正压式空气呼吸器及防化服，立即将中毒人员移出危险区。严禁使用其他类型的防毒面具。

(3) 做到先救命后治伤。沉着、冷静、迅速地对危重病人给予优先紧急救护，对呼吸、心力衰竭或停止的病人，应清理呼吸道，立即实施心肺复苏术。

(4) 对硫化氢中毒人员实施心肺复苏术时，救助者应禁止口对口人工呼吸，及时送有条件的医疗单位进行抢救。

(5) 确定伤员是否有进一步的危险。控制出血，尽量减轻伤员的痛苦，对于特殊环境的影响，容易出现激动、痛苦和惊恐的现象，要安慰伤员，减轻伤员的焦虑。

(6) 急救与呼救并重。充分利用可支配的人力、物力协助救护。搬运伤员之前应将骨折及创伤部位予以相应处理，对颈、腰椎骨折和开放性骨折的处置要十分慎重。

(7) 尽快寻求援助或将伤员送往医疗部门。

第二节 现场救护程序

当工作场所发现有硫化氢泄漏或有人员中毒晕倒时，正确运用中毒现场救护的程序，可以更有效地达到抢救中毒者的目的。硫化氢中毒现场救护的程序包括：离开毒气区；打开报警器；评估现场情况；佩戴呼吸装置；使伤员脱离毒气区；检查并实施急救；进行医疗救护（图9-1）。

一、脱离——离开毒气区

根据专业知识和经验，初步判断硫化氢气体的来源地及风向，以确定撤离和返回现场的救人路线。如果人员在泄漏源的上风方向，就往上风方向撤离。如果人员在泄漏源的下风方向，应先向两侧垂直方向撤离。再尽可能地向高处撤离，以避免自身中毒。

二、报警——打开报警器

打开报警器，发出警报。如果报警器在毒气区里，或附近没有合适的报警系统，应在确保自身安全的前提下，采取包括大声警告在内的其他报警方式进行报警或求救。

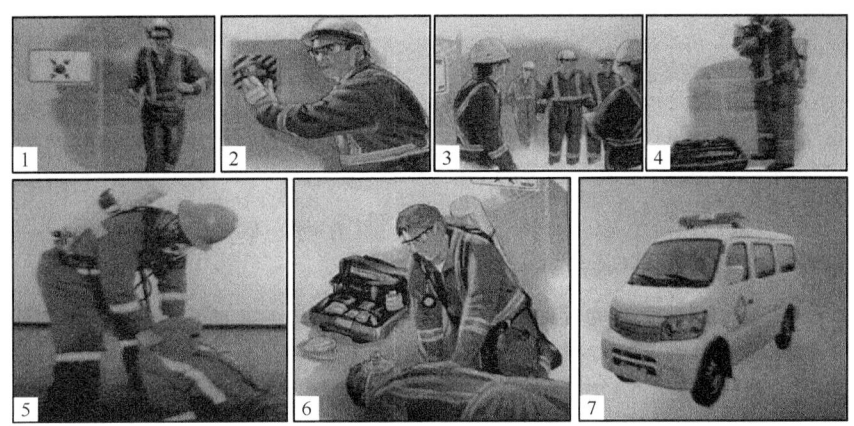

图 9-1　硫化氢中毒现场救护程序

三、评估——评估现场情况

在安全区域对现场情况进行汇总并做出判断,为现场救援提供依据并快速制定出有效救援方法。

四、保护——佩戴呼吸装置

以最短的时间在安全地区找到最近的正压式空气呼吸器,并按照相关规范穿戴好呼吸器保护设备后,再进入毒气区域实施救助。

五、救助——使伤员脱离毒气区

到达事故现场,首先快速判断出伤者的中毒情况,然后选择合适的救护方法,将伤者尽快从毒气区转移出来。在转移过程中要仔细观察伤者的状态变化,以便对伤者进行及时的救护帮助。

六、处置——检查并实施急救

将伤者移出毒区到安全区域后,检查伤者的中毒情况并采取相应的现场救护措施。如果呼吸、心跳停止,应立即实施心肺复苏术,力争使伤者苏醒,为进一步的医疗救助争取时间。

七、医护——进行医疗救护

待医护人员到达现场后,交由医护人员检查受伤情况并采取必要的救护措施,并送往急救中心或医院做进一步的诊断和治疗。

医疗救护程序为:
(1) 一旦发生人员中毒事故,目击者应立即赶赴报警点,发出急救信号。
(2) 用电台、电话、对讲机与医院联系,通报伤者情况、出事地点、时间,并让医院做好急救准备。
(3) 正确佩戴呼吸器,在保证自身安全的前提下抢救中毒者。
(4) 急救中心接到报警信号后,立即安排救护人员赶赴事故现场开展救护。

（5）现场医生检查伤员情况并采取必要的救护措施。

救护车运送伤员途中要与急救小组时刻保持联系，随时报告中毒者的病情和具体位置，急救小组也要及时向承包方代表和甲方监督汇报，同时应急小组还要与高一级医院联系，以便在当地医院无法处理时接收处理。

第三节　转移搬运技术

转移搬运技术是指在事故现场没有担架或现场不能使用担架的情况下，将伤者转移到安全地带的徒手救护技术。

转移搬运的原则是先救命后治伤，随时注意伤情变化，并及时处理，根据不同伤情采取不同的搬运方式。错误的搬运方法可能会使伤员伤情加重甚至失去生命，掌握正确的搬运方法，才能在急救中保证伤者的安全，从而达到有效的救治目的。

本节主要介绍拖两臂法、拖衣服领口法、两人抬四肢法。

一、拖两臂法

拖两臂法适于在水平地面（如人行道、户外水平槽、低槽人行道等）。如图9-2所示，让受伤者平躺，施救者蹲于受伤者后而，扶着受伤者的头颈使受伤者处于半坐状态，用大腿或膝盖支撑受伤者背部，将双臂置于受伤者腋窝下，弯曲受伤者的胳膊并牢固抓住受伤者前臂（保证使其手臂紧贴其胸口），站起时将受伤者的背部靠在施救者的胸部，将受伤者抱起，向后退，将受伤者拖到安全地带。

这种技术可以用于施救人员无足够能力将伤者搬抬时，用来救助有知觉或无知觉的个体受伤者。如果伤者无严重受伤时可用拖两臂法。

图9-2　拖两臂法

二、拖衣服领口法

这种方法可用于一个人或两个人同时救护一个有知觉的受伤者。分为双人拖衣服领口法和单人拖衣服领口法。

（一）双人拖衣服领口法

让受伤者平躺，解开其上衣扣子（或拉链）15~20cm，如果可能，将受伤者扶至半坐状态。施救者站于其两侧，背向受伤者，将其最近的手插入受伤者的衣领内部直到触及其肩,牢固抓紧受伤者衣领并提起,两人协同工作,尽可能用前臂和衣领支撑受伤者的颈部,将其拖至安全地带,如图9-3所示。

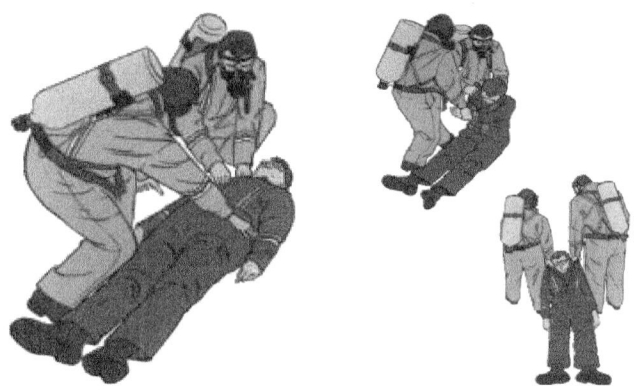

图9-3 双人拖衣服领口法

(二) 单人拖衣服领口法

蹲伏在伤者头部后面,抓住受伤者颈肩部的衣服,用手臂支撑伤者的头部,直立后倒退着走,如图9-4所示。

这种救护方法可救护一个有知觉的伤者。这种救护法不需弯曲受伤者的身体可以立刻将一个受伤者移开。当受伤者倒地且较重时,也可以立刻将一个受伤者移开。需要特别提醒的是,如果伤者上肢受伤,不可使用此方法。

三、两人抬四肢法

让受伤者平躺,两名救助者分别站在受伤者的后面,面向一个方向。一名救护人员将手放入受伤者的腋下,插入受伤者两臂上方,并抓住受伤者的前臂。另一名救助者抓住受伤者膝盖后部,两名救助者一起抬着走,把受伤者抬至安全地带。搬运时前面的人用一侧的手抱起受伤者双腿,另一只手可用于开门或排除障碍(图9-5)。

图9-4 单人拖衣服领口法

图9-5 两人抬四肢法

当有两个救护人员时,可使用这种方法,受伤者可以是有知觉的,也可以是神志不清的。这种救护方法可以在一些受限的空间或区域情况下采用。需要特别提醒的是，如果受伤者前臂或肩膀受伤，不可使用此方法。

徒手搬运技术适用于紧急抢救或短距离运送，但不适用于脊椎受伤的伤者。

第四节 心肺复苏术

一、心肺复苏的概念

心肺复苏术（Cardio Pulmonary Resuscitation，简写CPR）是指当任何原因引起的呼吸和心搏骤停之后，在体外所实施的基本急救操作和措施。在现场对伤者实施紧急的徒手心脏胸外按压和人工呼吸技术，尽快恢复自主呼吸和循环功能，可以使猝死者复苏的成功率大大提高，它是最基础的生命支持。

二、心肺复苏的关键时限

硫化氢中毒伤害的主要靶器官是中枢神经系统，复苏的成败，很大程度上与中枢神经系统功能能否恢复有密切关系。

在常温情况下，心跳呼吸骤停后4min内，人体内储存的氧气尚能勉强维持大脑的需要；4~6min脑细胞有可能发生损伤；6min后脑细胞会发生不可逆转的损伤。因此，心肺复苏开始的越早，其成功率就越高。

三、心脏骤停的临床表现

心脏骤停是指各种原因引起的、在未能预计的时间内心脏突然停止搏动。

心脏骤停的临床表现为：

（1）意识突然丧失（无反应）；
（2）颈动脉搏动不能触知；
（3）呼吸停止，瞳孔散大；
（4）皮肤呈灰色或发绀。

临床上只要具备两项主要标志即可判定为心搏骤停，应立即进行抢救。

四、心肺复苏术的操作步骤及要领

（一）评估现场环境安全

为了保障自己、伤员和旁观者的安全，首先要评估现场的危险性，并在数秒钟内完成评估。

1. 评估情况

评估时必须尽快了解现场情况，检查现场的安全性，迅速控制局面。

2. 保障安全

在进行现场救护时，应首先确保自身安全，在不能消除存在危险的情况下，尽量确保伤员与自身的距离，然后安全实施救护。

3. 个人防护

在救护现场，实施者在可能的情况下应使用个人防护用品（口腔隔离面膜、手套、眼罩、工作服、口罩等），防止病原体进入身体。

（二）检查患者有无意识

当发现有人突然倒地，抢救者应按照救护程序迅速将患者转移到安全的地方。救助者确认环境安全后，就应立即检查受伤者的意识，如图9-6所示。在检查中，用双手轻拍受伤者双肩，高声呼喊"喂，你怎么了？"如果认识受伤者，可直呼其姓名。如果患者有所应答但是已经受伤或需要救治，根据患者受伤的情况进行简单的紧急处置，再拨打急救电话，然后重新检查受伤者的情况；如果受伤者无反应，表明受伤者的意识已经丧失。

注意：严禁摇动患者头部，以免损伤颈椎。

（三）大声呼救

当救助者发现没有意识的患者时，应立即大声呼叫"来人啊！救命啊！"尽可能争取到更多人的帮助，如图9-7所示。如果条件允许的话，可用一台心脏除颤仪，以备进行心肺复苏时除颤。

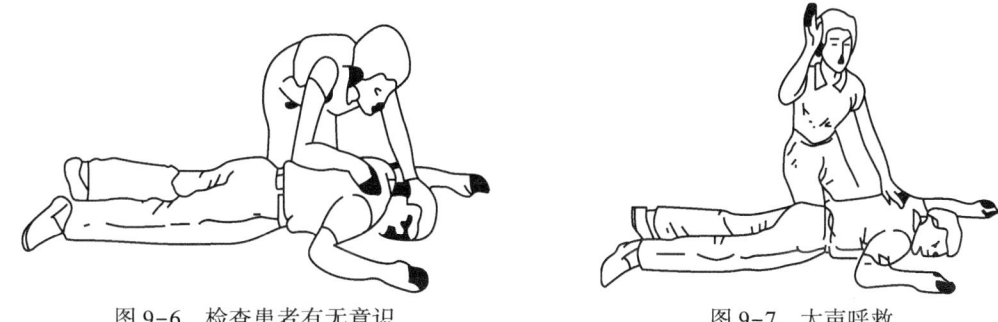

图9-6 检查患者有无意识　　图9-7 大声呼救

当发现患者没有意识时，切勿惊慌失措，决不可离开患者去求救，这样就延误了抢救时机。

具体步骤及目的如下：

（1）"快来人呀！这里有人晕倒了！"（目的：尽可能争取更多人的帮忙。）

（2）"我是救护员"或"我学过急救"（目的：表明身份，说明自己有能力救助他人。）

（3）"请这位先生或女士快帮忙拨打'120'并把情况反馈给我。"（目的：指定专人操作为更好更及时寻求医疗机构的支持。）

（4）"现场有谁会救护，请来协助我！"（目的：心肺复苏术需要耗费大量的体力，寻求更多人的帮助。）

（5）"现场有除颤器吗？麻烦这位先生帮我取一下。"（目的：当可以取得除颤器时，对于有目击者的成人心脏骤停，应尽快使用除颤器。）

（四）体位摆放

1. 患者体位

在进行心肺复苏之前，首先将患者仰卧于坚实的平面，如木板，头、颈、躯干无扭曲。如果没有意识的患者体位是俯卧位或者侧卧位，应立即翻转患者成仰卧位。翻转患者时要特别注意，使患者全身各部分成个整体，头、肩和躯干同时翻转，以免加重骨折或其他外伤。

图9-8 翻转体位

翻转患者的方法如图9-8所示，抢救者跪在患者身旁，在患者躯干和自己的膝盖间留一定的空地，以免翻转过来后患者的躯干压在自己的脚上。同时注意手臂，如果呈扭曲，先将其手臂举起向头方伸直，然后一手托住其颈部，另一手托住肩部，使躯干和臀部跟随肩部翻转，恢复患者仰卧而不致歪曲（注意：将患者翻转于平坦、坚硬的表面）。

2. 救护者体位

为方便施救，救护人可跪于病人右侧，并且双膝要与肩同宽，左膝关节与肩部平齐。

（五）判断有无呼吸和脉搏

1. 检查呼吸

解开病人衣领、领带以及拉链，观察受伤者胸廓起伏5~10s，如果胸廓没有起伏，表明呼吸停止。

检查呼吸是否存在，首先观察病人胸、腹部，当有起伏时，则可肯定呼吸的存在。然而在呼吸微弱时，就是从裸露的胸部也难肯定，此时需用耳及面部侧贴于患者口及鼻孔前感知有无气体呼出，如图9-9所示，如确定无气体呼出或呼出微弱时，表示呼吸已停止。

2. 检查脉搏

如图9-10所示，用食指及中指指尖先触及气管正中部位，然后向旁滑移2~3cm，在胸锁乳突肌内侧触摸颈动脉是否有搏动，检查时间不要超过10s。如果没有脉动表明心脏已停止跳动。10s内同时检查呼吸和脉搏，无指标表明心脏骤停，需要立即进行心肺复苏术。

图9-9 检查呼吸

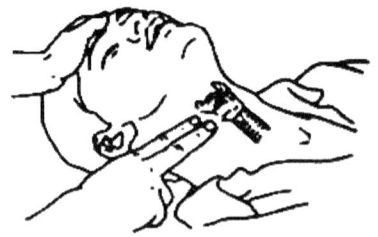

图9-10 判断有无脉搏

对于非专业急救人员，不再强调训练其检查脉搏，只要发现无反应的患者没有自主呼吸就应按心搏骤停处理。

（六）胸外按压

如果受伤者的意识丧失、呼吸停止，应立即实施胸外按压，按压方式如图9-11所示。

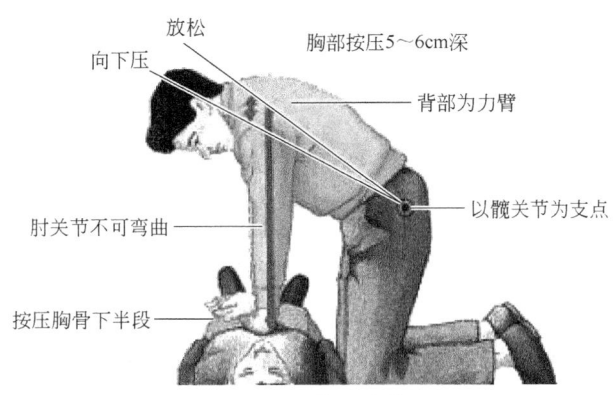

图 9-11 按压姿势

胸外按压技术要求如下：

1. 按压部位

(1) 部位。剑突根部两横指处，或男性双乳头连线与前正中线交界处。

(2) 定位。用手指触到靠近施救者一侧的胸廓肋缘，手指向中线滑动到剑突部位，取剑突上两横指，另一手掌跟置于两横指上方，置胸骨正中，另一只手叠加之上，手指锁住，交叉抬起。

2. 按压手法

双手重叠、扣紧，下手掌掌根压在按压点上，且下手五指翘起。

3. 按压姿势

按压时上半身前倾，腕、肘、肩关节伸直，以髋关节为支点，整体垂直向下用力，借助上半身的重力进行按压，压力均匀，不可使用瞬间力量。

4. 按压深度

按压深度为 5~6cm。在徒手心肺复苏术过程中，施救者应以至少 5cm 的深度对普通成人实施胸部按压，同时不应超过 6cm。

注意：每次按压后使胸廓充分回弹，不可在每次按压后倚靠在患者胸上。

5. 按压频率

对于心脏骤停的成年患者，施救者以 100~120 次/min 的速率持续按压较为合理。当按压频率过快时，往往会使按压深度不足，按压效果不好。向下按压和向上松开的时间相等，按压通气比均为 30：2。

施救者应尽可能减少胸外按压中断的次数和时间（中断时间限制在 10% 以内），尽可能增加每分钟胸外按压的次数。

6. 按压方式

按压必须平稳而有规律地进行，不能间断，每次按压后必须迅速抬手（抬起时掌根不要离开胸壁），使胸骨复位，以利于心脏舒张。但应注意不可猛压猛松，因猛压与猛松易引起血流骤喷，损伤二尖瓣，而搏出量并不增加。

胸外按压的根本目的在于保持有效的血液循环，因此操作时除迅速，准确外，还应注意以下事项：第一，按压位置要正确，否则不仅无效，且将现出肋骨骨折、胃内物返流等副作用；第二，开始按压时切忌用力猛，最初的一、二次按压不妨用力略小，以探索患者胸廓弹性，尽量避免发生肋骨骨折等；第三，在进行胸外按压的同时，如有必要应进行口对口的人工呼吸。

（七）开放气道

当病人意识消失时，肌肉的张力也完全消失。舌肌松弛，舌根向后坠，正好堵住气道造成上呼吸道梗阻。在口对口吹气前，必须打开气道，使舌根抬起离开咽后壁。

在开放气道之前，首先要检查口腔有无异物，如果有异物则需要先进行清理。清理方法如图9-12所示，把患者头部偏向一侧（小于45°）；用一只手拇指按住舌头，其余四只手指弯曲并托住下巴；用另外一只手的食指从口腔一侧划向另一侧清理口腔。

然后再进行气道开放，开放气道常用的方法有两种：仰头举颏法，双手抬颌法（拉颌法）。

1. 仰头举颏法

如图9-13所示，抢救者将一手掌小鱼际（小拇指侧）置于患者前额，下压使其头部后仰，另一手食指、中指置于下颏将下颌骨上提，帮助头部后仰，使下颌角与耳垂连线垂直于地面，气道开放。统计认为仰头举颏法较双手抬颌法更为有效。此法现已定为打开气道的标准方法。

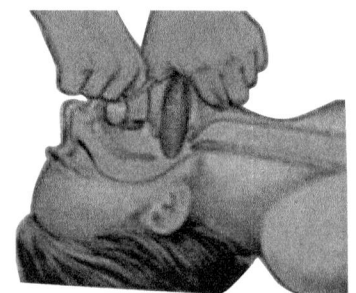
图9-12 清理口腔异物

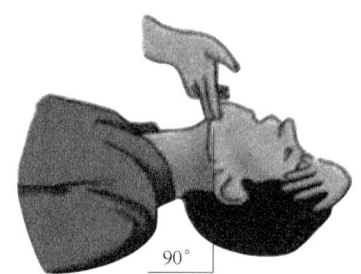
图9-13 仰头举颏法

注意：
(1) 食指和中指尖不要深压颏下软组织，以免阻塞气道。
(2) 不能过度上举下颏，以免口腔闭合。
(3) 头部后仰的程度是以下颌角与耳垂间连线与地面垂直为正确位置。
(4) 开放气道要在3~5s内完成，而且在心肺复苏全过程中，自始至终要保持气道通畅。

2. 双手抬颌法（拉颌法）

如图9-14所示，使病人平卧，将肘部支撑在患者所处的平面上，双手放置在患者头部两侧并握紧下颌角，同时用力向上托起下颌，使头后仰，下颌骨前移，即可打开气道。

此方法适用于颈椎损伤时，由于难以掌握，且常常不能有效地开放气道，还可能导致脊髓损伤，因而不建议非医务人员采用。

图9-14 双手抬颌法（拉颌法）

(八) 人工呼吸

人工呼吸（即口对口吹气）既可以给患者提供氧气，又可以确认患者的呼吸道是否畅通。人工呼吸最常见的困难是开放气道，所以如果患者的胸廓在第一次吹气时没发生起伏，应该检查气道是否已打开。按照吹气部位不同，人工呼吸可分为口对口人工呼吸、口对鼻人工呼吸。

1. 技术指标

吹气次数：2次；每次吹气时间：持续1s以上；吹气量：（吹气看胸）见胸部起伏。

2. 口对口人工呼吸

根据患者的病情选择打开气道的方法，患者取仰卧位，抢救者一手放在患者前额，并用拇指和食指捏住患者的鼻孔，另一手握住颏部使头尽量后仰，保持气道开放状态，然后深吸一口气，张开口以封闭患者的嘴周围（婴幼儿可连同鼻一块包住），向患者口内连续吹气2次，每次吹气时间为1~1.5s，吹气量1000mL左右，直到胸廓抬起，停止吹气，松开贴紧患者的嘴，并放松捏住鼻孔的手，将脸转向一旁，用耳听是否有气流呼出。再深吸一口新鲜空气为第二次吹气做准备，当患者呼气完毕，即开始下一次同样的吹气，如图9-15所示。

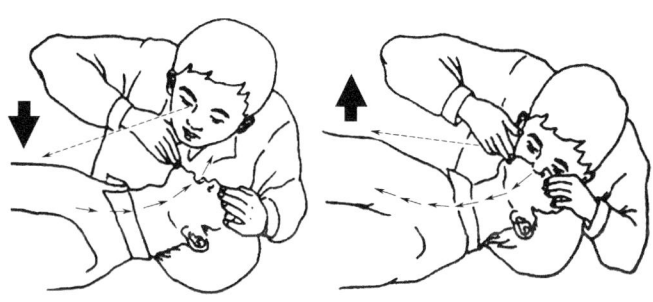

图9-15　口对口人工呼吸

3. 口对鼻人工呼吸

当患者有口腔外伤或其他原因致口腔不能打开时，可采用口对鼻人工呼吸。其操作方法如图9-16所示：首先开放患者气道，头后仰，用手托住患者下颌使其口闭住。深吸一口气，用口包住患者鼻部，用力向患者鼻孔内吹气，直到胸部抬起，吹气后将患者口部张开，让气体呼出。如吹气有效，则可见到患者的胸部随吹气而起伏，并能感觉到气流呼出。

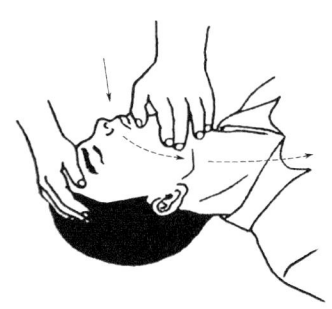

图9-16　口对鼻人工呼吸

(九) 判断呼吸和脉搏

一般情况下，胸外按压30次，然后人工呼吸2次为一个循环，胸外按压与人工呼吸交替进行5个循环为一个周期。连续做完5个循环之后，需同时判断患者呼吸和脉搏。判断方法同前所述，如有脉搏，即可触知。如果有呼吸和脉搏表明心肺复苏抢救成功。

(十）恢复原位

心肺复苏成功后将伤员恢复至侧卧位，保持气道畅通注意保暖，等待"120"的到来。

(十一）心肺复苏注意事项

（1）按压部位、姿势要正确。

（2）按压应平衡、规律，用力要均匀、适度。

（3）为避免按压时呕吐物反流至气管，病人头部应适当放低。

（4）操作过程中，救护人员替换，可在完成一组按压、通气后的间隙中进行，不得使复苏抢救中断时间超过 5~7s。但胸外心脏按压最好一人坚持 10~15min，不要过勤换人。

（5）按压期间，密切观察伤者病情，判断效果。

五、心肺复苏有效和终止的指标

（一）心肺复苏有效的指标

实施心肺复苏术过程中，可以根据以下几条指标考虑心肺复苏术是否有效：

（1）瞳孔。若瞳孔由大变小，心肺复苏有效；反之，瞳孔由小变大、固定、角膜混浊，则说明心肺复苏失败。

（2）面色。由发绀变为红润，心肺复苏有效；变为灰白或陶土色，说明心肺复苏无效。

（3）颈动脉搏动。按压有效时，每次按压可摸到一次搏动；如果停止按压，脉搏仍然跳动，说明心跳恢复；若停止按压脉搏消失，应继续进行胸外心脏按压。

（4）意识。心肺复苏有效，可以看见患者有眼球活动，并出现睫毛反射和对光反射，少数患者开始出现手脚抽动，呻吟。

（5）自主呼吸。出现自主呼吸证明心肺复苏有效，但呼吸仍微弱者，应该继续口对口人工呼吸。

（二）心肺复苏终止的指标

一旦实施心肺复苏术，急救人员应当负责，不能无故中途停止，又因心脏比脑较耐缺氧，故终止心肺复苏术应以心血管系统无反应为准。若有条件确定下列指征，且进行了 30min 以上的心肺复苏术，才可以考虑终止心肺复苏术：

（1）患者自主呼吸及脉搏恢复。

（2）有他人或专业急救人员到场接替。

（3）有医生到场确定伤病员死亡。

（4）救护人员精疲力竭不能继续进行心肺复苏术。

抢救者通过看、听和感觉来判定呼吸，而心跳是否恢复则通过摸颈动脉是否有搏动或者直接接触胸壁心前区触之是否有心跳。开始心肺复苏操作后无须进行呼吸、脉搏评估，这些工作可以有后来者实施。心肺复苏操作中断时间最多不超过 5s，为了减少抢救者的疲劳，抢救者的位置应当合适，正确的位置应在患者的头与胸之间，抢救者的双膝稍分开，这样既能胸外按压，又便于口对口吹气，不需要每次来回转动体位。

六、自动体外除颤仪

(一) 自动体外除颤器的作用

自动体外除颤器（AED）又称自动体外电击器、自动电击器、自动除颤器、心脏除颤器及傻瓜电击器等，是一种便携式的医疗设备，如图9-17所示。它可以诊断特定的心律失常，并且给予电击除颤，是可被非专业人员使用的用于抢救心源性猝死患者的医疗设备。

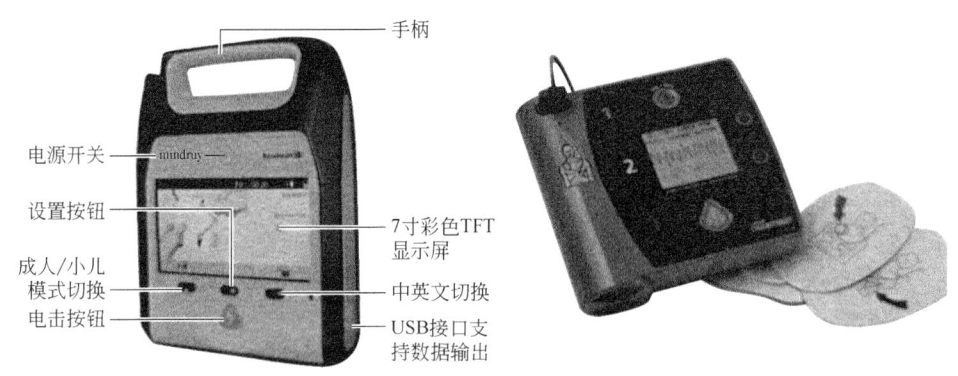

图9-17 不同型号的自动体外除颤器

AED是一种便携式、易于操作，稍加培训既能熟练使用，专为现场急救设计的急救设备，从某种意义上讲，AED不仅是一种急救设备，更是一种急救新观念，一种由现场目击者最早进行有效急救的观念。除颤过程中，AED的语音提示和屏幕显示使操作更为简便易行。AED对多数人来说，只需几小时的培训便能操作。美国心脏病协会（AHA）认为，学用AED比学心肺复苏（CPR）更为简单。

AED，于伤者脉搏停止时使用。然而它并不会对无心率，且心电图呈水平直线的伤者进行电击。简而言之，使用AED本身并不能让患者恢复心跳，而是通过电击使致命性心律失常终止（如室颤、室扑等），之后再通过心脏高位起搏点兴奋重新控制心脏搏动从而使心脏恢复跳动（但有部分患者因其心脏基础疾病可能在除颤后无法恢复心跳，此时AED会提示没有除颤指征，并建议立即进行心肺复苏）。

(二) 自动体外除颤仪的操作步骤

（1）开启AED，打开AED的盖子，依据视觉和声音的提示操作（有些型号需要先按下电源）。

（2）给患者贴电极，在患者胸部适当的位置上，紧密地贴上电极，如图9-18所示。通常而言，两块电极板分别贴在右胸上部和左胸左乳头外侧，具体位置可以参考AED机壳上的图样和电极板上的图片说明。

（3）将电极板插头插入AED主机插孔。

（4）开始分析心律，在必要时除颤，按下"分析"键（有些型号在插入电极板后会发出语音提示，并自动开始分析心率，在此过程中请不要接触患者，即使是轻微的触动都有可能影响AED的分析），AED将会开始分析心率。分析完毕后，AED将会发出是否进行除颤的建议，当有除颤指征时，不要与患者接触，同时告诉附近的其他任何人远离患者，由操作者按下"放电"键除颤。如图9-19、图9-20所示。

图 9-18 贴电极位置

图 9-19 按下"放电"键

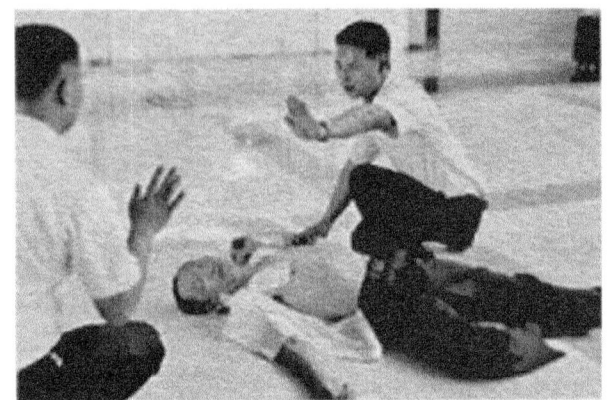

图 9-20 不要与患者接触

（5）一次除颤后未恢复有效灌注心律，进行 5 个周期 CPR。除颤结束后，AED 会再次分析心律，如未恢复有效灌注心律，操作者应进行 5 个周期 CPR，然后再次分析心律，除颤，CPR，反复至急救人员到来。

注意：如果 AED 提示不除颤，则继续进行胸外心脏按压。

复习题

一、判断题

1. 在医务人员未接替救治前，不应放弃现场抢救。（　　）
2. 在伤员急救过程中，如果医务人员有限，要分清主次，对危及生命的重大受伤首先处置，一般小伤放在后面处理。（　　）
3. 急性硫化氢中毒病人应立即就地抢救。（　　）
4. 呼吸心搏骤停时的表现是：意识丧失、呼吸停止、颈动脉搏动消失。（　　）
5. 现场抢救硫化氢中毒人员，应先抢后救，抢中有救，应采取"一戴二隔三救出"的急救措施。（　　）
6. 胸外心脏按压的部位是：两乳头连线之间的胸骨上。（　　）
7. 当听到或接到有硫化氢溢出或泄漏的警报后，首先应该确定撤离路线。（　　）
8. 如果眼睛有灼痛或不舒服感，应在保证安全的前提下，再用清洁的水来进行冲洗

眼睛，这样可以减少眼睛的症状。（　　）

9. 发现有人倒下，先呼救，然后判断他有无意识。（　　）

10. 打开气道最好的方法是仰头举颏法。（　　）

二、单选题

1. 成人心肺复苏时胸外按压的深度为（　　）。
   A. 胸廓前后径的一半　　　　　　B. 5~6cm
   C. 4~5cm　　　　　　　　　　　D. 6~7cm

2. 成人心肺复苏术使用的按压与呼吸比为（　　）。
   A. 15∶2　　　　B. 30∶2　　　　C. 15∶1　　　　D. 30∶1

3. 非专业急救者遇到呼吸停止的无意识患者时应（　　）。
   A. 先进行2次人工呼吸后立即开始胸外按压
   B. 呼救急救医疗服务体系
   C. 马上寻找自动除颤仪
   D. 先开始生命体征评估，再进行心肺复苏

4. 发现患者停止心跳和呼吸，一般在（　　）min内进行人工呼吸和胸外按压，病人获救的可能较大。
   A. 1　　　　　　B. 4　　　　　　C. 10　　　　　　D. 15

5. 在含有硫化氢现场，如果中毒者胸部受伤不能弯曲，适合用的救助技术是（　　）。
   A. 拖两臂法　　　　　　　　　　B. 拖衣服领口法
   C. 两人搬运法　　　　　　　　　D. 两人拖拽法

6. 对受伤人员进行急救的第一步应该是（　　）。
   A. 观察伤者有无意识　　　　　　B. 对出血部位进行包扎
   C. 进行心脏按压　　　　　　　　D. 对受伤部位进行固定

7. 成人进行心脏按压时是用（　　）进行按压。
   A. 手背面　　　B. 手掌指端部位　　C. 手掌掌根部位　　D. 手指指尖

8. 对可能遇有硫化氢的作业井场应有明显清晰的警示标示：对生命健康有影响的（硫化氢浓度小于15mg/m³（10ppm）~30mg/m³（20ppm），应挂（　　）颜色的牌子。
   A. 红　　　　　　B. 黄　　　　　　C. 绿　　　　　　D. 蓝

9. 当听到或接到有硫化氢溢出或泄漏的警报后，首先应该辨别出（　　）。
   A. 风向　　　　B. 撤离路线　　　C. 来源　　　　D. 井场钻井工况

10. 有硫化氢溢出或泄漏的警报后撤离时，若发现有人倒地或出现意外时，首先应（　　）。
    A. 立刻施救　　　　　　　　　　B. 不管他
    C. 立刻救较轻的　　　　　　　　D. 保证自己能安全逃离的情况下再施救

三、多选题

1. 紧急呼救是现场救护的重要内容之一，呼救时报告的内容包括（　　）。
   A. 伤病者的工作单位、职业和职务　　B. 简要叙述伤病者主要伤病情
   C. 报告呼救者的姓名和联系电话号码　　D. 报告详细地点

2. 现场救护的培训内容有（　　）。
   A. 中毒现场救护程序　　　　　　　　B. 中毒人员搬运
   C. 心肺复苏术　　　　　　　　　　　D. 便携式硫化氢检测仪的操作
3. 在下列确认患者有无意识的方法中，宜采用的是（　　）。
   A. 在患者耳边呼叫　　　　　　　　　B. 轻轻拍打患者肩部
   C. 用力敲打患者头部　　　　　　　　D. 看患者胸部（或上腹部）有无起伏
4. 利于患者保持呼吸道通畅的方法有（　　）。
   A. 下颌向胸部靠近　　　　　　　　　B. 下颌抬高，头部后仰
   C. 解开衣领、松开领带　　　　　　　D. 头部侧向一侧
5. 进行口对口人工呼吸时，以下表述正确的是（　　）。
   A. 吹气时，要用手捏住患者的鼻子　　B. 每次吹气之间应有一定的间隙
   C. 每分钟吹气次数不得超过 10 次　　D. 每次吹气量 500～600mL
6. 在进行人工呼吸和心脏按压时，判断 CPR 成功的指标有（　　）。
   A. 面色苍白　　　　　　　　　　　　B. 身体出现无意识的挣扎动作
   C. 双侧瞳孔缩小　　　　　　　　　　D. 恢复自主呼吸和脉搏跳动
7. 现场心肺复苏主要步骤有（　　）。
   A. 打开气道　　B. 人工呼吸　　C. 检查受伤情况　　D. 胸外心脏按压
8. 硫化氢中毒的诊断分级标准为（　　）。
   A. 轻度中毒　　B. 中度中毒　　C. 重度中毒　　　　D. 极重度中毒
9. 硫化氢中毒现场救护的程序有（　　）。
   A. 在毒气区就地抢救　　　　　　　　B. 打开报警器
   C. 佩戴呼吸装置　　　　　　　　　　D. 进行医疗救护
10. 心肺复苏终止的指标有（　　）。
    A. 患者自主呼吸及脉搏恢复
    B. 有他人或专业急救人员到场接替
    C. 有医生到场确定伤病员死亡
    D. 救护人员精疲力竭不能继续进行心肺复苏术

四、简答题

1. 伤员送医疗急救部门时佩戴的标牌有哪三类？
2. 中毒事故的医疗救护程序有哪些？
3. 硫化氢中毒现场急救原则有哪些？
4. 毒物进入人体的途径有哪些？
5. 拖两臂法的技术适用于救助什么样的伤者？

五、论述题

1. 当你发现一个人因硫化氢泄漏中毒晕倒在工作现场时，这时你毫不犹豫地冲过去救人，请问你的做法对不对？正确的做法是什么？
2. 心肺复苏胸外按压的技术要求有哪些？

六、情景模拟题

下列假设是救护一个被毒气击倒的中毒者的过程，读完这个事件，看看有哪七个步骤

可以用来进行救护。

你和一个钻井液工正在钻井液循环罐上检查设备运行情况。你站在距离钻井液工5m远处，钻井液工正在进行检查，便携式正压空气呼吸器放在钻井液坐岗房中。钻井液工体重80kg，靠在振动筛附近，释放出的硫化氢气体使他中毒晕倒。

参考答案

一、判断题

1. √ 2. √ 3. × 4. √ 5. √ 6. × 7. × 8. √ 9. √ 10. √

二、单选题

1. B 2. B 3. A 4. B 5. B 6. A 7. C 8. B 9. A 10. D

三、多选题

1. BCD 2. ABC 3. AB 4. BC 5. ABD 6. BCD 7. ABD

8. ABC 9. BCD 10. ABCD

四、简答题

1. 伤员送医疗急救部门时佩戴的标牌有哪三类？

参考答案：

（1）红牌，需要立即处理和转运。

（2）黄牌，不严重的伤害，可以随后处理和转运。

（3）绿牌，未中毒无伤害或轻微中毒者。

2. 中毒事故的医疗救护程序有哪些？

参考答案：

（1）一旦发生人员中毒事故，目击者应立即赶赴报警点，发出急救信号。

（2）用电台、电话、对讲机与医院联系，通报伤者情况、出事地点、时间，并让医院做好急救准备。

（3）正确佩戴呼吸器，在保证自身安全的前提下抢救中毒者。

（4）急救中心接到报警信号后，立即安排救护人员赶赴事故现场开展救护。

（5）现场医生检查伤员情况并采取必要的救护措施。

3. 硫化氢中毒现场急救原则有哪些？

参考答案：

（1）保持镇定，理智科学地判断。

（2）评估现场，确保自身与伤员安全。

（3）做到先救命后治伤。

（4）对硫化氢中毒人员实施心肺复苏术。

（5）确定伤员是否有进一步的危险。

（6）急救与呼救并重。

（7）尽快寻求援助或将伤员送往医疗部门。

4. 毒物进入人体的途径有哪些？

参考答案：

（1）呼吸道吸入。

（2）皮肤吸收。

（3）消化道吸收。

5. 拖两臂法的技术适用于救助什么样的伤者？

参考答案：

可以用于施救人员无足够能力将伤者搬抬时，用来救助有知觉或无知觉的个体中毒者。如果伤者无严重受伤时也可用拖两臂法。

五、论述题

1. 当你发现一个人因硫化氢泄漏中毒晕倒在工作现场时，这时你毫不犹豫地冲过去救人，请问你的做法对不对？正确的做法是什么？

参考答案：

不对。当工作场所发现有硫化氢泄漏或有人员中毒晕倒时，应正确运用中毒现场救护的程序，可以更有效地达到抢救中毒者的目的。

（1）脱离——离开毒气区。根据专业知识和经验，初步判断硫化氢气体的来源地及风向，以确定撤离和返回现场的救人路线。如果人员在泄漏源的上风方向，就往上风方向撤离。如果人员在泄漏源的下风方向，应先向两侧垂直方向撤离。再尽可能地向高处撤离，以避免自身中毒。

（2）报警——打开报警器。打开报警器，发出警报。如果报警器在毒气区里，或附近没有合适的报警系统，应在确保自身安全的前提下，采取包括大声警告在内的其他报警方式进行报警或求救。

（3）评估——评估现场情况。在安全区域对现场情况进行汇总并做出判断，为现场救援提供依据并快速制定出有效救援方法。

（4）保护——佩戴呼吸装置。以最短的时间在安全地区找到最近的正压式空气呼吸器，并按照相关规范穿戴好呼吸器保护设备后，再进入毒气区域实施救助。

（5）救助——使伤员脱离毒气区。到达事故现场，首先快速判断出伤者的中毒情况，然后选择一个合适的救护方法，将伤者尽快从毒气区转移出来。在转移过程中要仔细观察伤者的状态变化，以便对伤者进行及时的救护帮助。

（6）处置——检查并实施急救。将伤者移出毒区到安全区域后，检查伤者的中毒情况并采取相应的现场救护措施。如果呼吸、心跳停止，应立即实施心肺复苏术，力争使伤者苏醒，为进一步的医疗救助争取时间。

（7）医护——进行医疗救护。待医护人员到达现场后，交由医护人员检查受伤情况并采取必要的救护措施，并送往急救中心或医院做进一步的诊断和治疗。

2. 心肺复苏胸外按压的技术要求有哪些？

参考答案：

1）按压部位

（1）部位。剑突根部两横指处，或男性双乳头连线与前正中线交界处。

（2）定位。用手指触到靠近施救者一侧的胸廓肋缘，手指向中线滑动到剑突部位，取剑突上两横指，另一手掌跟置于两横指上方，置胸骨正中，另一只手叠加之上，手指锁住，交叉抬起。

2) 按压手法

双手重叠、扣紧，下手掌掌根压在按压点上，且下手五指翘起。

3) 按压姿势

按压时上半身前倾，腕、肘、肩关节伸直，以髋关节为支点，整体垂直向下用力，借助上半身的重力进行按压，压力均匀，不可使用瞬间力量。

4) 按压深度

按压深度为5~6cm。在徒手心肺复苏术过程中，施救者应以至少5cm的深度对普通成人实施胸部按压，同时不应超过6cm。

注意：每次按压后使胸廓充分回弹，不可在每次按压后倚靠在患者胸上。

5) 按压频率

对于心脏骤停的成年患者，施救者以100~120次/min的速率持续按压较为合理。当按压频率过快时，往往会使按压保度不足，按压效果不好。向下按压和向上松开的时间相等，按压通气比均为30∶2。

施救者应尽可能减少胸外按压中断的次数和时间（中断时间限制在10%以内），尽可能增加每分钟胸外按压的次数。

6) 按压方式

按压必须平稳而有规律地进行，不能间断，每次按压后必须迅速抬手（抬起时掌根不要离开胸壁），使胸骨复位，以利于心脏舒张。但应注意不可猛压猛松。

六、情景模拟题

参考答案：

第一步：撤离毒气区

首先，你不能立刻冲上前去帮助你的伙伴，很明显，硫化氢气体的释放来源于振动筛。因硫化氢气体泄漏发生在室外，因此要注意风向，要尽快地离开此地，要使身体保持直立，因为密度大的气体是先在地板水平面上扩散。

第二步：报警

你要大声喊叫，去通知能听到你声音的任何人，让他们立刻撤离。同时在振动筛的上风方向找一个最近的警报开关，如果你一旦按响了警报器，就立刻离开毒气区保护好你自己。

第三步：评估现场情况

首先是评估现场环境的安全性，因为只有保证了环境的安全才能保证下一步施救时施救者和患者不会因外界因素受到伤害。然后观察同伴是否有外伤，这为现场救援提供依据并快速制定出有效救援方法。

第四步：佩戴呼吸器

找到安全存放处的正压式空气呼吸器，按照操作要求戴上呼吸器。

第五步：抢救中毒者

估计现场情况，假定中毒者失去知觉，这就意味着你不能靠他来给自己提供什么帮助。一定要记住，中毒者的体重要比你重，或者至少他的体重使得在这种情况下使用任何抬的技术都无用。这就需要选择一个合适的方法。因为中毒者失去知觉，因此确认中毒者受伤的程度是很重要的,为了安全,假设他可能受伤,采用拖衣服领口法的抢救方法,就可以减少受伤处更严重的机会。

一旦你到达中毒者身边,就立刻对他做尽可能的全面检查,确认哪里有伤。如果他所处位置不合适拖衣服领口法就将他滚到一个合适的位置,用两手紧紧抓住衣领(如果你能做到),将他拖到安全地带。计划好你的路线,避开障碍物,因为障碍物逼迫你走走停停,而你有向前走的冲力,保持身体运动与不停地走,会使你消耗较少的体力。留心观察中毒者,或许自己慢慢苏醒过来,观察可能出现的任何征兆,会比你第一次检查时发生的问题要多。如果你发现自己拖不动他,就去寻找帮助,救护时间的浪费会直接影响中毒者复活的机会,或许最终会使自己成为一名受伤者。

第六步:使中毒者恢复呼吸

一旦你进入安全地带,就要对中毒者全身做仔细的检查,看有无受伤,然后立刻进行口对口的人工呼吸,直到中毒者自己恢复呼吸。在一段时间内要密切监视着他,以防中毒者停止呼吸或表现出需要急救的症状。

第七步:取得医疗帮助

向最近的医院请求医疗帮助。继续做人工呼吸和监视,一直到医务人员赶到。要记住,医疗帮助不仅仅是对被毒气击倒的伙伴,还有你及所有的在硫化氢气体附近可能被毒气毒害的其他人。

第十章 事故案例

一、四川宜宾某食品厂"5·24"较大中毒窒息事故

2021年5月24日,四川省宜宾市某食品厂废水处理间在检维修作业时发生一起中毒窒息事故,造成7人死亡、1人受伤,直接经济损失约761.95万元。

(一)事故经过

2021年5月4日,某食品厂废水处理曝气风机和废水提升泵的两个交流接触器严重锈蚀失效,无法正常运行,处于停机状态。期间,该厂未向有关部门报告,仍继续生产且废水照常排入废水处理设施。

5月24日12时40分,企业负责人张某请来电工周某维修。周某先后更换了曝气风机交流接触器、废水提升泵交流接触器,并试机正常后关机交付张伏荣。14时03分,周某离开工厂。张某重新启动曝气风机后,安排刘某维修4号池(调节池)提升泵出水管道,并向1号池(好氧池)撒了约二十斤面粉(系为好氧微生物提供营养物质),于14时42分离开工厂。

14时47分,张某进入废水处理间,此时,刘某在废水处理间对4号池(调节池)提升泵废水管软管脱落进行恢复修理。14时48分25秒,清洁工黄某(女)进入废水处理间看到张某、刘某倒在废水池边上,遂跑出呼救。14时48分45秒,袁某、冯某、李某等人听到"有人触电出事"的呼救后,先关闭电闸再进入废水处理间施救,将张某从4号池(调节池)内拉出,仰放于4号池(调节池)的木排上。袁某和冯某先后晕倒在3号池(除磷池)与4号池(调节池)中间的隔墙上,2人在消防员救援前掉入3号池(除磷池)。李某摔倒后爬出废水处理间,在短暂昏迷苏醒后打电话给张某。14时50分55秒,跟随前去施救的龙文付晕倒在废水处理间门洞处,被韩某(女)、周某(女)抬出施救。14时56分,李某再次进入废水处理间,与其他施救人员破拆废水处理间的塑料隔板,并将张某、刘某抬至废水处理间外过道的空旷处。15时,周围群众在听到呼救后,从后门进入厂区施救时将厂区电源总闸关闭(视频监控设施断电),邻居进入废水处理间参与施救,邻居一对袁某施救时掉入4号池(调节池)。邻居二随后进入废水处理间,对邻居一施救时掉入4号池(调节池)。邻居三刚对邻居二施救时掉入4号池(调节池)。

(二)事故原因

1. 直接原因

该食品厂废水处理间好氧池曝气风机发生故障,期间企业未停止生产。曝气风机重新启动,导致高浓度硫化氢等有毒有害气体逸出扩散。作业及先期施救人员,在未采取任何安全防护措施的情况下进入废水处理间,吸入硫化氢等有毒有害气体导致中毒窒息。

2. 间接原因

(1)企业违法组织生产。2021年5月4日,废水处理间曝气风机和废水提升泵的2

个交流接触器严重锈蚀失效,无法正常运行,处于停机状态后,企业未按照《四川省环境保护条例》第四十二条规定,向生态环境部门立即报告并停止运行相应的生产设施,仍然继续违法组织生产。

(2) 企业有限空间作业管理严重缺位。企业对废水处理间可能产生有毒有害气体的危险性认识不足,未辨识出废水处理过程中可能产生硫化氢等有毒有害气体的风险;企业未执行限空间作业审批、管理、"先通风、再监测、后作业"等有关规定。

(3) 企业应急处置失当。企业未制定生产安全事故应急救援预案,未组织开展应急救援培训、演练;企业未配备必要的防护装备、救援物资和有毒有害气体检测报警仪;从业人员缺乏基本安全常识和应急处置能力,盲目施救。

(4) 企业废水处理设施设计存在重大缺陷。未按照《工业企业总平面设计规范》(GB50187—2012)的规定进行废水处理间选址分析和总平面布置设计;未按照《工业企业设计卫生标准》(GBZ 1—2010) 6.1.5 及 6.1.6 的规定,进行通风、排毒设计和有毒有害介质自动报警或者检测装置设计;未按照《鼓风曝气系统设计规程》(CECS 97-97) 5.1.11 规定,设计配备备用风机。

(5) 地方党委政府和有关部门监管不到位。地方党委政府和有关部门未牢固树立安全发展理念,落实安全生产"三个必须"要求有差距,履行安全生产"党政同责、一岗双责""属地监管""行业监管"不严不实,重安排部署轻督促落实,安全检查流于形式,未能及时发现和督促企业整改长期存在的安全隐患问题。

(三) 事故教训

事故发生后,宜宾市委市政府立即组织开展有限空间作业等专项整治。立即开展了"大反思、大排查、大整治"活动。

(1) 进一步强化源头治理、系统治理、精准治理,完善和落实重在"从根本上消除事故隐患""从根本上解决问题"的责任链条。

(2) 汲取事故教训,组织开展有限空间作业等专项整治。对小微企业安全生产主体责任不落实和废水处理设施设备擅自改建、未批先建、项目评价与现状不符、安全防护设施不全、操作规程及应急预案缺失等违法违规行为进行执法检查。

(3) 对于日常处于封闭状态的废水处理池等有限空间,应督促加装强制通风装置、监测报警装置和视频监控系统,加强动态管理。要组织相关部门研究制定小微企业尤其是食品加工企业废水处理设施设计、施工和日常运行等方面的标准规范和风险分级管控措施,坚决杜绝类似事故再次发生。

(4) 加大宣传力度,提高全民安全生产意识。强化公益宣传,进一步增强社会公众风险防范、安全应急的意识和自救互救、紧急避险的技能。

二、某炼厂"2.12"硫化氢中毒事故

(一) 事故经过

2010 年 2 月 12 日 15 时 31 分,某炼厂质量安全环保部业务主办谈某去常减压装置办理业务,途径气体脱硫装置时,发现液态烃脱硫抽提塔一层平台处法兰泄露,立即电话向总厂调度汇报。随后按值班领导的要求,迅速安排装置员工用蒸汽进行戒备、掩护,对现

场和周边公路进行封闭，并通知化验分析监测中心到现场进行监测。装置主任和值班副厂长、机动部主任任某及当班调度纪某等先后赶到现场，采取紧急停泵，切断进料，并向低压瓦斯管网泄压的措施。15时45分，当班运行工程师杨某办理了《设备维修作业证》和《作业项目危害识别表》，由装置主任李某审批签发，准备更换法拉垫片。18时，塔压降至0.23MPa。19时40分，赵某、任某、谈某、纪某去吃饭暂时离开，安排继续监护泄压。20时10分，李某安排现场处置人员石某对塔顶、塔底压力和液面进行检查，现场显示结果全部为零，并向李某汇报。李某安排人员先做作业准备，并检查压力和液位。随后李某去查看泵P8101的维修情况。约20时30分，李某对白某、石某进行了分工，由石某监护，李某与白某作业，每人均携带硫化氢监测报警仪器。石某去取手套，回来后看到李某与白某已开始作业，就上塔进行监护。20时40分，夜班该岗位操作工王某到作业现场协同作业。任某、谈某、纪某饭后回到现场看到已开始作业，之后值班副厂长赵某也赶赴现场。21时20分左右，李某将旧垫片取出，高某将新垫片送至塔顶，李某、王某、白某换上新垫片进行螺栓紧固时，该法兰动测部位突然喷出物料，李某、高某和王某躲避不及，当即晕倒。白某、石某紧急避险后，观察已经没有泄露，上前抢救晕倒人员。在现场的李某等人听到呼叫后，立即进行救援。施救人员将中毒人员移至上风向路边，对中毒人员实施心肺复苏，并拨打120报警，联系车辆将中毒人员送往医院治疗。李某于2月12日23时30分因抢救无效死亡，高某于2月13日0时39分因抢救无效死亡。白某、石某等4人已经出院，王某继续观察治疗。事故发生后，油田公司及炼化总厂迅速组织人员赶往现场应急处置。2月13日3时20分，将阀门法兰垫片更换完毕，装置恢复生产，其他装置生产正常。

（二）事故原因

1. 直接原因

从以上作业过程进行分析，事故的直接原因是：作业人员在没有佩戴空气呼吸器的情况下，违章冒险作业，造成硫化氢中毒事故。

2. 间接原因

（1）作业人员对作业动态危害辨识不到位，将冻凝停止泄漏的情况判断为压力已经泄完，在紧固螺栓过程中管线内冻结的物料被挤碎塔内及管线未退净的含硫化氢的物料突然泄漏。

（2）厂部值班干部赵某（主管生产副厂长）、任某（机动部主管）、谈某（安全科安全监督）及装置主任对作业过程的安全进行了要求和安排，而实际对作业过程失去监管，未能及时制止作业人员的违章行为，管理严重失职。

（三）事故教训及防范措施

1. 事故教训

一是部分领导干部工作作风不扎实，安全责任制落实不到位。长期的安全平稳运行，使部分领导干部思想麻痹，未能切实落实反违章禁令的要求，管理责任不落实，工作中不能以身作则，率先垂范，职责履行不到位。个别员工风险意识不强，心存侥幸，没有真正做到令行禁止。"2.12"事故虽然发生在装置，表现在操作层面，但究其根源在于领导，实质是管理问题。此次事故暴露了出生产操作和作业缺乏严密组织和严格管理。领导干部的疏于管理、员工的粗心随意，最终酿成了这起事故。

二是虽然有具体的规章制度，但有章不循、执行不力、监管失控。作业时虽然按照规定和程序办理了作业票证，制定了相应的安全措施，但在具体的作业过程中，却存在安全监管、措施落实严重不到位，使危害识别没有真正起到消减安全风险的应有作用。特别是作业人员在空气呼吸器已拿到现场的情况下，却没有按要求佩戴空气呼吸器进入现场作业，而且现场其他人员没有及时制止。

三是安全教育培训工作不扎实。员工对冬季作业的安全风险认识不足、思想麻痹，应急处置能力的培训还很薄弱，处理突发事件的能力不足，应急处置不当。现场人员缺乏安全防护意识，未采取正确的防护措施冒险进行应急救援，致使多人出现不适入院观察。

2. 防范措施

（1）进一步强化各级干部的安全管理职责，牢固树立安全是天字号工程的思想，切实转变工作作风。尤其是领导干部在工作中如发现违章不制止的按照违章处理，导致事故的按其职责追究责任，把违章当事故处理。同时要求各级领导带头深入开展风险识别和安全经验分享，认真履行职责，抓好关键环节、要害部位、重要岗位安全管理，重要施工、特殊作业过程中领导干部必须现场把关，作业期间不得以任何理由离开作业现场，坚决克服麻痹、侥幸的心理，杜绝违章作业，确保安全生。

（2）凡是存在硫化氢、苯、氮气等有毒有害介质的场所，在进行任何管线打开作业和开关放空、导淋阀门等作业过程中，必须携带检测报警仪器、佩戴正压式空气呼吸器，否则严禁作业，违反此规定，按照公司《反违章禁令》严肃处理。

（3）狠抓作业过程控制，实施作业开工令制度。严格落实作业许可管理，强化非常规作业和危险作业控制，作业过程中的每步操作必须识别风险、认真确认、严格监督。作业票办理人员必须按照制定措施、实施措施、确认措施落实的程序逐条进行，作业项目负责人、监护人、作业人必须按程序确认措施落实后方可签字，审批人最后确认措施落实后方可签字下达开工令。

（4）作业监护人由作业单位项目负责人按照监护人职责指定符合要求的人员担任，存在甲乙方作业的，分别由甲乙方作业负责人各指定一名监护人。作业期间，作业监护人不得以任何理由离开作业现场。违反此规定的，严肃追究责任。

（5）强化应急管理和岗位员工的应急能力训练。各级管理干部重点要加强应急知识和应急指挥能力训练，员工重点进行现场演练，切实增强全员应急处置能力。在应急抢险过程中，情况不明时，必须佩戴正压式空气呼吸器和检测报警仪器方可进入现场进行施救。

（6）立即开展"狠反违章、排查隐患、堵塞漏洞、消除死角"安全整治活动。尤其对有毒有害、进入有限空间等危险作业严格审批、落实责任、强化监督、加强监控，并针对安全管理中存在的制度执行不严、有令不行、有禁不止、安全监管不力、风险识别不细、措施不落实等问题，深入分析、查找问题，树立新观念，养成好习惯，提高防控能力。

（7）以"2.12"事故为典型，开展安全大讨论。在领导干部中开展"违章指挥就是渎职，不制止违章就是违章及为什么不制止违章"的反思和讨论。全员开展以"事故为什么会发生、能不能避免、办理了作业票措施为什么不执行、明知危险为什么还作业"

等11个问题为主要内容的"认识不到位、措施不到位，执行不到位"的大讨论，举一反三，查找安全管理的薄弱环节，坚决消除安全管理死角和盲区。

（8）强化安全教育和培训，提高全员安全技能。以硫化氢等危险物质的防范措施、作业制度、操作规程、气防设施的使用等作为重点内容，立即组织员工进行教育培训，并对培训效果和应急处置能力进行考核，切实提高员工的综合安全素质。

（9）坚决执行事故"四不放过"的处理原则。全力以赴配合事故调查，以严细认真的态度，深挖细找薄弱环节，关口前移，严格管理，把安全管理的重点和关键放在现场，保证现场的所有活动都处于受控状态。

三、某气矿硫化氢中毒事故

（一）事故经过

2008年8月5日，某气矿天然气净化厂$50\times10^4 m^3/d$净化装置（引进设备）开始停产大修。吸收塔塔盘经过水洗并用压缩空气对塔内有害气体进行置换后，8月8日10:00从塔顶取样分析H_2S含量为$14.51mg/m^3$；8月9日8:30再次取样分析，H_2S含量为$3.66mg/m^3$，符合工业企业设计卫生标准（最高容许浓度为10ppm），再由杨某将活鸡、活兔放入塔内进行动物活性试验，一切正常后，于当日16:00清洗完毕。

8月10日8:10，引进车间副主任任某和班长王某上吸收塔检查验收塔内清洗质量，发现第八层未洗干净，塔底有淤泥，安排刘某进塔清除。由于王某检查3/4胶皮管从富液出口引入压缩空气情况，确认压缩空气阀门已开，由大班长魏某向刘某交代安全注意事项。9:00刘某进入塔底并清除淤泥6桶，由杨某在塔内上部监护，任某、胡某在塔外上部入孔平台处监护，9:30清渣结束。刘某出塔后，任某用水冲洗塔底，直到出水干净。10:10由杨某进入塔底去检查清洗衣情况，胡某负责监护，以喊话和拉绳子的方式传递信号，10:10喊话联络无应答，胡某便下去查看情况，这时由任某和刘某监护，10:15左右，胡某和监护人任某喊话联络中断，任某迅速通知地面人员组织抢救。

任某戴防毒面罩到塔底，发现杨某侧倒，脸朝下，接触塔底积水，胡某靠塔壁，任某将杨某扶正，用手卡二人的人中穴急救，并用塔顶吊下的一具氧呼给胡某戴上，因塔底蜷曲两人，空间十分狭小，无法再吊入氧呼给杨某，任某立即用塔上放下绳子套住胡某，塔外人员立即向上拉，但中途滑脱。现场立即派潭某入塔参与抢救，11:20救出胡某，现场医生立即进行输液，并同时送急救中心。

救出胡某后，陈某立即穿戴防毒面罩到塔底查看，发现杨某头部有血，肢体发凉，陈某随即出塔，12:30杨某被救出，此时已无心跳和呼吸，现场抢救25分钟，然后送市急救中心，"经心肺脑等抢救约40分钟无效死亡"。

（二）事故原因

1. 直接原因

刘某清渣后，任某用水冲洗塔底，由于仪表风胶管口淹没入水里，水的飞溅和空气吹动，造成塔底剩余残渣夹带硫化氢迅速释放并积聚塔底，引起塔底硫化氢浓度迅速升高，导致2人死亡。

2. 间接原因

(1) 现场存在违章作业：一是冲洗后塔内环境作业条件发生改变，未对塔内硫化氢浓度重新检测，致杨某进入底层作业时中毒；二是杨某塔内作业未佩戴防毒用品，随后监护人胡某也未佩戴防毒用品，造成本人中毒，增加了施救难度，延误了施救时间。

(2) 现场检修人员对引进设备资料消化不全，对吸收塔下部分离器设置有内入孔的结构认识不清，作业中未及时打开内入孔，导致塔内通风不良，施救困难。

(3) 管理上的原因。

① 安全意识淡漠。净化厂建厂后多年无事故，致使领导思想麻痹，工作不扎实，放松了安全警惕，表现在对装置大修的组织不力，大修的项目组和领导小组成员多数不在现场组织指挥，没有严格按HSE管理体系要求进行项目作业；拟订的应急方案未经厂级讨论和修改，更未送矿主管部门审核批准，有的条款无操作性，施工作业方案存在错误的地方。

② 大修的组织管理不善。本次大修，油气矿、净化厂及引进车间虽然均成立了项目组或领导小组，但涉及人员要么不能有效履行职责，要么同一人在不同文件中有不同的职责，形成职责交叉。

③ 安全职责不落实。在油气矿《关于成立净化厂50万装置大修的项目组》的文件中，对质量、成本、效益提出了要求，但未明确安全控制措施。净化厂在成立相应的大修领导小组时，仍然未落实安全责任人，致使50万装置大修的作业中安全责任不落实。

④ 职能部门监管不力。油气矿开发部对净化厂大修的过程控制不力，对大修方案和技术措施审查不细，存在错漏；技安环保部对项目大修监管不到位，未实行有效监督。

(三) 事故教训

(1) 强化安全意识。严格按HSE管理体系要求进行项目作业；制定有操作性的应急方案。

(2) 加强大修的组织管理。各作业人员分工明确。

(3) 落实安全职责。在成立相应的大修领导小组前，落实安全责任人。

(4) 加强职能部门的监管力度。职能部门应仔细审查大修方案和技术措施，对大修项目实行有效监督。

四、某油田清污作业硫化氢中毒事故

(一) 事故经过

2019年7月25日14时30分左右，某油田承包商于某等5名员工，来到某油田仙河社区2号污水泵房污水沉淀池（深度8m，池底水深约1m）进行清污作业。社区技术质量监督中心质检员王某到现场检查。因安全措施未到位，要求暂缓施工。质检员离开后，15时30分左右，施工人员擅自开始施工，于某下池清理杂物，还没有下到池底，就喊"不行，要上去"，随即掉到池底。另外3人见状先后下去施救，均中毒昏迷、跌入水中。4人均抢救无效死亡。

(二)事故原因

1. 直接原因

作业人员对现场存在的安全风险认识不充分,未意识到作业环境危险,违章进入受限空间作业。吸入高含硫化氢气体,导致中毒、淹溺死亡。事后模拟当时作业场景,污水池水面上方空气中的硫化氢浓度达到147mg/m³(98ppm),接近立即致死浓度。后续人员盲目冒险施救,导致事故进一步扩大。

2. 间接原因

事故暴露出企业对承包商管理存在严重漏洞。对承包商《施工方案》中的安全措施审查把关不严,未指出防硫化氢措施,没有督促承包商制定有针对性的事故应急预案。对承包商安全教育针对性不强,没有指出存在硫化氢中毒风险。

(三)事故教训

(1)施工前,针对工程特点,通过分析进行危险点识别,制定应急预案。一方面,通过应急救援演练,提高应急处置能力,从源头上杜绝在施救过程中由于措施不当导致事故扩大或发生次生事故。另一方面,一旦出现事故,立即启动应急预案,达到科学有序的救助,可能就避免了死亡事故发生。

(2)加强教育培训,提高操作人员应急能力。

(3)加强现场监护,从事受限空间作业的施工必须在办理进入受限空间作业许可证和检测受限空间可燃气体浓度及氧含量合格后,方可进入作业。

五、重庆开县"12.23"特大井喷事故

(一)事故经过

罗家16H井位于重庆开县高桥镇东面1km处的晓阳村,井场位于小山坳里,井场周围300mm范围内散布有60多户农户,最近的距井场不到50m。当地属于盆周山区,道路交通状况很差。罗家16H井是一口布置在丛式井井场上的水平开发井,拟钻采罗家寨飞仙关鲕滩,气藏内有高含硫天然气,该气藏硫化氢含量7%~10.44%。

2003年12月23日2时52分,罗家16H井钻进至深4049.68m时,因更换钻具,开始正常起钻,21时55分,录井员发现录井仪显示钻井液密度、电导、出口温度异常;烃类组分出现异常,钻井液总体积上涨。钻井液员随即经钻井液导管出口处跑上平台向司钻报告发生井涌,司钻发出井喷警报。司钻停止起钻,下放钻具,准备抢接顶驱关旋塞,但在下放钻具十余米时,发生井喷(21时57分),顶驱下部起火。通过远程控制台关全闭防喷器,将钻杆压扁,火势减小,没有被完全挤扁的钻杆内喷出的钻井液将顶驱的火熄灭。拟上提顶驱,拉断全封闭以上的钻杆,未成功。启动钻井泵向井筒内环空泵注加重钻井液,因与井筒环空连接的井场放喷管线阀门未关闭,加重钻井液由防喷管线喷出,内喷仍在继续,22时04分左右,井喷完全失控。至24日15时55分左右点火成功。高含硫天然气未点火释放持续了18h左右。经过周密部署和充分准备,现场抢险人员于12月27日成功实施压井,结束了这次特大井喷事故。这次事故造成井场周围居民和井队职工243人死亡,2142人中毒,6万余人疏散转移,经济损失上亿元。

(二) 事故原因

1. 直接原因

(1) 起钻前钻井液循环时间严重不足。没有按照规定在起钻前要进行 90min 泥浆循环，仅循环 35min 就起钻，没有将井下气体和岩石钻屑全部排出，使起密封作用的钻井液液柱密度降低，影响密封效果。

(2) 长时间停机检修后没有充分循环钻井液即进行起钻。没有排出气侵钻井液，影响钻井液液柱的密度和密封效果。

(3) 起钻过程中没有按规定灌注钻井液。没有遵守每提升 3 柱钻杆灌满钻井液 1 次的规定，其中有 9 次是超过 3 柱才进行灌浆操作的，最多至提升 9 柱才进行灌浆，造成井下没有足够的钻井液及时填补钻具提升后的空间，减少了钻井液柱的密封作用。

(4) 未能及时发现溢流征兆。当班人员工作疏忽，没有认真观察录井仪，未及时发现钻井液流量变化等溢流征兆。

(5) 卸下钻具中防止井喷的回压阀。有关负责人员违反作业规程，违章指挥卸掉回压阀，致使发生井喷时无法进行控制，导致井喷失控。

(6) 未能及时采取放喷管点火，将高浓度硫化氢天然气焚烧处理，造成大量硫化氢喷出扩散，导致人员中毒伤亡。

2. 间接原因

(1) 安全生产责任制不落实。该事故的间接原因表现出该井场严重的现场管理不严、违章指挥、违章作业问题。

(2) 工程设计有缺陷，审查把关不严。未按照有关安全标准标明井场周围规定区域内居民点等重点项目，没有进行安全评价、审查、对危险因素缺乏分析论证。

(3) 事故应急预案不完善。井队没有制定针对社会的"事故应急预案"，没有和当地地方政府建立"事故应急联动体系"和紧急状态联系方法，没有及时向当地政府报告事故、告知组织群众疏散的方向、距离和避险措施，致使地方政府事故应急处理工作陷于被动。

(4) 高危作业企业没有对社会进行安全告知。井队没有向当地政府通报生产作业具有的潜在危险、可能发生的事故及危害、事故应急措施和方案，没有向人民群众做有关宣教工作，致使当地政府和人民群众不了解事故可能造成的危害、应急防护常识和避险措施。由于当地政府工作人员和人民群众没有硫化氢中毒和避险防护知识，致使事故损害扩大，如有部分撤离群众就是看到井喷没有发生爆炸和火灾，而自行返回村庄，造成中毒死亡。

(三) 事故教训

(1) 落实企业安全生产责任制。严格现场管理，拒绝违章指挥、违章作业问题。

(2) 严查工程设计，对重点项目进行安全评价、审查、对危险因素进行充分分析论证。

(3) 完善事故应急预案。制定针对社会的"事故应急预案"，并和当地地方政府建立"事故应急联动体系"和紧急状态联系方法，及时向当地政府报告事故、告知组织群众疏散的方向、距离和避险措施，配合地方政府事故应急处理工作。

(4) 高危作业企业对社会进行安全告知。井队应及时向当地政府通报生产作业具有的潜在危险、可能发生的事故及危害、事故应急措施和方案，向人民群众做有关宣教工作，使当地政府和人民群众了解事故可能造成的危害、应急防护常识和避险措施。

六、"10·27"某油田分包商人身伤亡事故

（一）事故经过

2008年10月27日16：20左右，某建筑安装工程有限公司在苏北路某油田雨水提升泵站闸门井实施封堵墙拆除施工过程中，发生一起人身伤亡事故。事故造成3人死亡，直接经济损失45万元。

为了解决某油田基地马颊河以东区域污雨水混排问题，减轻马颊河的水质污染，2008年7月，某油田计划部门向公共事业管理处下达了《部分雨水提升站改造工程》，工程总投资260万元。其中包括苏北路站前雨水系统改造工程，主要工作为新增前期雨水系统、马颊河回流系统，新增两台500m³/h提升泵，新建两处闸门井。

该工程总承包方为某油田建设集团公司市政建设工程处，监理方为某油田矿建部。在工程实施过程中，某油田建设集团公司市政建设工程处将工程的土建部分，分包给了某建筑安装工程有限公司。

8月13日，某油田建设集团公司市政建设工程处项目技术负责人吴某、项目技术员刘某与惠源公司项目负责人田某进行了安全技术交底。

8月14日，某油田建设集团公司市政建设工程处与惠源公司签订了《苏北路雨水改造工程施工安全协议书》，明确了双方的安全责任和义务。8月16日，公共事业管理处与总承包方某油田建设集团公司市政建设工程处签订了《苏北路雨水改造工程施工安全协议书》，明确了双方的安全责任和义务。

8月17日，项目正式开工。在工程施工过程中，为在原有雨水管线上建设闸门井（宽2.0m、长2.5m、深7.9m），某建筑安装工程有限公司施工人员将原有的直径为1500mm的雨水管线两侧进行了封堵，其中南侧窨井处采用砌墙和沙袋封堵的方式，北侧新建闸门井处采用砖砌水泥抹面封堵的方式。

10月27日下午14：30左右，某建筑安装工程有限公司项目负责人田某根据工程项目总体安排，带领技术员丁某及员工商某、吴某、田某、王某等6人，到苏北路雨水提升站施工工地，对新建闸门井的砖砌水泥抹面封堵墙实施拆除作业。

14：40左右，商某穿好连体雨裤，丁某、吴某使用直径约15mm的麻绳将商某拦腰系住后，下到了新建闸门井中，用12磅的大锤砸封堵墙。十几分钟后，封堵墙被砸开一个直径约为100~200mm的洞口，南侧雨水管道内的污雨水急速流出。站在闸门井口的田某、丁某等发现水流较急和井内臭味较浓，要求商某立即上来，商某还想进一步将出水口扩大，在井上拉牵引绳的丁某、吴某强行将商某拉出井口。随后，田某、丁某在嘱咐商某、吴某等到污雨水泄压后再进行封堵墙的拆除工作之后，二人驾车离开现场。

16：00左右，某油田建设集团公司市政建设工程处部分雨水提升站项目副经理曹某到苏北路雨水提升泵站查看排气阀故障情况，看到商某在闸门井中砸封堵墙，立即要求商某从井中上来；商某从井中上来后，曹某要求采取措施以后再进行施工。随后，曹某前去泵房内查看排气阀维修情况。

16：20左右，商某未听从田某、丁某和曹某的安排，再次擅自下到闸门井中，继续进行封堵墙拆除作业。当下到闸门井三分之二处，商某突然栽入闸门井污雨水中。在旁边经过的公共事业管理处雨水提升站职工夏某看到这种情况，立即叫曹某一起跑到雨水提升泵站值班室，先后向110、120、119报警，并开启雨水提升泵进行排水。二人迅速回到现场后，看到田某已经下井救人，并听在场的王某说，吴某也已下井救人。

10月27日16：23，油田消防支队接到事故报警，16：26赶到事故现场，对闸门井中的有害气体和含氧量进行检测、佩戴好空气呼吸器后，立即开始施救。16：50左右，商某被救出并立即送往油田总医院，经抢救无效死亡。18：00左右，田某被救出（已经死亡），并立即送往市中医院存放。

由于水流不断加大，闸门井内臭味加重，井下情况复杂，无法确定吴某的具体位置，救援工作难度很大。为了确保救援人员的安全，决定将上游来水管道堵死，将水抽出，进行强制通风后再下井救援。

10月28日8：30左右，来水管道封堵工作完毕，井下水流减弱。进行强制通风后，救援人员从北侧清污井下到井底，发现吴某位于北侧井底管道口1.5m的位置，已经死亡。

10：00左右将死者捞出，送往油田总医院存放。经事后综合各方面的情况分析，商某、吴某、田某三人均是在下井过程中发生急性中毒后，落入井底污雨水中，溺水死亡。

（二）事故原因

1. 直接原因

（1）某建筑安装工程有限公司现场施工作业人员安全意识淡薄、自我保护意识差，项目经理田某违章指挥，商某违反某油田安全生产禁令，未对施工现场存在的风险进行分析、没有采取有效防护措施情况下，冒险进入受限空间作业。尤其是在意识到可能发生危险的情况下，重复下井施工是导致事故发生的直接原因。

（2）看到商某跌入闸门井污雨水中的惠源公司人员吴某，和随后赶来的施救人员田某，自我保护意识差，在没有采取任何防范措施的情况下，直接下入7.9m深的闸门井中盲目施救，是导致事故扩大的直接原因。

（3）某建筑安装工程有限公司施工人员在前期工程施工过程中，对原雨水管线虽然进行了两道封堵，但是，对南侧来水井封堵不彻底，是造成封堵墙拆除施工中危险程度加大的直接原因。

2. 间接原因

（1）某油田建设集团公司市政建设工程处部分雨水提升站工程项目部在工程施工过程中，虽然与分包商签订有《苏北路雨水改造工程施工安全协议书》，但对其具体执行情况没有进行落实，对作业人员没有进行有针对性的安全教育培训。安全技术交底内容不全面，现场监督管理不力，对违章制止不力，是造成事故发生的主要原因。

（2）某油田建设集团公司市政建设工程处《部分雨水提升站工程项目》施工组织设计针对性不强，工程安全风险分析不全面，没有制定有针对性的事故经济预案，未办理《项目开工安全许可证》《进入受限空间作业许可证》等直接作业环节的相关许可票证，是造成事故发生的重要原因。

(三) 事故教训

(1) 加强对分包商的管理，对分包商作业人员进行有针对性的安全教育培训。安全技术交底应全面，加强现场监督管理。

(2) 针对性的设计施工组织，全面分析工程安全风险，制定针对性的事故经济预案。

(3) 办理《项目开工安全许可证》《进入受限空间作业许可证》等直接作业环节的相关许可票证，确保施工安全。

七、某修井公司除垢作业配液时硫化氢中毒事故

(一) 事故经过

某修井公司主要从事油气水井维护性作业、大修及措施井作业等工程技术服务。1995年以来，在沧州小集油田一直采用氨基磺酸除垢工艺从事油水井的除垢作业。

2005年10月5日至12日，306队按照甲方设计要求在小6-3井进行换管柱作业。起管柱过程中发生油管断裂，并进行打捞施工。发现井内结垢严重，12日上午向甲方进行汇报。甲方决定先进行除垢作业，并下发《设计变更通知单》。某修井公司生产技术部组织编写施工设计，经审核、审批后，交作业队组织施工。

10月12日下午，该队接到设计后，由技术员进行技术交底，温某（男，38岁，副队长）组织现场施工。按设计要求清理储液罐内井下返出物，将40袋除垢剂搬至罐顶平台上，副队长温某带领其他3名员工站在平台上向罐内倒除垢剂。

19时50分，当倒至第24袋（每袋25kg）时，4人突然晕倒。其中，温某、陈某和任某3人掉入罐内，另1人倒在平台上。现场人员发现后，立即将倒在平台上的人员抢救到安全地带。感觉有难闻气味，怀疑是有害气体中毒，未贸然入罐抢救，立即向分公司汇报，并向周边作业队求救。

某修井公司接到报告后，立即启动应急处置预案，20时20分应急抢险人员到达事故现场，戴正压呼吸器将掉入罐内的3人救出，送往医院进行抢救。掉入罐内的3人经医院抢救无效死亡，倒在罐顶平台上的1人经抢救脱离危险。

(二) 事故原因分析

1. 直接原因

配液原料除垢剂中含有的主要成分氨基磺酸与配液罐内残泥中的硫化亚铁发生化学反应，生成硫化氢气体，造成人员中毒（该井长期停止注水，井筒内硫酸盐还原菌和电化腐蚀综合作用产生硫化亚铁）。

2. 间接原因

(1) 配液罐底存有残泥。配液罐内残留该井洗井时返出的黑色泥状物，配液前没有清理干净。配液前，尽管现场人员将罐内的残液倒走，并用铁锹对罐底的淤泥进行清理，但由于没有明确规定谁负责清理、按什么程序清理、清理到什么程度，致使罐底的淤泥没有被彻底清理干净，仍残留含有硫化亚铁的黑色泥状物。

(2) 配液罐结构不合理。敞口罐上方只有不足$4m^2$的工作面，面积小且无防护设施，致使人员昏倒后掉入罐内（事故当日工作面上放置了数十袋除垢剂）；此配液罐是由储液罐代用，罐底内侧底面焊有三道加强筋，凸起底面10cm，不易于罐底清洗，且只有一个

排放口,致使部分残液无法排除,罐内残留部分含有硫化亚铁的黑色泥状物。

(3) 现场人员对出现的异常情况没有采取防范措施。在配液过程中,现场作业人员对异常气味没有分析判断其来源及是否有害,没有停止作业,也没有采取任何防范措施。

(三) 事故教训

(1) 规章制度执行不严,基层干部带头违章,必须严格按照规章制度办事。规章制度是员工的行为规范和准则,是实现安全生产的管理基础,在任何情况下,都必须严格执行。

(2) 设备设施存在缺陷,必须提高设备设施本质安全性能。由于罐底结构不合理,不便于清理残泥;工作面小,罐顶没有防护格栅,人员昏倒时掉入罐内。因此,必须提高设备设施的本质安全性能,才能有效避免事故的发生。

(3) 风险识别不全面,必须定期对成熟生产工艺进行安全评估。风险是随时间、条件等变化而产生的,风险识别不可能一劳永逸,即使是成熟工艺也要进行风险识别与评估。使用十几年的成熟工艺,却发生了重大事故,必须引起足够的重视。

(4) 基层员工安全技能较低,安拿意识淡薄,必须进一步提高基层员工的素质。基层员工的素质和行为直接决定着现场的安全管理水平。抓基层安全工作,应该首先从提高基层员工的基本素质抓起。

八、某炼油企业安全阀拆卸过程硫化氢中毒事故

(一) 事故经过

2014年3月6日,某炼油企业蜡油加氢装置停工检修。3月12日进行安全阀拆卸定压工作。15时40分左右,承包商施工人员在拆卸原料油反冲洗过滤器V6502(A/B/C)的安全阀时闻到异味,立即撤离现场,并通知装置外操柯某等人到现场检查确认。柯某等3人在检查确认过程中发生中毒事故,其中柯某抢救无效死亡。

(二) 事故原因

(1) 作业人员未正确佩戴正压式空气呼吸器,导致吸入硫化氢而发生中毒。其他人又盲目施救,导致多人中毒。

(2) 交底不清,安全措施不落实,作业人员加工含硫油带来的安全风险重视不够,盲目进入已告知的危险区域。

(3) 作业人员作业技能和安全意识低下,作业前未对作业条件进行安全确认。

(三) 事故教训

(1) 硫化氢是具有刺激性和窒息性的无色气体,接触高浓度硫化氢后会出现头痛、头晕、易激动、步态蹒跚、烦躁、意识模糊、癫痫样抽搐等;可突然发生昏迷;也可发生呼吸困难或呼吸停止后心跳停止;当人体吸入极高浓度($1000mg/m^3$以上)时,可出现"闪电型死亡"。

(2) 发现有人硫化氢中毒后,要立即佩戴正压式空气呼吸器,立即使患者脱离现场至空气新鲜处,有条件时立即给予吸氧。现场抢救人员应有自救互救知识,以防抢救者进入现场后自身中毒。

九、常熟某集团公司"10.1"硫化氢中毒重大死亡事故

1998年10月1日下午1时45分,常熟某集团公司污水处理站在对清水池进行清理时发生硫化氢中毒,死亡3人。

(一) 事故经过

公司技术发展部9月28日发出节日期间检修工作通知,其中一项任务就是要求污水处理站宋某和周某,再配一名小工于10月1日至10月3日进行清水池清理,并明确宋某全面负责监护。10月1日上午宋某等三人完成清理汽浮池后,下午1时左右就开始清理清水池。其中一名外来临时杂工徐某头戴滤毒罐式防毒面具下池清理。约在下午1时45分,周某发现徐某没有上来,预感情况不好,当即喊叫"救命"。这时二名租用该集团公司厂房的个体业主施某、邵某闻声赶到现场。周某即下池营救,施某与邵某在洞口接应,在此同时,污水处理站站长宋某赶到,听说周某下池后也没有上来,随即下池营救,并嘱咐施某与邵某在洞口接应。宋某下洞后,邵某跟随下洞,站在下洞的梯子上,上身在洞外,下身在洞口内,当宋某挟起周某约离池底5cm高处,叫上面的人接应时,因洞口直径小(0.6m×0.6m),邵某身体较胖,一时下不去,接不到,随即宋某也倒下,邵某闻到一股臭鸡蛋味,意识到可能有毒气。在洞口边的施某拉邵某一把说:"宋刚下去,又倒下,不好!快起来"邵某当即起来,随后拨打110报警。刚赶到现场的公司保卫科长沈某见状后即拨打119报警,请求营救,并吩咐带空气呼吸器。4~5min后,消防人员赶到,救出三名中毒人员,急送常熟市第二人民医院抢救。结果,抢救无效,于当天下午2时50分三人全部死亡。

(二) 事故原因

1. 直接原因

在清水池内积聚大量超标的硫化氢气体而又未做排放处理的情况下,清理工未采取切实有效的防护用具,贸然进入池内作业,引起硫化氢气体中毒,是事故发生的直接原因。

2. 间接原因

清洗清水池的人员缺乏硫化氢防护知识,对池内散发出来的有害气体危害的严重性认识不足,违反公司制订的清洗清水池的作业计划和操作规程,没有确认有无有害气体的情况下,人员就下池清洗,结果造成中毒。当第一个人下池后发生异常时,第二个人未采取有效个体防护措施贸然下池救人。更为突出的是,当两人已倒在池内,并已闻到强烈的臭鸡蛋味时,作为从事多年清理工作的污水处理站站长,竟然也未采取有效个体防护措施,跟着盲目下池救人,使事态进一步扩大,造成三人死亡。公司和设备维修工程部领导对清水池中散发出来气体的性质认识不足,不知其危害的严重性,同时对职工节日加班可能会出现违章作业、贪省求快的情况估计不足,更没有意识到违章清池可能造成的严重后果,放松了教育和现场监督。出事故当天,气温较高(31℃),加速池内硫化氢挥发,加之池子结构不合理(长8.3m,宽2.2m,深2m,且封闭型,上面只留有0.6m×0.6m的洞口和在边上留有的进出口管道),硫化氢气体无法散发,造成大量积聚。

(三) 事故教训

(1) 要切实加强对安全生产工作的领导,健全各项安全规章制度,修改和完善清理

清水池安全操作规程。全面落实各级安全生产责任制，严格考核。

（2）加强对职工安全生产教育与培训。重点要突出岗位安全生产培训，使每个职工都能熟悉了解本岗位的职业危害因素和防护技术及救护知识，教育职工正确使用个体防护用品，教育职工遵章守纪。

（3）强化现场监督检查。凡是临时做出的生产、检修计划，必须制订安全措施、强化现场监督，明确负责人和监护人，严格按计划和规程执行。

（4）企业要添置必要的检测仪器，进入管道、密闭容器、地窖等场所作业，首先了解介质的性质和危害，对确有危害的场所要检测、查明真相，加强通风置换，正确选择、戴好个体防护用具，并加强监护。

十、北京市"7·3"污水井硫化氢中毒事故

（一）事故经过

2009年7月3日，北京市通州区某物业公司，在对小区内西侧污水井内的污水提升泵进行维修作业时，3名工人因硫化氢中毒晕倒，先后又有7人下井实施救援，共造成10人中毒。其中6人死亡，另外4人经抢救脱离生命危险。在救援过程中另有1名公安消防队员牺牲。

（二）事故原因分析

1. 直接原因

（1）作业人员缺乏基本安全知识，没有根据有限空间作业安全规程要求，在进入危险环境施工作业前没有测定氧气或有害气体浓度并通风。

（2）救援人员未佩戴防护用品，贸然施救。

2. 间接原因

（1）施工现场安全监督检查工作不到位，没有安排专门的监护人员在井上监视作业情况。

（2）物业公司没有对施工人员进行有针对性的安全教育，作业人员安全生产意识淡漠，缺乏自我保护意识。

（三）事故教训

1. 政府加强对从业单位的监管

由于有限空间作业属于高风险作业，并且具有隐蔽性，易发生急性中毒、缺氧窒息事故，政府相关部门应进一步加强监督管理。建议采取的措施如下：

（1）严格市场准入。对欲从事有限空间作业的生产经营单位先取得相应作业资质，委托安全评价机构，对其安全生产条件进行评估，审查作业人员是否经过培训上岗、单位是否配备有限空间作业安全设备设施、是否建立有限空间作业安全管理体系，满足安全生产条件方可从事有限空间作业。对有限空间作业进行正规化、规范化，使其成为正规军。这样就可以取缔临时用工作业及某些作业单位的随意性。

（2）发生事故严肃处理。一旦发生有限空间事故要对单位进行严肃处理，降低资质等级，情节严重的撤销作业许可，对于违反法律法规要求的企业，除进行经济处罚外，还应依照刑法有关规定追究刑事责任。

(3) 不定期进行执法检查，对从事作业的生产经营单位不定期进行监督检查，检查从业人员上岗证，作业审批手续，作业安全防护装备等，对存在隐患的作业场所，限期整改。

2. 企业落实主体责任

(1) 建立健全安全管理制度。按照《中华人民共和国安全生产法》《中华人民共和国职业病防治法》及其他法律法规的要求，制定有限空间作业审批制度，按照各层级责任制的要求，明确安全主体责任，做好安全交底，告知员工有限空间作业存在的危险因素，严格安全作业程序，提示作业人员使用正确的劳动防护用品，严格按照安全操作规程执行。

(2) 应加强安全投入。从事有限空间作业的单位应配备有限空间作业所必需的设备设施，包括泵吸式气体检测报警仪、防爆风机、防爆照明通信设备等安全防护设备及空气呼吸器、全身式安全带等个人防护用品。同时，作业现场还应配备一定数量的、符合规定的救生设施，如安全绳、救生索、救援三脚架、急救箱等设备，并保障均能有效使用。

(3) 作业人员要严格按照作业程序进行，按照相关技术标准作业，现行的技术规范《密闭空间作业职业危害防护规范》（GBZ/T 205—2007）、《密闭空间直读式气体检测仪选用指南》（GBZ/T 222—2009）、《化学品生产单位受限空间作业安全规范》（AQ 3028—2008）、《电力行业缺氧危险作业监测与防护技术规范》（DL/T 1200—2013）、《防止船舶封闭处所缺氧危险作业安全规程》（GB 16993—2021）、《缺氧危险作业安全规程》（GB 8958—2006）等，作业人员要严格按照安全要求进行，避免中毒窒息事故的发生。

(4) 做好三级安全教育培训。做好管理层安全教育、中间层安全教育和岗位安全教育，尤其是对新员工进行有限空间安全生产教育培训，对调换新工种及采取新技术、新工艺、新设备、新材料的人员，必须进行新岗位、新操作方法的安全教育，受教育者，经考试合格后，方可上岗操作。培训的内容应包括有限空间作业危险特性、有限空间个体防护用品的使用和维护、有限空间安全生产管理、有限空间安全事故的应急救援和现场急救。北京市已将地下有限空间监护人员纳入特种作业考核范围。按照《有限空间作业安全技术规范》（DB11/T 852—2019）的要求，监护者应持有效的地下有限空间作业特种作业操作证。作业负责人、监护者和作业者应经地下有限空间作业安全生产教育和培训。

(5) 定期开展应急演练。对于长期从事有限空间作业的单位，应全面辨识本单位有限空间作业中可能遇到的危险有害因素、可能发生的紧急情况，编制科学、合理、可行、有效的事故应急救援预案，并保证每年至少组织演练一次。

分析相关数据和案例，揭示出有限空间事故的危害性，针对有限空间作业，我们应加强安全管理，严格市场准入，落实生产经营单位主体责任，配备安全防护设备，做好三级安全教育培训，掌握应急救援能力等措施，减少有限空间事故，保障人员安全和减少财产损失。

十一、呼伦贝尔"8·12"有限空间作业窒息中毒窒息事故

（一）事故经过

2013年8月12日7时50分，呼伦贝尔某工程有限责任公司对呼伦贝尔市职业技术学院餐厅部分消防供水管道检修维护过程中，工人张某在未通风、未检查的情况下违章下井

作业，一下去很快就呼吸困难，失去知觉。井边上的两名工友见状，以为老张高血压病范毫不犹豫地下去救人。没多时，他们也在井下动弹不得。此刻井上其他人才感到问题的严重，急忙拨打119、120报警。消防人员佩戴防护设备进入井内将三人拖拽至井口。经现场医生抢救发现三人已经全部没有生命体征。

（二）事故原因

经事故调查认定，这是一起典型的有限空间作业因缺氧导致窒息死亡的生产安全责任事故，造成此类事故的原因有：

（1）企业管理者对中毒窒息危害认识不足，防范意识差，作业前未对作业现场有毒有害气体进行检测，没有为作业人员配备呼吸器、防毒面具等必要的个人防护装备。

（2）从业人员自身安全意识淡薄，对中毒窒息事故的危险危害认识不足，容易抱着侥幸心理冒险违章作业，导致事故发生。

（3）管理者和从业人员缺乏必要的事故应急救援知识和技能，不能正确的处置突发事故，盲目施救，导致事故扩大。

（三）事故教训

（1）要严格执行作业审批制度，制定详细的安全作业和应急防护方案。

（2）必须严格遵守"先通风、先检测、后作业"的原则，未经通风和检测，严禁作业人员进入有限空间。

（3）作业现场必须有负责人员、监护人员。

（4）在作业现场配置符合国家标准要求的通风设施，作业人员佩戴呼吸器、防毒面具及用以出现意外施救的绳索、梯子等防护用品和用具。

（5）加强作业人员的安全教育培训，知悉作业场所存在的危险有害因素及防控措施，掌握防护用品正确使用。

（6）发现有中毒窒息情况时，不能贸然施救，应立即启动应急处置预案，正确施救。

十二、云南红河"1·14"有限空间排污作业中毒事故

（一）事故经过

2015年1月14日晚，云南红河某糖业有限责任公司制炼车间副主任安排5名工人到五楼清洗7、8号糖浆箱。事发当时，1名工人未佩戴防护用品进入7号糖浆箱，在弯下腰准备作业时吸入糖浆箱底部高浓度的以硫化氢为主的有毒有害气体发生急性中毒晕倒，现场人员发现后用对讲机呼叫，附近11名工人相继进行施救，最终导致4人死亡、2人中度中毒、6人轻度中毒。

（二）事故原因

企业进行有限空间作业时未执行作业审批制度，未提前进行有限空间风险辨识，未针对风险采取有针对性的预防措施，从而导致事故发生；救援人员在未采取任何个体安全防护措施的情况下盲目施救，导致伤亡扩大。

（三）事故教训

（1）企业对有限空间作业要实行作业审批制度，对有限空间作业条件逐条进行安全确认。

（2）企业在实施有限空间作业前，应当进行风险辨识，对分析存在的危险有害因素，提出消除、控制危害的措施，制定有限空间作业方案，并经本企业负责人批准。

（3）有限空间作业应当严格遵守"先通风、再检测、后作业"的原则。

（4）有限空间作业属于高风险作业，企业必须按照有关法规要求配备有关检测、通风、防护等装备，在有限空间场所设立安全警示标识，确保作业安全。

十三、河北辛集"5·29"污水处理厂硫化氢中毒事故

（一）事故经过

2017年5月29日上午10时，河北省辛集市某皮革有限公司污水处理厂在维修曝气池电机过程中发生中毒事故，造成6人中毒，其中4人死亡。

（二）事故原因

企业污水处理厂检修过程中，职工更换曝气池电动机时，因未采取防护措施，造成积存污水发酵产生硫化氢中毒。

（三）事故教训

（1）制定有限空间作业方案，明确人及其安全职责，履行作业审批手续并安全交底。

（2）封闭作业区域并设置安全警示，进行设备安全检查和安全隔离，进行机械通风和气体检测，对作业环境进行判定，确认环境安全方可进入，必须有人监护。

（3）作业者要正确选择并佩戴个体防护用品，要有监护者在有限空间外全过程持续监护。

（4）有限空间作业事故中二次事故特点突出，企业应加强应急方面的管理。

十四、山西晋城某化工有限公司"5·16"硫化氢中毒较大事故

2015年5月16日6时27分许，山西省晋城市某化工有限公司在对二车间南炉组3号冷却池内9号冷凝管进行检修作业时，检修人员吸入泄漏的硫化氢致1人中毒死亡，盲目施救又造成7人中毒死亡，事故共造成8人死亡、6人受伤，直接经济损失538万元。

（一）事故经过

该公司以兰炭和硫磺为原料，采用外烧炉甄法二硫化碳生产工艺，包括：原料预处理（烘炭和熔硫）、合成、脱硫、冷凝、蒸馏提纯、克劳斯尾气处理等六个工序。具体流程为：兰炭和硫磺在反应炉中反应生成混合气体（主要成分有二硫化碳、硫化氢、二氧化硫等），混合气体通过大管、脱硫器、二道管进入冷却池中的冷凝管分离得到其中的大部分二硫化碳液体，经粗品槽进入精馏装置得到成品二硫化碳，进入成品罐；气体部分经列管式冷凝器再次冷却，剩余尾气经尾气回收管、总冷凝器、溶剂回收器，进入克劳斯炉回收硫磺后排入烟囱。

2015年5月16日5时58分开始，二车间南炉组接班的填料工崔某龙、崔某斌从南至北依次给各孔反应炉加兰炭，6时03分给9号反应炉（与发生泄漏的9号冷凝管对应）加了兰炭。

6时14分，张某会从反应炉炉顶下来后上到3号冷却池上，查看9号冷凝管的泄漏

情况，当时 3 号冷却池内三根冷凝管管体经凌晨排水后均露在水面上。

6 时 15 分，田某会上到 3 号冷却池上，手拿塑料膜和其他堵漏材料准备处理泄漏的冷凝管。

6 时 21 分，在张某会的指挥和配合下，田某会检修泄漏的 9 号冷凝管，检修过程中，田某会在池内中毒昏倒。6 时 27 分张某会呼救并对田某会施救，随即也昏倒在池内。二车间中炉组准备收产品的吴毓昭（二车间中炉组保管）听到张某会的呼救声后，边喊边跑，上到二车间南炉组炉顶叫崔某斌和崔某龙停止加炭、赶快下去救人。

6 时 29 分以后，在吴某昭的呼救下，二车间北炉组的张某社、路某仓，南炉组的张某虎、王某社、崔某龙、崔某斌，中炉组的马某容、李某虎、杨某红等人未佩戴防毒面具，先后上到 3 号冷却池施救。在此过程中，崔某斌跌入南侧相邻的 4 号冷却池中，后被他人救出。崔天龙拿塑料膜和编织袋塞住了冷却池西侧 2 号、5 号、6 号冷凝器出口的尾气排空口（尾气排空口仅在清理管道堵塞时打开，生产时密闭），张某社、张某虎、王某社、李某虎 4 人相继在冷却池内中毒昏倒。

6 时 35 分至 48 分，一车间的崔某会、王某平等人闻讯分别赶赴事故现场施救，施救中救援人员均未佩戴防毒面具（部分人员戴口罩、捂毛巾），此过程中将张某社救出池外，崔某会中毒掉落池外受伤，马某东在池内中毒后被他人救出池外，王某平、马某容在池内中毒倒下，后被他人救出池外。

6 时 58 分至 7 时 50 分，二车间元晋某和元某社、一车间王某阳等十几人对冷却池内中毒人员进行施救，最终将冷却池内中毒昏倒的张某虎、李某虎、王某社、张某会、田某会等人全部救出池外。

（二）事故原因

1. 直接原因

公司分管生产副总经理张某会未按规定办理受限空间安全作业证，违章指挥并亲自带领作业人员冒险进入泄漏有硫化氢的 3 号冷却池违章检修作业，吸入硫化氢气体中毒。救援人员未佩戴应急防护器材，盲目进入池内施救，造成伤亡人员扩大，是该起事故的直接原因。具体分析如下：

1）3 号冷却池内硫化氢气体的来源

事故发生时，该炉组正处于加兰炭后加硫磺前的工艺阶段，产生的气体主要是硫化氢、二氧化硫、二氧化碳、一氧化碳等。

经调查，3 号冷却池中集聚的硫化氢气体来源主要是池内发生泄漏的 9 号冷凝管，其次是冷却池西侧处于开口状态的冷凝器尾气排空口（正常生产状态，冷凝器尾气排空口应该关闭）。

3 号冷却池内 9 号冷凝管因腐蚀，下部出现有 7 个泄漏孔，检修前经排水后，冷凝管已经全部露出水面，冷凝管中微正压的混合气体可直接泄漏到池内。由于二氧化硫易溶于水，会形成亚硫酸，冷却池中积聚的有毒气体主要为硫化氢。

该炉组尾气回收管因长期不进行清理，已致管道堵塞和总冷凝器下部排液管管口堵塞形成了液封，尾气无法正常通过尾气总冷凝器排入尾气回收系统，致使事故发生时冷却池西侧本应处于关闭状态的 2 号、5 号、6 号冷凝器尾气排空口处于开口状态，排空口排出的气体中的部分重气体在当时气象条件（风速 0.2m/s，气温 12℃）下可扩散到侧下方的冷却池内，增大池内的硫化氢浓度。

2）违章指挥、违章作业

张某会违反公司《受限空间作业安全管理制度》，未办理《受限空间安全作业证》，在明知反应炉加炭后检修区域内会存在较高浓度硫化氢的情况下，未采取停止加炭、对3号冷却池空间进行气体检测分析、对3号冷却池内冷凝管与脱硫器和冷凝器连通的管道采取有效的隔离措施，未采取佩戴空气呼吸器或隔离式防护面具等安全措施，违章指挥田艮会进入受限空间冒险违章进行检修作业。

3）盲目施救

检修作业人员田某会在池内中毒昏倒后，张某会盲目施救也中毒昏倒，其他人员在听到呼救声后，由于缺乏对该场所危险危害因素的了解和认知，缺乏自救互救知识和能力，在没有佩戴空气呼吸器或隔离式防护面具（少部分人错误地采用毛巾或口罩防毒）的情况下，盲目进行施救，又导致施救人员中6人急性中毒死亡、6人中毒受伤。

2. 间接原因

公司安全生产主体责任不落实，长期以来各投资人各自为政，管理模式不合理，安全培训、应急救援演练及设备管理不到位。公司法定代表人未有效履行安全生产第一责任人责任，对公司各投资人缺乏管理。分散管理的安全管理模式，造成公司安全监管机构不能有效履行安全监管职责；受限空间作业管理等各项管理制度未落实；安全培训教育管理、应急救援管理不到位，职工安全意识差，缺乏自救互救知识和能力；安全投入不足，对设备的管理维修不及时、不到位，隐患治理不到位，导致生产设备和管道长期带病运行。

（三）事故教训

（1）落实企业安全生产主体责任，加强安全培训、应急救援演练。

（2）严格落实受限空间作业管理等各项管理制度。

（3）确保足够的安全投入，对设备进行及时的维修管理，加强隐患治理。

十五、广西宾阳某纸业有限公司"5·21"较大中毒事故

2017年5月21日15时左右，广西宾阳某纸业有限公司在清理废水回收池时，发生中毒窒息事故，造成3人死亡。

（一）事故经过

2017年5月21日15时左右，广西宾阳某纸业有限公司车间主任韦某桉指示工人韦某民到第三车间将次氯酸钙投入废水回收池，再将污水用抽水泵抽走，韦某桉返回宿舍换衣服后，韦某民到废水池口独自一人下池作业，不久，经过事发点的机修人员农某益发现韦某民倒在池内，即沿池中的铁梯爬往下施救，也摔入池底。现场焊铁棚的工人莫某俊发现后马上从铁棚上下来参与救援，刚爬下池又摔了下去。后经120现场检查3人已死亡。

（二）事故原因

废水回收池属于受限空间，池内含有硫化氢，工作人员韦某民不按规定办理受限空间作业许可证，未采取防范措施，未佩戴正压式空气呼吸器就独自下井作业，造成硫化氢中毒死亡；机修人员农某益、工人莫某俊未佩戴正压式空气呼吸器，盲目施救，造成硫化氢中毒死亡。

(三) 事故教训

（1）制定有限空间作业方案，明确人员及其安全职责，履行作业审批手续并安全交底。

（2）封闭作业区域并设置安全警示，进行设备安全检查和安全隔离，进行机械通风和气体检测，对作业环境进行判定，确认环境安全方可进入，必须有人监护。

（3）作业者要正确选择并佩戴个体防护用品，要有监护者在有限空间外全过程持续监护。

（4）有限空间作业事故中二次事故特点突出，企业应加强应急方面的管理。

参 考 文 献

[1] 生产经营单位生产安全事故应急预案编制导则：GB/T 29639—2020 [S].
[2] 石油化工企业硫化氢防护安全管理规范：DB37/T 3966—2020 [S].
[3] 生产经营单位生产安全事故应急预案评估指南：AQ/T9011—2019 [S].
[4] 硫化氢气体检测仪检定规程：JJG 695—2019：[S].
[5] 公共安全应急管理突发事件响应要求：GB/T 37228—2018 [S].
[6] 公共安全应急管理预警颜色指南：GB/T 37230—2018 [S].
[7] 硫化氢环境原油采集与处理安全规范：SY/T 7358—2017 [S].
[8] 硫化氢环境天然气采集与处理安全规范：SY/T 6137—2017 [S].
[9] 硫化氢环境人身防护规范：SY/T 6277—2017 [S].
[10] 硫化氢环境应急救援规范：SY/T 7357—2017 [S].
[11] 硫化氢环境钻井场所作业安全规范：SY/T 5087—2017 [S].
[12] 硫化氢环境井下作业场所作业安全规范：SY/T 6610—2017 [S].
[13] 职业性急性硫化氢中毒诊断标准：GBZ 31—2002 [S].
[14] 正压式消防空气呼吸器：XF 124—2013 [S].
[15] 硫化氢：第四版：CGA-G-12—2011 [S].
[16] 油气田注天然气安全技术规程：SY/T 6561—2018 [S].
[17] 生产安全事故应急演练基本规范：AQ/T 9007—2019 [S].
[18] 应急管理标准：ANSI/EMAP EMS 2010—2010 [S].
[19] 工作场所有毒气体检测报警装置设置规范：GBZ/T 223—2009 [S].
[20] 含硫化氢天然气井公众安全防护距离：AQ 2018—2008 [S].
[21] 灾害和应急管理系统：BIP 2034—2008 [S].
[22] 应急设备的安全标准：ANSI/UL 305—2007 [S].
[23] 石油天然气安全规程：AQ 2012—2007 [S].
[24] 石油天然气工业健康、安全与环境管理体系：SY/T 6276—2014 [S].
[25] 中国石化集团胜利石油管理局有限公司培训中心（党校）. 石油石化企业硫化氢防护培训教材 [M]. 北京：中国石化出版社，2020.
[26] 中国石化集团胜利石油管理局有限公司培训中心. 石油石化企业硫化氢防护培训教材 [M]. 北京：中国石化出版社，2020.
[27] 中国石化青岛安全工程研究院. 硫化氢气体检测仪现场检定 [M]. 北京：中国石化出版社，2019.
[28] 中国石油化工集团公司安全监管局，中国石化集团公司职业病防治中心. 油气田硫化氢防护口袋书 [M]. 北京：中国石化出版社，2016.
[29] 西南石油局分公司硫化氢教材编写组. 石油天然气作业硫化氢安全防护 [M]. 北京：中国石化出版社，2016.
[30] 刘钰. 硫化氢防护培训教材 [M]. 北京：中国石化出版社，2015.
[31] 熊良淦. 高含硫气田硫化氢防护 [M]. 北京：中国石化出版社，2014.
[32] 廖仕孟，邹碧海，王以朗，等. 天然气采输作业硫化氢防护 [M]，重庆：重庆大学出版社，2013.
[33] 包兴. 基于运营能力的运作系统应急管理研究 [M]. 杭州：浙江工商大学出版社，2013.

[34] 厉章彪,黄广庆.硫化氢防护技术[M].北京:中国劳动社会保障出版社,2011.
[35] 杨延美,林波,潘积鹏.硫化氢防护培训教材[M].北京:中国石化出版社,2011.
[36] 易俊.天然气采输作业硫化氢防护[M].重庆:西南师范大学出版社,2010.
[37] 张初阳.采油作业人员 HSE 培训教材[M].北京:中国石化出版社,2009.
[38] 汪东红,李宗宝.硫化氢中毒及预防[M].北京:中国石化出版社,2008.
[39] 刘涛,郭义昌,曲波.石油钻井现场作业安全管理与监护[M].北京:中国石化出版社,2008.
[40] 孙永壮.井下作业井控与有毒有害气体防护技术[M].东营:中国石油大学出版社,2007.
[41] 李强,高碧桦,杨开雄,等.钻井作业硫化氢防护[M].北京:石油工业出版社,2006.
[42] 彭国生.石油作业硫化氢防护与处理[M].东营:中国石油大学出版社,2005.
[43] 李俊荣,左柯庆,刘祥康,等.含硫油气田硫化氢防护系列标准宣贯教材[M].北京:石油工业出版社,2005.
[44] 黄敏,王建军.石油天然气行业环境和职业健康安全管理体系建立与运行[M].北京:中国标准出版社,2004.
[45] 杨川东.采气工程[M].北京:石油工业出版社,2003.
[46] 蒋展鹏,祝万鹏.环境工程监测[M].北京:清华大学出版社,1994.
[47] 张天保.高含硫天然气净化厂硫化氢泄漏风险管控探讨[J].石化技术,2020,27(4):51-52.
[48] 刘献.含硫天然气井井喷灾害分析[D].北京:中国石油大学(北京),2018.
[49] 张川.含硫天然气净化厂硫化氢泄漏周边人员疏散对策研究[J].化工安全与环境,2018,31(12):2.
[50] 郭丹.高硫气田天然气脱硫单元危险可操作性分析[J].山东化工,2017(9):195-198,201.
[51] 李志敏.联合装置硫化氢中毒预防措施[J].安全、健康和环境,2016,16(1):21-23.
[52] 肖斌,张伟,李红军.高含硫天然气净化厂风险分析[J].工业,2016,0(3):19-22.
[53] 王磊,张翊锋,吕明红.油田生产中硫化氢防护安全管理措施[J].中国石油和化工标准与质量,2014,0(14):231-231.
[54] 魏震,吴永刚.探讨石油开采井下作业的风险与安全管理措施[J].化工管理,2014(11):77-77.
[55] 宣延军.井下作业典型安全事故分析及对策探讨[J].化工管理,2014(0):54.
[56] 陈小虎.分析高硫化氢井修井的防护工艺[J].化工管理,2014,0(23):234-234.
[57] 李波,边靖生,徐海彬.钻井现场硫化氢气体的监测与防护措施[J].广州化工,2013,41(3):34-36.
[58] 孙强,吴华.探析油田采出水处理工艺改造技术及效果[J].中国石油和化工标准与质量,2012,32(7):111.
[59] 高少华,邹兵,严龙.含硫天然气净化厂硫化氢泄漏分析及对策[J].中国安全生产科学技术,2012(2):174-179.
[60] 魏云锦,艾加伟,罗丝露.气田采输作业中硫化氢的危害因素分析及防护措施[J].四川环境,2012(S1):197-200.
[61] 崔文霞.石油作业中硫化氢气体的中毒机理和现场急救程序[J].企业技术开发,2011(1):170-173.
[62] 郑立军.普光天然气净化厂硫化氢防护技术措施综述[J].石油化工安全环保技术,2011(3):27,71-75.
[63] 梁爱国,姚团军,康有福,等.高硫化氢井低伤害修井与防护工艺[J].油气田地面工程,2011(8):24-26.
[64] 卜林虎.浅谈井下作业有害气体的防范与应急措施[J].图书情报导刊,2011(12):221-223.

[65] 高雪琦.油气资源型城市安全与应急管理体系研究[D].青岛:中国石油大学(华东),2010.
[66] 王承辉,何胜强,冯伟,等.井下作业危害因素识别及安全技术探讨[J].石油化工安全环保技术,2009,25(3):11-15,55,65.
[67] 李康.修井作业安全管理决策支持系统[D].沈阳:东北大学,2009.
[68] 罗良仪,殷攸久,王志坚.对钻井现场硫化氢防护的探讨[J].天然气工业,2008,28(4):108-110.
[69] 邢恩远,张旭升.地质监理在胜利油田探井钻探中的作用[J].胜利油田职工大学学报,2007(3):41-42.
[70] 席学军,邓云峰.井喷硫化氢扩散分析[J].中国安全生产科学技术,2007(4):20-24.
[71] 黎真龙,宋国波,董泽军,等.含硫油气田钻井中硫化氢安全与防护常识[J].油气田环境保护,2005(1):51-54,62.
[72] 汤淳.重庆市开县"12·23"特别重大天然气井喷失控事故调查[J].劳动保护,2004(6):24-26.
[73] 费功友,熊智,赵伟,等.油田井下作业生产安全事故分析[J].石油矿场机械,2004(S1):120-121.
[74] 丁孝泉.油田修井作业推行HSE管理见实效[J].石油化工安全技术,2003(5):1-3.
[75] 马宗金,杨令瑞.油气井井喷着火灭火方法和作业程序[J].钻采工艺,2002(4):9-11,3.
[76] 李子成.钻井过程中硫化氢的处理工艺[J].断块油气田,1998,5(3):58-60.
[77] 杜希.正压式消防空气呼吸器用复合气瓶检查及维护保养方法研究[C]//中国消防协会.2018中国消防协会科学技术年会论文集.北京:知识出版社,2018.